Annales Audomaroises

REVUE DE L'ANNÉE 1886

PAR

G. LE MORIN.

1ᵉ ANNÉE

Prix : 2 francs.

Saint-Omer
ADOLPHE TUMEREL, LIBRAIRE
25, rue du Commandant, 25.

ANNALES AUDOMAROISES

Annales Audomaroises

REVUE DE L'ANNÉE 1886

PAR

G. LE MORIN.

1re ANNÉE

Prix : 2 francs.

Saint-Omer
ADOLPHE TUMEREL, LIBRAIRE
25, rue du Commandant, 25.

UN ACTE D'HUMILITÉ

POUR SERVIR DE PRÉFACE

En vous présentant ce petit volume, chers concitoyens, nous ne nous faisons aucune illusion sur
son peu de valeur au point de vue littéraire, et
nous entendons d'ici la critique s'en donner à
cœur joie. Nous voulons aller au devant de toute
récrimination et nous avouons bien humblement
que c'est surtout dans la presse locale que nous
avons recueilli la plus grosse partie de nos *annales,* et dut-on nous accuser de plagiats, nous
convenons volontiers que nous avons souvent
laissé la forme même où elles ont paru. Ce qui
nous a surtout guidé, ç'a été le désir de rassem-
bler en un format commode tous les faits qui nous
ont paru de nature à être consultés à l'occasion,
tout ce qui nous a semblé appartenir à notre histoire locale.

L'idée de ce volume, (allons jusqu'au bout dans
la voie des confidences), n'est même pas nôtre ;
elle nous a été suggérée par le *desideratum* d'un
de nos ministres qui souhaitait qu'il fut tenu dans
chaque commune un *livre d'or,* relatant tous les
événements qui s'y passent au cours d'une année.
C'est ce *livre d'or* que nous venons vous offrir,
chers concitoyens, en guise d'étrennes, et notre

vœu le plus cher est qu'il remplisse exactement le
but que nous avons poursuivi et qu'il mérite
toute votre indulgence.

La plus grande part de notre volume a été
consacrée aux annales proprement dites ; dans
une seconde partie nous avons réservé quelques
lignes à chacune des communes de notre arrondissement. Pour toutes, nous donnons le chiffre
de la population d'après le dernier recensement,
le nombre des électeurs d'après les listes arrêtées
au 31 mars 1886, la date de la kermesse, la superficie, la distance au chef-lieu d'arrondissement
et au chef-lieu de canton, enfin les noms des
maires, adjoints et conseillers municipaux. Pour
la plupart des communes, nous établissons l'étymologie de leur nom, nous décrivons succincte-
ment leurs monuments, nous relatons les principaux faits historiques dont elles ont été le théâtre ;
sous la rubrique *biographie* nous rappelons les
noms, dates de naissance et de mort des principaux personnages qui y ont vu le jour. Il y a dans
tout cela bien des lacunes et des oublis, nous en
demandons à l'avance pardon au lecteur ; nous
tâcherons de les combler dans les éditions subsé-
quentes.

Après ces quelques explications que nous vous
devions, chers concitoyens, nous vous abandon-
nons ces *annales, vos annales,* en leur souhaitant
bonne chance.

Saint-Omer, le 1er janvier 1887.

G. LE MORIN.

CALENDRIER

DES KERMESSES DE L'ARRONDISSEMENT

POUR L'ANNÉE 1887

AVRIL

24. — Inghem.

MAI

1er. — Bayenghem-les-Seninghem, Remilly-Wirquin.
8. — Bouvelinghem, Longuenesse, Westbécourt.
22. — Balinghem, Livossart (Febvin-Palfart), Rebergues, Wardrecques, Wavrans.
29. (Pentecôte). — Alquines, Audruicq, Coyecques, Elnes, Ledinghem, St-Martin-d'Hardinghem, Seninghem.
30. — Clairmarais, Febvin-Palfart, Wisques.

JUIN

5. — Affringues, Beaumetz-les-Aire, Delettes, Nordausques.
12. — Audrehem, Erny-St-Julien, Herbelles, Saint-Omer, Oÿe, Wismes, Wittes.
19. — Assonval (Renty), Leulinghem-les-Etrehem, Moringhem, Vieille-Eglise.
26. — Bomy, Cléty, Ecques, Haut-Loquin, Houlle, Lumbres, Ste-Marie-Kerque, Merck-St-Liévin, Nielles-lez-Ardres, Nielles-lez-Bléquin, Nortleulinghem.

JUILLET

3. — Enguinegatte, Saint-Omer-Capelle, Ouve-Wirquin, Quelmes, Ruminghem.

10. — Avroult, Blendecques, Bléquin, Coulomby, Faubourg de Lyzel (Saint-Omer), Saint-Folquin, Laires, Moulle, Thérouanne, Zudausques, Zutkerque.
17. — Acquin, Clarques, Dohem, Nouvelle-Eglise, Recques.
24. — Bayenghem-lez-Eperlecques, Faubourg du Haut-Pont (Saint-Omer), Offekerque, Roquetoire.

AOUT

7. — Esquerdes.
21. — Salperwick.
28. — Aire, Campagne-l-Wardrecques, Clerques, Guemps, Helfaut.

SEPTEMBRE

4. — Arques, Ecques, Heuringhem, Mentque-Nortbécourt, Nortkerque, Rebergues.
11. — Ardres, Fléchin, Hallines, Inghem, Journy, Louches, Mametz, Racquinghem, Setques, Wavrans.
18. — Enquin, Fauquembergues, Guémy, St-Martin-au-Laërt. Serques, Wizernes.
25. — Audincthun, Muncq-Nieurlet, Pipemont et Plouy (Febvin-Palfart), Quercamps, Reclinghem, Tatinghem, Tournehem.

OCTOBRE

2. — Bonningues-lez-Ardres, Eperlecques, Escœuilles, Polincove, Quiestéde, Rodelinghem, Tilques.
9. — Dennebrœucq, Herbelles, Vaudringhem.
16. — Boisdinghem, Enguinegatte, Pihem, R   Roquetoire, Ruminghem, Thiembronne.
23. — Surques.

NOVEMBRE

13. — Autingues, Brêmes, Elnes, Zouafques.
20. — Landrethun-lez-Ardres.
27. — Wismes.

ANNALES AUDOMAROISES

MOIS DE JANVIER

1er JANVIER

M. Victor-Jules **Buyck,** capitaine au 4ᵉ régiment de tirailleurs algériens est nommé chevalier de la Légion d'honneur. Promu au grade de capitaine pendant la guerre de 1870-1871, notre concitoyen compte 16 années de service et sept campagnes.

$\times$

M. Horace **Mahieu,** maire d'Enquin, est décoré de l'ordre du Mérite Agricole par arrêté du Ministre de l'Agriculture en date du 29 décembre.

$\times$

M. Nil-Joseph **Robin,** chef de bataillon d'infanterie, hors cadre (service des affaires indigènes), est affecté au 106ᵉ régiment d'infanterie.

$\times$

Le Préfet du Pas-de-Calais prend l'arrêté suivant :

Art. 1ᵉʳ. — A partir du 1ᵉʳ janvier 1886, les droits de taxe unique sur les vins, cidres, poirés et hydromels seront perçus conformément au tarif ci-après dans la commune de Saint-Omer :

1

Vins en cercles et en bouteilles. . . .   5 fr. 70

Cidres et poirés . . . .   1 » 17

Hydromels . . . .   1 » 17

Art. 2. — Le droit de taxe unique sur les vins, cidres, poirés et hydromels sera acquitté par tous les habitants de la partie agglomérée de la commune de Saint-Omer, conformément au tarif ci-dessus. Les débitants établis dans la partie non agglomérée n'auront à payer que le droit d'entrée sur les vins, cidres, poirés et hydromels, ainsi que sur les spiritueux qui leur seront destinés. Les taxes locales seront appliquées successivement aux portions de territoire qui seraient nouvellement comprises dans l'agglomération des communes sujettes.

2 JANVIER

Un affreux accident survenu sur la voie du chemin de fer à la bifurcation des lignes d'Hazebrouck et de Boulogne a jeté la consternation dans la commune d'Arques déjà si émotionnée dernièrement par la mort du sieur Hénin et de son fils.

Le matin, des employés du chemin de fer découvrirent près des rails, le cadavre d'un jeune homme de 25 ans, **Cussaert**, Albert ; d'après les constatations médicales, la mort remontait au vendredi soir, jour du nouvel an ; tout faisait présumer que le malheureux avait été tamponné par un train et lancé de côté sans être écrasé.

Ce jeune homme, autrefois employé de la Compagnie aurait, paraît-il, voulu suivre la voie pour gagner la commune de Renescure où il habitait.

Coïncidences fatales : la victime de cet accident était fiancé à la fille du père Hénin, tué en novembre dernier dans des circonstances identiques, et le mariage devait se célébrer d'ici quelques jours. — Le frère aîné de Cussaert avait également succombé à un accident de chemin de fer dans lequel il eut les deux jambes broyées.

3 JANVIER

M. Ch. **Boulart** est nommé receveur des postes et télégraphes à Aire en remplacement de M. **Buleux**, décédé.

✕

Le sieur Siméon **Declerck**, cordonnier à Bayenghem-lez-Eperlecques, dînait aujourd'hui chez un ami.

Pendant son absence, des malfaiteurs se sont introduits dans son habitation après avoir fracturé une fenêtre et ont dérobé divers objets mobiliers d'une valeur de 100 francs.

✕

M. **Rouyer** est élu conseiller municipal à Lumbres, par 154 voix contre 110, en remplacement de M. **Gaymay,** décédé.

✕

L'Œuvre du Denier des Ecoles Catholiques offre à ses membres dans la salle des fêtes du Pensionnat St-Joseph, une **Soirée** avec le concours de M. **Henrys**, prestidigitateur-monologuiste et de M. J. **Mosnier**, chanteur de genre.

✕

Une foule nombreuse se pressait, à huit heures du soir, dans la vaste salle de l'Hôtel de la Compagnie des Sapeurs-Pompiers, pour assister au **Concert**, suivi de bal, organisé par cette société. Voici le programme de cette fête dont le succès a été complet :

1 Grande fantaisie sur *Martha,* par la Fanfare (Christophe).
2 *Le joli Rêve,* romance (Faure), chantée par M. L. Vandenbroucq.
3 *L'Orage,* grande fantaisie pour piano (Steilberlt), exécutée par M. Georges Bouter, qui, quoi qu'aveugle, joue avec une rare perfection.
4 Chansonnette par M. E. Poiret.
5 Caprice et variations, air varié pour piston (Arban), par M. A. Lefer.
6 *Fleur des Alpes,* romance, chantée par M. Vandenbroucq.
7 Grand galop pour piano (Kuidant), par M. Bouter.
8 *Une paire de bêtes,* duo comique, chanté par MM. Poiret et A. Benoit.

4 JANVIER

Huitième représentation de la Direction Taillefer sur notre Théâtre : *1° Les Petites voisines. — 2° Les Pirates de la Savane.*

5 JANVIER

Audition de une heure et demie à trois heures, à la cathédrale, de divers instruments remarquables : Un **Stradivarius** de 1708 estimé 24.000 francs ; un autre violon du même auteur, de 1714 ; un splendide **Lupo,** un **Ruggiero.** Accompagnés sur l'orgue par M. A. **Catouillard,** ces instruments ont produit des effets merveilleux entre les mains artistiques de MM. **Bleuzet,** notre concitoyen, et **Sovalle,** de Tournai.

✕

NIELLES - LEZ - BLÉQUIN. — Le feu consume, vers

trois heures de l'après-midi, deux maisons d'habitation appartenant aux sieurs **Baude** et **Hochart**. Les pertes sont d'environ 1000 francs ; il n'y a pas d'assurance.

6 JANVIER

Un incendie détruit complètement l'habitation occupée par la femme Sophie **Bruxelles,** ménagère à Nielles-lez-Bléquin. En quelques minutes les flammes envahirent toute la toiture et dévorèrent les récoltes qui se trouvaient dans le grenier.

La femme Bruxelles réussit à sauver son petit mobilier ; mais elle ne put préserver les trois chèvres et les quelques lapins qui étaient renfermés dans une petite étable attenante à sa demeure.

La cause de cet incendie est inconnue. Les pertes sont estimées à 400 francs environ. Il n'y avait pas d'assurance.

10 JANVIER

Election des délégués sénatoriaux. Sont élus à St-Omer : MM. Ringot, Clay, Devaux, Lemoine, Minne, par 17 voix ; MM. Fiévé, Lormier, Bret, Houzet, par 16 voix ; MM. Devin, Thibaut et Gilliers, par 15 voix. Sont élus suppléants : M. Cadet, par 17 voix ; MM. Brillaud et Vasseur, par 16 voix.

Voici les noms des élus pour toutes les autres communes de l'arrondissement :

CANTON DE SAINT-OMER (NORD)

Clairmarais. M. Lucasse, A. ; suppléant : M. Vandenbussche, M. — *Houlle.* MM. Devienne, C. ; Castel, U.; suppl. : M. Dramcourt, E. — *Moringhem.* MM. Ducamps, A. ; Télart,

F. ; suppl. : M. Decroix, L. — *Moulle*. MM. Degrave, E. ; Denis, D.; suppl. : M. Colin, L. — *Saint-Martin-au-Laërt*. MM. Duquenoy-Walleux ; Jude, A.; suppl. : M. Costeux, E. — *Salperwick*. M. Ba¹llon, L.; suppl. : M. Leblanc, C. — *Serques*. MM. Clay, E.; Hulle, A.; suppl. : M. Guilbert, A. — *Tilques*. MM. Bouvart, A.; Dassonneville, C.; suppl. : M. Bedague, C.

CANTON DE SAINT-OMER (SUD)

Arques. MM. Deron, E.; Soutry, F.; Laheyne, O.; Duclois, A.; Gottiniaux, F.; Bussy, E.; Détraux, H.; Canler, C.; Decléty, A.; suppléants : MM. Dance, J.; Graux, C. — *Blendecques*. MM. Houzet, A. ; Macquart de Terline ; Gardien, C.; suppl. : M. Houzet, G. — *Campagne-les-Wardrecques*. MM. Baussart, C. ; Inglard, A.; suppl. : M. Gamblin, J. — *Longuenesse*. MM. Platiau, L.; Bocquet, V.; suppl. : M. Wintrebert. — *Tatinghem*. MM. Dausque, O.; Chatelain, S.; suppl. : M. Longain-Bloëme. — *Wizernes*. MM. Obert, L.; Delrue, J.; suppl. : M. Hébant, A.

CANTON D'AIRE

Aire. MM. Varenghem ; Vallart; d'Hagerue ; le baron Dard ; Lustre ; Roch ; Robichez ; Goset ; suppléants : MM. Desjardins ; Vanhouck. — *Clarques*. M. Titelouze de Gournay ; suppl. : M. Saison, C. — *Ecques*. MM. Jovenin, A.; Dubois, H.; suppl. : M. Cocud, C. — *Herbelles*. M. Lapouille, M.; suppl. : M. Allouchery, P. — *Heuringhem*. MM. Chevalier, C., fils ; Bayart, H.; suppl. : M. Debruisser, L. — *Inghem*. M. Cainne, V.; suppl. : M. Martel, A. — *Mametz*. MM. Robin, A.; Faucon, M.; suppl. : M. Lemaître, C. — *Quiestède*. M. Verley, A.; suppl. : M. de Lencquesaing, A. — *Racquinghem*. MM. Van Zeller d'Oostove ; Pannier, adjoint; suppl. : M. Varlet, A. — *Rebecques*. M. Mantel, A.; suppl. : M. Boulin, G.

— *Roquetoire.* MM. le comte de Rants ; Caron, F.; suppl.: M. Foubert. — *Thérouanne* MM. Saniez, J.; Boulot, A.; suppl. : M. Méquinion, F. — *Wardrecques.* M. Porion, maire ; suppl. : M. Varlet, adjoint. — *Willes.* MM. Mouflin, J.; Lefebvre-Dufour ; suppl. : M. Mouflin, L.

CANTON D'ARDRES

Ardres. MM. Chevalier-Delattre; Clipet, E.; de Saint-Just, E.; suppléant : M. Queval. — *Audrehem.* M. Bodart; suppl. : M. Collart, L. — *Autingues.* M. de Saint-Just, C.; suppl. : M. Taufour, H. — *Balinghem.* MM. Morillon, A.; Saison, O.; suppl. : M. Pierre, L. — *Bayenghem-les-Eperlecques.* M. Delezoide, G.; suppl. : M. Allan, L. — *Bonningues-les-Ardres.* MM. Dereudre, L.; Carbonnier, E.; suppl. : M. Debart, D. — *Brêmes.* MM. Hamerel, maire; Picquet, A.; suppl. : M. Lefebvre-Butor. — *Clerques.* M. Boulanger, maire; suppl. : M. Honoré, E. — *Eperlecques* MM. Colin, R.; Taffin de Givenchy; Boutoille, A.; suppl. : M. Dereudre, L. — *Guémy.* M. Déclémy, R.; suppl. : M. Taufour, J. — *Journy.* M. Lay, E.; suppl: M. Dufay, E. — *Landrethun-les-Ardres.* MM. Hembert, T.; de Saint-Just, G.; suppl.: M. Follet, F. — *Louches.* MM. Déclémy, F.; Delattre, A.; suppl. : M. Cocquet, B. — *Mentque-Nortbécourt.* MM. Liot de Nortbécourt, maire; Alluin, A.; suppl. : M. Lomez, V. — *Muncq-Nieurlet.* M. Fetel, A.; suppl.: M. Raoult. — *Nielles-lez-Ardres.* M. de Vilmarest, A.; suppl. : M. Haigneré, H. — *Nordausques.* MM. Taffin de Givenchy; Pelletier, A.; suppl. : M. Brunet, C. — *Nortleulinghem.* M. Noël, Ch.; suppl. : M. Tartare, J. — *Rebergues* M. Lefebvre, H.; suppl. : M. Delmotte, A. — *Recques.* M. Payelleville, D.; suppl. : M. Noël, L. — *Rodelinghem.* M. Flament, J.; suppl.: M. Binaux, A. — *Tournehem.* MM. Vandroy-Liné ; Liné-Lepoittevin ; suppl. : M. Saison-

Caron. — *Zouafques.* M. Déclémy, A.; suppl. : M. Savary-Doyer.

CANTON D'AUDRUICQ

Audruicq. MM. Bouloigne, L.; Rougemont, A.; Dubrœucq, R.; Tacquet, C.; Dannequin, F.; Dufay, P.; suppléants : MM. Renard, F.; Bollart, J. — *Guemps.* MM. Prosper, D.; Barbotte, F.; suppl. : M. Limousin, E. — *Nortkerque.* MM. Vanuxem ; Rault, A.; suppl. : M. Perdu-Vandroy. — *Nouvelle-Eglise.* M. Laurent, H.; suppl. : M. Lavoine-Bouclet. — *Offekerque.* MM. Gorain, B.; Becquet, J.; suppl. : M. Deldrève, V. — *Oye.* MM. Hubert, F.; Deldrève-Caron ; suppl. : M. Bayard. — *Polincove.* MM. Payelleville, A.; Matringhem, G.; suppl. : M. Allan. — *Ruminghem.* MM. Guéricy, J.; Dereudre ; suppl. : M. Dubrœucq. — *Sainte-Marie-Kerque.* MM. Boidin, A.; Coolen ; suppl. : M Dubrœucq. — *Saint-Folquin.* MM. Vandewalle ; Verva ; suppl. : M. Caron. — *Vieille-Eglise.* MM. Lheureux ; Wissocq ; suppl. : M. Ammeux. — *Saint-Omer-Capelle.* MM. Noël, N.; Babelard ; suppl.: M. Payelleville, G. — *Zutkerque* MM. Haeu ; Minebois ; Popieul ; suppl. : M. Laloux.

CANTON DE FAUQUEMBERGUES

Audincthun. MM. Depois, F.; Fasquel, F.; suppléant : M. Ledoux, S. — *Avroult.* M. Drollez, A.; suppl. : M. Drollez, Z. — *Beaumetz-les-Aire.* M. Savary, E.; suppl. : M. Sailly, P. — *Bomy.* MM. Davrou-Roche ; De Vilmarest, E.; suppl. : M. Deligny. — *Coyecques.* MM. Bonnière, A.; Boudry, A.; suppl. : M. Bialais, A. — *Dennebreucq.* M. Delannoy, L.; suppl.: M. Brocvielle, J. — *Enguinegatte.* M. Delarozière, A.; suppl. : M. Dufour, F. — *Enquin.* MM. Delgéry, G.; Saison, F.; suppl. : M. Thélier, H. — *Erny-Saint-Julien.* M. Cappe de Baillon ; suppl. : M. Durvez, V. — *Fauquembergues.*

MM. Delcourt ; Senlecq ; suppl. : M. Bonnière. — *Febvin-Palfart*. MM. Hurtevent ; Grebout ; suppl. : M. Penel, A. — *Fléchin*. MM. Jonnart, C.; Lagache, A.; suppl. : M. Ansel, P. — *Laires*. M. Pruvost, F.; suppl. : M. Plée, A. — *Merck-Saint-Liévin*. MM. Brouta, E.; Briche, J.; suppl. : M. Degremont, E. — *Reclinghem*. M. Demart, J.-B.; suppl. : M. Desmore. — *Renty*. MM. Martin, A.; Decque ; suppl. : Deleret, F.— *Saint-Martin-d'Hardinghem*. M. Carpentier, J.; suppl. : M. Bernard, G. — *Thiembronne*. MM. Guerlet-Sterin ; Levasseur de Fernehem ; suppl. : M. Dufay-Buron.

Canton de Lumbres

Acquin. M. Allan-Prince ; suppléant : M. Hochart. — *Affringues*. M. Jacquat ; suppl. : M. Leprêtre. — *Alquines*. MM. Cucheval, B.; Cucheval, A.; suppl. : M. Havart. — *Bayenghem-les-Seninghem*. M. Thuilliez ; suppl. : M. Thuilliez. — *Bléquin*. MM. Canu ; Casier ; suppl. : M. Sagot. — *Boisdinghem*. M. Duhamel ; suppl. : M. Vieillard. — *Cléty*. M. Leroy ; suppl. : M. Crendal. — *Delettes*. MM. Le Sergeant de Bayenghem ; Delohem ; suppl. : M. Alba. — *Dohem*. MM. Devin ; Leroux ; suppl. : M. Bonnière. — *Elnes*. M. Soudan ; suppl. : M. Portenaert. — *Escœuilles*. M. Bacon ; suppl. : M. Vauviez. — *Esquerdes*. MM. Billardon ; Huguet ; suppl. : M. Buquet. — *Hallines*. MM. Dambricourt ; Clais ; suppl. : M. Bonningue, L. — *Ledinghem*. M. Monsigny ; suppl. : M. Mobailly. — *Leulinghem*. M. Lemaire ; suppl. : M. Houdain. — *Lumbres*. MM. Decroix ; Gosselin ; suppl. : M. Fenet. — *Nielles-les-Bléquin*. MM. Lecointe ; Vigreux ; suppl. : M. Delannoy. — *Ouve*. M. Joly ; suppl. : M. Cardon. — *Pihem*. MM. Portenart ; Caron ; suppl. : M. Dubois, A. — *Quelmes*. M. Mille ; suppl. : M. Evrard. — *Quercamps*. M. Bressel ; suppl. : M. Tétart. — *Remilly*. M. Delepouve ; suppl. : M. Ducrocq. — *Seninghem*. MM. Dupont ; Ducrocq ; suppl. : M. de Jacquant. — *Setques*. M. Lecointe ; suppl. : M. Bourgois. — *Surques*. M. Lefebvre, J.; suppl. : M. Lefebvre, D. — *Vaudringhem*. M. Vandome ; suppl. : M. Evrard. — *Wavrans*. M. Sagot-Decroix ; suppl. ; M. Ducrocq. — *Westbécourt*. M. Caron, F.; suppl. : M. Caron, L.— *Wismes*. M. de Corbie, E.; suppl. : M. Clabaut. — *Wisques*. M. Decroix; suppl. ; M. Lejeune. — *Zudausques*. M. Bodart-Domain ; suppl. : M. Mesmacque.

✕

Le soir à sept heures et demie a eu lieu un **Concert** très brillant organisé par la Société des fêtes de bienfaisance au profit des pauvres de la ville. En voici le programme :

PREMIÈRE PARTIE

1° *Le Domino Noir,* ouverture par la Musique communale (Auber).

2° *Medjé,* chanson arabe par M. Gervais (Gounod).

3° *Stella,* poésie par M. Denempont (Victor Hugo).

4° Grand air de *Robin des Bois,* par Mlle Léonie Varnerot (Weber).

5° Grande fantaisie variée pour piston, par M. Buridant (Arban).

6° Grand air du *Siège de Corinthe,* par M. Dondeyne (Rossini).

7° Chansonnette comique, par M. Théry.

DEUXIÈME PARTIE

1° *La Traviata,* fantaisie par la Musique communale (Verdi).

2° *Un rayon de tes yeux,* mélodie par M. Gervais (Stirelli).

3° Barcarolle et Sérénade (Mandoline) quatuor par MM. Bleuzet, Petit, Martin, Vermesch (Petit).

4° Air de *Robert-le-Diable,* par Mlle Léonie Varnerot (Meyerbeer).

5° Grande fantaisie militaire, par M. Bleuzet (Léonard).

6° Air du *Valet de Chambre,* par M. Dondeyne (Carafa).

7° *Les Prunes,* poésie par M. Denempont (Alph. Daudet).

8° Chansonnette comique, par M. Théry.

✕

Vers une heure et demie du matin, un commencement d'incendie s'est déclaré dans une maison de la rue de l'Avoine.

Cet incendie est dû à un vice de construction.

Le feu a pris à une traverse en bois qui se trouvait dans la cheminée et qui communiquait avec le plafond.

Les dégâts sont insignifiants.

11 JANVIER

Neuvième représentation au Théâtre : *La Petite Marquise,* comédie en 3 actes. — *Les Jocrisses de l'amour,* comédie en 3 actes

12 JANVIER

La Commission administrative de la Bibliothèque populaire s'est réunie à six heures du soir, à l'Hôtel-de-Ville, sous la présidence de M. Ringot, maire, pour procéder, comme chaque année, en assemblée générale, après lecture du rapport sur la situation de la Bibliothèque, à l'élection du bureau. M. Charles Hermant présente le rapport annuel. Nous en extrayons les chiffres suivants qui donnent le mouvement de la Bibliothèque en 1885 :

7625 volumes ont été donnés en lecture à 963 titulaires de livrets d'abonnements.

166 nouveaux abonnés ont été inscrits.

Depuis sa fondation qui remonte à 13 ans jusqu'au 1er janvier 1886, la Bibliothèque populaire a prêté 100,632 volumes, soit une moyenne de 7741 par an.

Le rapport sur la situation financière a été donné par M. Framezelle, trésorier.

Le bureau a ensuite été élu, en voici la composition pour l'année 1886 :

Président de droit : M. Ringot, maire.

Vice-Président : M. Simon.

Trésorier : M. Framezelle.

Secrétaire : M. Ch. Hermant.

Secrétaires adjoints : MM. Goeneutte, et Chevreux.

Assesseurs : MM. Cadet, de Bailliencourt dit Courcol et Bommier.

$\times$

Dans l'après-midi une revue du 8e de ligne a été passée sur l'Esplanade par M. le général **Pierron**.

13 JANVIER

M. Charles **Foucart**, notre concitoyen, agent secondaire des ponts et chaussées du bureau de Saint-Omer, est nommé au grade de conducteur et reste attaché provisoirement au service du Pas-de-Calais.

14 JANVIER

A huit heures du soir, les membres honoraires de la Société Philharmonique de Saint-Omer et les membres de l'orchestre se réunissent en assemblée générale dans la salle des Concerts pour l'examen de la situation de la Société et le renouvellement de la Commission.

✕

M. **Archambault de Montfort,** lieutenant au 107 régiment d'infanterie est désigné pour occuper l'emploi d'instructeur au Prytanée militaire.

17 JANVIER

Une **Soirée** est donnée au faubourg du Haut-Pont, au profit de l'Œuvre des Ecoles catholiques, dans la grande salle de la Providence. La soirée est composée de divers morceaux de chant et d'instruments, d'une tombola et de deux pièces : *Le Retour des Colonies,* proverbe en deux actes et l'*Expiation,* drame en 3 actes.

✕

Une **Soirée** est également offerte, au Pensionnat St-Joseph, aux familles des élèves de cette institution. Cette soirée s'est terminée par une petite comédie : *Les Tribulations de Jeannot,* jouée par des amateurs lillois.

18 JANVIER

Dixième représentation de l'année au Théâtre (Direction Tailleter) : *Odette,* comédie de Victorien Sardou jouée avec le concours de M. Montlouis. — *La Nuit de noces de P. L. M.* lever de rideau.

✕

A Nortkerque, le nommé **Glasson,** vieillard de 80 ans, se trouvait dans sa cuisine avec sa fille, en train de souper. Tout à coup, il entendit un craquement dans le grenier. Surprise de ce bruit insolite, la jeune fille sortit de la maison et aperçut le toit embrasé par les flammes. Elle se hâta de faire sortir son vieux père et, quelques voisins, accourus à ses cris aidèrent à sauver une partie des meubles; quant à l'habitation une demi-heure après, elle était complètement détruite. Les pertes causées par cet incendie sont estimées à 1500 francs. Il n'y avait pas assurance.

20 JANVIER

Le soir, à huit heures, a eu lieu dans la salle des concerts, un grand **Concert** donné par la Société Philharmonique. Voici quelle en était la composition :

PREMIÈRE PARTIE

1° Andante et allégro, pour orchestre (Hummel).

2° Duo des *Dragons de Villars,* Mlle Mélanie Bouré, M. Van Loo (Maillard).

3° Fantaisie sur *le Désir* (Beethoven), M. Godenne (Franz Servais).

4° Air de l'*Africaine,* M. Van Loo (Meyerbeer).

5° *Le Prophète,* Mlle Mélanie Bouré (Meyerbeer).

6° *Marche funèbre d'une marionnette,* orchestre (Gounod).

DEUXIÈME PARTIE

1° Ouverture des *Surprises de l'Amour,* orchestre (Poise).

2° Romance de *Mignon,* Mlle Mélanie Bouré (A. Thomas).

3° Cavatine de *Faust,* M. Van Loo (accompagnement de violon), M. César Bleuzet (Gounod).

4° A Romance (Goltermann).

B *Moment musical,* M. Godenne (Schubert).

C *Danse des Elfes* (Popper).

5° A Idylle.

B *J'avais rêvé,* Mlle Mélanie Bouré (Lassen).

6° Valse de la *Nuit de Noël* (O. Stoumon).

✕

WISMES. — Le feu se déclare au hameau de Saint-Pierre dans une grange appartenant à un sieur **Mila-**

mont. Malgré les secours apportés en hâte par les pompiers de Nielles-lez-Bléquin, il ne reste plus rien de cette grange. On parvient seulement à préserver le corps de logis et les maisons voisines. La perte est évaluée à plus de 500 francs ; il n'y a pas d'assurance.

21 JANVIER

AUDRUICQ. — Les opérations du tirage au sort ont lieu dans la matinée pour le canton. Le nᵒ 1 échoit au nommé L. **Biet**, de Nortkerque.

×

L'Académie de médecine décerne une médaille d'argent à M. le docteur **Mantel**, pour ses travaux relatifs aux épidémies.

22 JANVIER

LUMBRES. — Les opérations du tirage au sort ont lieu dans la matinée pour le canton. Le nᵒ 1 échoit au nommé F. **Rolle**, de Dohem.

×

M. P. **Ringot**, président, et MM. les juges et juges suppléants du Tribunal de commerce, prêtent à l'audience du Tribunal civil, le serment d'usage.

23 JANVIER

DENNEBROEUCQ. — Mᵐᵉ **Brocvielle**, cultivatrice, atteint aujourd'hui ses cent ans ; son centenaire est joyeusement fêté par ses enfants et ses petits-enfants.

24 JANVIER

Vers onze heures du matin, un commencement d'incendie se déclare dans un garni situé au deuxième étage d'une maison de la rue Guillaume-Cliton. On n'a à regretter que des dégâts insignifiants.

✕

Un sermon de charité est prêché dans la Basilique de Notre-Dame à l'issue des vêpres, par le R. P **Givron,** de l'ordre des Frères prêcheurs, en faveur de la Conférence de St-Vincent de Paul.

25 JANVIER

Onzième représentation de l'année au Théâtre : *Le Voyage au Caucase,* pièce en 3 actes. — *Le 4e acte du Roman d'un jeune homme pauvre.* — *Intermède comique de la Valse des cent vierges.* — *La Légende de Saint-Nicolas.*

✕

A deux heures du soir, en la salle des Sapeurs-Pompiers et avec le concours de la fanfare de la Compagnie, la Société des fêtes de Bienfaisance procède au tirage de sa tombola.

✕

Il est procédé dans la matinée au tirage au sort pour le canton nord de Saint-Omer. Le n° 1 échoit au nommé L. **Binaux,** de Saint-Omer.

26 JANVIER

Ardres. — Tirage au sort des conscrits du canton. Le n° 1 échoit au nommé A. **Clerbout,** d'Ardres.

27 JANVIER

Une troupe de passage sous la direction de M. Gustave Le Roy de l'Opéra-Comique donne à Saint-Omer une représentation extraordinaire du *Pardon de Ploërmel,* opéra-comique de Meyerbeer. Ce qu'il y a d'extraordinaire dans cette représentation : c'est que l'orchestre est remplacé par un piano, les chœurs supprimés et les décors absents !

×

FAUQUEMBERGUES. — Tirage au sort des conscrits du canton. Le n° 1 échoit au nommé E. **Lequien,** d'Audincthun.

28 JANVIER

AIRE. — Opérations du tirage au sort dans ce canton. Le n° 1 échoit au nommé Z. **Lefebvre,** d'Aire.

29 JANVIER

Tirage au sort pour les jeunes gens du canton sud de Saint-Omer. Le n° 1 échoit au nommé E. **Massart,** de Saint-Omer.

×

La Chambre de commerce procède au renouvellement de son bureau qui est ainsi composé pour 1886 : MM. Porion, président ; Hermant, vice-président ; Dambricourt, secrétaire ; Dreyfus, trésorier.

30 JANVIER

M. **Coudreau,** explorateur de l'Amérique équatoriale, fait à la demande de la Société de Géographie, une très intéressante conférence sur les régions qu'il a parcourues.

Cette conférence est précédée de l'Assemblée générale annuelle des membres de la Société pour le renouvellement partiel des membres du bureau et pour la reddition des comptes.

Voici le résultat des élections. Sont nommés :

M. Arnaud, président.

MM. Streiff et Dauvergne, vice-présidents.

M. Delpouve, membre de la commission.

31 JANVIER

Revue sur la Grande-Place du 8ᵉ de ligne et remise par M. le colonel Chambert de la croix de chevalier de la Légion d'honneur à M. **Cœuret,** capitaine-adjudant-major.

✕

M. l'abbé **Bourgois,** curé-doyen de Dohem, décède en cette commune à l'âge de 86 ans.

M. l'abbé Bourgois est né à Setques, le 27 février 1800, d'une honorable famille qui compte aujourd'hui encore quatre de ses membres dans le clergé. Dès l'âge de 14 ans il arrivait à Dohem qu'il n'a pour ainsi dire plus quitté de sa vie. Il entra au pensionnat St-Louis et y fit entièrement ses humanités couronnées du plus brillant succès.

A 24 ans, il allait au séminaire de Saint-Sulpice à Paris. Sa vocation était fixée ; il voulait consacrer au service de l'Eglise et des âmes ses talents et les trésors de son cœur.

Il ne passa pas inaperçu parmi cette élite d'élèves ecclésiastiques que la grande école fondée par M. Olier a le privilège d'attirer de tous les points de la France. Ses maîtres l'avaient en grande estime, et ceux de ses condisciples qui ont joui de son intimité lui ont conservé une place dans leur cœur.

Le 31 mai 1828, il fut ordonné prêtre par Mgr de Quélen, archevêque de Paris, et revint à son cher pays de Dohem, où la Providence lui réservait plus d'un demi-siècle de vie active et de travail dans l'Eglise.

Cette longue carrière se partagea d'une manière

inégale entre les fonctions successives et parfois si-
multanées de professeur, directeur au pensionnat
Saint-Louis, vicaire de Dohem, puis curé-doyen en
août 1868.

Dans toutes ces fonctions, M. l'abbé Bourgois a
laissé le souvenir de ses vertus sacerdotales.

Les établissements scolaires de Dohem, l'un et
l'autre si connus et si estimés dans la région, perdent
en lui un de ceux qui ont activement concouru à leurs
succès et à leur excellente direction.

En 1878, M. l'abbé Bourgois eut le bonheur de célébrer son jubilé de prêtrise, et Mgr Lequette qui avait
bien voulu honorer de sa présence cette fête d'un de
ses vénérables collaborateurs, se plaisait à lui rappeler qu'ils avaient tous deux reçu l'onction sacerdotale
des mêmes mains de Mgr de Quélen.

Et l'an dernier encore, quand Sa Grandeur Mgr
Dennel vint à Dohem pendant sa tournée pastorale, il
fut profondément ému de voir ce vétéran du sacerdoce
s'agenouiller devant lui.

Enfin disons encore que la restauration de l'église
paroissiale est pour beaucoup son œuvre et que s'il
aimait tant ses paroissiens, ceux-ci lui rendaient bien
son affection.

Jusqu'à ses derniers moments, il resta le même,
heureux de se retrouver avec ses amis, n'ayant rien
perdu de son esprit et de sa gaîté qui faisaient le
charme de sa société.

×

A trois heures après-midi, dans la salle des répétitions,
rue Gambetta, a lieu la réunion générale annuelle

des membres exécutants et des membres honoraires de la musique communale pour la reddition des comptes de l'exercice 1885.

✕

A la même heure a lieu dans le grand salon du Café de l'Harmonie, l'Assemblée générale annuelle des membres de la Société du sou des Ecoles laïques, son bureau est renouvelé de la façon suivante :

Président : M. de Lauwereyns.

Vice-président : M. Vasseur.

Secrétaire-général : M. E. Devaux.

Secrétaire-adjoint : M. Alp. Fleury.

Trésorier : M. Ch. Delpierre.

Adjoint au trésorier : M. Delattre.

✕

La Section d Horticulture de la Société d'Agriculture tient sa séance mensuelle dans un local dépendant de la salle des Concerts.

✕

Le soir dans la salle des Sapeurs-Pompiers, **Concert** suivi de bal, offert par la fanfare de la Compagnie, avec le programme suivant :

PREMIÉRE PARTIE

1° *Salmigondis,* grande fantaisie par la Fanfare (Buot).

2° Chansonnette de genre, chantée par M. E. L. (***)

3° Air varié pour piston, exécuté par M. A. L. (Arban).

4° Grande fantaisie concertante pour violons, violoncelle et piano, exécutée par MM. H. D., G. B., E. P. et V. V. (***)

5° Chansonnette comique, chantée par M. E. P. (***)

6° *La Fête des Mitrons,* scène comique en un acte, jouée par cinq boulangers de la ville (***)

1° *Hylda,* polka de concert pour piston, par la Fanfare, soliste M. V. D. (Legendre).

2° Chansonnette de genre, chantée par M. E. L. (***)

3° *Rêverie,* pour violon, exécuté par M. H. D. (Schumann).

4° *Ballet de Fatinitza,* exécuté par MM. H. D., G. B., E. P., V. V. (Suppé).

5° Chansonnette comique, chantée par M. E. P. (***)

6° *La Fanfare de Nonancourt,* saynète excentrique musicale, par des fanfaristes.

$$\times$$

ARDRES.—A sept heures du soir, dans le grand salon de l'Hôtel-de-Ville a lieu un **Concert-spectacle**, suivi de bal, organisé par la musique municipale. Il était ainsi composé :

PREMIÈRE PARTIE

1° *Jeanne d'Albret,* fantaisie par la musique municipale (Mullot).

2° *L'Orphéon de Fouilly-les-Nounous,* saynète en un acte (X.)

3° Fantaisie pour saxophone, par M. E. Levert (Singelée).

4° *Festa Napolitana,* fantaisie pour piano par Mlle Augusta Playe (J. Ascher).

5° *La Fête des Mitrons,* jouée par cinq boulangers de la ville d'Ardres.

6° Fantaisie concertante pour piano et piston, par Mlle Playe et M. Ch. Durand (Verdi).

7° Chansonnette comique (X.)

DEUXIÈME PARTIE

1° Fantaisie sur *Fra Diavolo,* par la musique municipale (Auber).

2° Fantaisie pour saxophone, par M. E. Levert (Singelée).

3ᵇ Polka de *la Reine,* pour piano par Mˡˡᵉ Augusta Playé (Raff.).

4° Chansonnette comique (X).

5° Fantaisie d'Arban sur la *Muette de Portici,* pour piston, par M. Ch. Durand (Auber).

6° *Un mari en grande vitesse,* opérette en un acte.

7° *Anna,* polka pour deux pistons, par la musique municipale (Vauremoortel).

Le piano est tenu par Mˡˡᵉ Augusta Playe.

MOIS DE FÉVRIER

1er FÉVRIER

La croix de chevalier de l'ordre royal du Cambodge est décernée à M. **Arnaud,** avocat, président de la Société de Géographie.

×

M. **Delcourt,** chef de bureau de la succursale de la Banque de France de notre ville est désigné pour le même emploi à la Banque de France à Calais.

2 FÉVRIER

Par décret présidentiel en date de ce jour et sur la proposition du ministre de la guerre, notre concitoyen, M. **Delorme** (Henri-Cyrille-Joseph), commandant le 16e régiment de chasseurs à cheval, est nommé au grade de général de brigade, en remplacement de M. **Logerot,** admis dans le cadre de réserve.

5 FÉVRIER

Un triste événement se produit à la gare.

Un marchand de peaux de lapins, bien connu à St-Omer, le nommé Henri **Danel,** âgé de 58 ans, a essayé de se donner la mort d'une manière épouvantable.

Le malheureux attendit l'arrivée du train de Boulogne à dix heures vingt sept du soir, puis lorsqu'il entendit le sifflet de la locomotive, il se coucha en travers des rails.

Mais il n'avait pas bien pris ses dispositions ; il fut tamponné et rejeté un peu de côté, sur la voie ; une seule des jambes fut broyée par la machine.

Relevé quelques instants après, le blessé fut conduit à l'hospice Saint-Louis où, à minuit, MM. les docteurs Mantel et Castier lui faisaient subir l'amputation du membre broyé et mis en lambeaux.

La quantité énorme de sang que Danel a perdu avant l'amputation ne, laissait aucun espoir de le sauver. En effet, vers trois heures du matin, il expirait entre les mains des sœurs hospitalières après d'atroces souffrances.

On ignore la cause de ce suicide ; mais il est bien évident que Danel avait la ferme résolution de se donner la mort.

Dans la journée, le pauvre homme avait déjà tenté de mettre son triste projet à exécution en se pendant au perron de M. Nadal, propriétaire, rue St-Bertin, à l'aide d'une courroie.

Heureusement le lien s'était brisé et Danel avait dû abandonner son projet.

C'est alors qu'il eut la fatale pensée d'aller se jeter sur la voie ferrée et d'y attendre la mort qui n'avait pas voulu de lui le matin.

Danel était veuf et laisse trois enfants, dont une fille, en service chez M. Nadal, devant la demeure duquel il avait une première fois essayé de se tuer.

✕

A dix heures du matin ont lieu en l'église Notre-

Dame les funérailles de M. le chef de bataillon **de Cantillon**, décédé à Arcachon.

Selon le désir exprimé par le commandant avant de mourir, son corps a été reconduit à Saint-Omer, où il désirait reposer près du régiment dont la maladie l'avait contraint à se séparer avant l'heure.

En tête du cortège marchait le clergé de Notre-Dame.

Puis venait un adjudant du 8ᵉ de ligne portant une magnifique couronne en perles, offerte par les adjudants et sous-officiers.

Derrière lui, marchaient deux caporaux tenant également en mains une couronne donnée par les soldats du bataillon.

Enfin l'ordonnance du commandant, tenant une immense couronne des fleurs les plus recherchées, dernier témoignage d'affection des officiers du régiment à leur chef regretté.

Le cercueil disparaissait sous les bouquets et les fleurs déposées par la famille et les amis du défunt.

Les coins du poêle étaient tenus par M. le lieutenant-colonel Debord ; par M. le commandant Christiani, par M. le commandant d'Or, et M. de Ternes, capitaine au 5ᵉ dragons.

Derrière le char funèbre marchaient M. le général Pierron accompagné de son aide-de-camp, M. le sous-préfet de Saint-Omer, M. le colonel du 5ᵉ dragons. Tous les capitaines, lieutenants et sous-lieutenants du 8ᵉ de ligne ; un grand nombre d'officiers de dragons. Enfin les sous officiers du régiment d'infanterie.

A la gare, une compagnie rangée dans la cour, a rendu les honneurs militaires.

2

✕

Par arrêté de M. le Maire de Saint-Omer en date de ce jour, M. **Courtade**, Jean-Marie, est nommé membre de la Commission administrative de la Bibliothèque populaire.

6 FÉVRIER

La Société Philharmonique procède au renouvellement de sa commission. Sont élus :

Vice-président : M. Ch. Revillion.

Secrétaire : M. E. Goeneutte.

Trésorier : M. Gustave Duquenoy.

Archiviste : M. Ch Legrand.

Commissaires : MM. Bleuzet; Boulet, Cortyl, Framezelle, L. Legrand, Paris, Quaisain, Sommerock.

7 FÉVRIER

La Société des Pêcheurs se réunit à huit heures du soir, en l'hôtel des Sapeurs-Pompiers, en assemblée générale pour entendre l'exposé de la situation de la Société.

✕

Un grand **Concert,** suivi de bal, est donné à Arques en la salle de la grande Sainte-Catherine, en voici le programme :

PREMIÈRE PARTIE

1° *Brigantine,* ouverture par la fanfare (J. B. Maillochaud).

2° Grand air *du Chalet,* par M. Degrise (Adam).

3° Grand air varié pour piston, par M. G. Buridan (W. Oreste).

4° Chansonnette comique, par M. Vienne (X...)

5° Concerto de contrebasse à cordes, par M. Martin (Ver=rimst).

6° *Un Drapier dans de mauvais draps,* opérette en un acte (Vandenesse).

DEUXIÈME PARTIE

1° *La Grotte de Calypso,* fantaisie par la fanfare (P. Amourdedieu).

2° Chansonnette comique, par M. Vienne (X...)

3° A. *Adios al Alcazard,* par M. Bleuzet (Palatin).

B. *Mazurka,* par M. Bleuzet (Wieniawski).

4° *Le Laboureur,* chant par M. Degrise (Ruggiéri).

5° Fantaisie *sur la Forêt Noire,* par M. G. Buridan (Arban).

6° Séance d'équilibre, par M. Vienne.

L'honneur est satisfait, comédie en un acte (II. Baju).

Le piano était tenu par M. V. Verroust.

8 FÉVRIER

Représentation au Théâtre (Direction Taillefer) : *La nuit de noces de P. L. M. — Le feu au couvent. — Mon oncle !*

9 FÉVRIER

Séance du Conseil municipal. — Absents MM. Pierret, Lemoine, Lormier, Fauvel, Tillie et Gilliers.

Le conseil procède d'abord à l'élection d'un adjoint en remplacement de M. Pierret, démissionnaire, M. Brillaud est élu par 17 voix (Votants 21 ; bulletins blancs 4).

Puis le conseil aborde les diverses questions portées à l'ordre du jour, voici le résultat des délibérations .

1° Le conseil donne un avis favorable à une demande en retrait de cautionnement par l'entrepreneur des travaux de reconstruction de l'école du Haut-Pont.

2º Le conseil donne un avis favorable à l'établissement d'une distillerie de genièvre à Saint-Omer.

3º Le conseil approuve le cahier des charges pour la location des places au marché couvert. A la demande de M. Cadet, il est ajouté au cahier des charges que la vente publique de la viande de boucherie est interdite en dehors du marché couvert.

4º Le conseil donne un avis favorable à la suppression d'un sentier au lieu dit : *le Rozof.*

5º Le conseil décide que les dépenses des écoles communales pour 1887 seront les mêmes qu'en 1886. Il décide pourtant sur la proposition de M. le Maire que le traitement de deux maîtresses de l'école maternelle sera porté de 600 à 800 francs.

6º Le conseil vote un crédit supplémentaire de 444 francs pour frais de régie du marché aux poissons, les prévisions budgétaires ayant été dépassées de cette somme.

7º Le conseil renvoie à la commission du contentieux la question du renouvellement des polices d'assurances.

8º Le conseil autorise la ville à recevoir définitivement les travaux du service des eaux et fixe à ce jour la date du commencement de la concession de 60 ans stipulée par le cahier des charges.

10 FÉVRIER

L'Œuvre du Denier des Ecoles Catholiques de St-Omer tient son assemblée générale annuelle dans la salle des fêtes du Pensionnat St-Joseph, sous la présidence de M. le chanoine Doublet, doyen du Saint-Sépulcre. La réunion se termine par un **Concert** où se fait entendre la musique du Pensionnat et M. J. Mosnier, chanteur de genre.

11 FÉVRIER

M. **Passy**, explorateur, fait à la salle des Concerts, une conférence sur l'**Islande,** à la demande de la Société de Géographie.

×

Vers quatre heures et demie, en descendant les marches de la demeure de M⁰ Cossart, notaire, son beau-frère, Mᵉ **Verva**, notaire à Audruicq, manque le pied et tombe si malheureusement qu'il se fracture la jambe. Relevé aussitôt, M. Verva reçoit les soins empressés de plusieurs docteurs appelés imméd.atement.

×

M. Charles-Louis-Gustave **Sainsaulieu,** nommé commissaire-priseur à Saint-Omer, en remplacement de M. **Revillion,** démissionnaire, prête serment à l'audience du Tribunal civil de ce jour.

14 FÉVRIER

M. **d'Havrincourt** est élu sénateur par 876 voix ; son concurrent M. Camescasse, républicain, obtient 860 voix. (Inscrits : 1755 ; votants : 1747).

×

Ouverture de la Foire de Saint Omer ; on remarque parmi les baraques foraines : le Cirque Diter, la Ménagerie Redenbach, le Théâtre Fulgoni, le Théâtre de la famille Legois, la grande Houillère Belge, la galerie Masserini, etc.

×

La Société des Carabiniers au tomarois procède au

renouvellement de son bureau ainsi qu'il suit ; sont élus :

Président : M. Macaux, Félix.

Vice-président : M. Flandrin, Alfred.

Trésorier : M. Dolman, Charles.

Secrétaire : M. Danel, Auguste.

Commissaires : MM. Neuville, Castrique, Bauval et Decroix.

×

WIZERNES. — La Société des Carabiniers de l'Aa procède au renouvellement de son bureau pour l'année 1886-1887. Sont élus :

Président d'honneur : M. Alexandre Dambricourt.

Président : M. Auguste Houzet.

Vice-président : M. François Lépingle.

Secrétaire : M. Agénor Wintrebert.

Trésorier : M. Désiré Dejaecker.

Commissaires : MM. Demol, Louis ; Henguiez, François ; Grébert, père ; Briez ; Bertrand, Jules ; Leclercq ; Coudre, François et Delplace, père.

15 FÉVRIER

Représentation au Théâtre : *Cambronne,* drame en 3 époques, 9 actes et 11 tableaux.

16 FÉVRIER

Par décret de ce jour, M. **Poirrier,** ancien maire de Lens et suppléant du juge de paix de cette dernière localité est nommé juge de paix du canton de Fauquembergues, en remplacement de M. **Delaporte,** nommé juge de paix à Marquise.

×

M. **Jonnart,** Léon, notaire à Fléchin, est nommé
par le même décret, suppléant du juge de paix du
même canton de Fauquembergues, en remplacement
de M. **Levasseur de Fernehem.**

18 FÉVRIER

Séance du Conseil municipal. — Absents : MM. Vasseur, Brillaud, Duméril, Fauvel, Gilliers, Devaux,
Fiévé, Lecointe, Berteloot, Tillie, Lormier et Pierret.

L'unique question à l'ordre du jour est celle du projet de transférement des cours secondaires de jeunes
filles dans la propriété de la ville, située enclos Saint-
Bertin, Mlle Steven directrice du pensionnat Saint-
Denis ayant renoncé à diriger ces cours. Les dépenses
pour ces cours sont d'après le budget de 10,110 francs,
les recettes de 2.480 francs ; la ville supportant la
moitié des frais, sa charge est de 3.815 francs.

M. Hochart demande s'il y a utilité à fonder un collège de jeunes filles ; si Mlle Steven ne pourrait être
tenue de continuer les cours jusqu'à la fin de l'année
scolaire ; si l'on ne craint pas de voir augmenter
considérablement les dépenses ; s'il ne vaut pas mieux
conserver l'immeuble de l'enclos Saint-Bertin pour
une autre destination.

M. le Maire lui répond et le conseil vote :

1º La continuation de l'enseignement supérieur
pour les jeunes filles.

2º La création de 10 bourses municipales.

3º Un crédit de 3.815 francs pour dix mois d'exercice scolaire.

4º Un crédit de 500 francs pour le matériel scolaire.

20 FÉVRIER

AIRE. — Un grand **Concert** est donné par la Société l'Echo des Bardes, dans les salons de l'Hôtel-de-Ville. En voici le programme :

PREMIÈRE PARTIE

1° Ouverture de *Tancrède*, quintette (Rossini).

2° Romance du *Val d'Andorre*, chantée par M. Hourdoir (Halévy).

3° Nocturne sur l'opéra des *2 Jacquet*, exécuté par M. Mering (S. Lée).

4° Grand air du *Pré aux Clercs*, avec accompagnement de violon, M¹¹ᵉ J. Leclercq et M. Moronvalle (Hérold).

5° Grande fantaisie brillante sur l'opéra de *Lara*, exécutée par M. Dubois (Barthélémy).

6° Fantaisie de salon sur *Roméo et Juliette*, arrangée pour violon, exécutée par M. Moronvalle (Alard).

7° *Il faut savoir se contenter de peu*, chansonnette chantée par M. D...

8° *L'adieu des pêcheurs*, chœur, chanté par la Société des Orphéonistes (Saintis).

DEUXIÈME PARTIE

1° Ouverture du *Dieu et de la Bayadère*, quintette (Auber).

2° Trio du *Torréador*, chanté par M¹¹ᵉ Leclercq, M. Hourdoir et M. D... (Adam).

3° *Aïda*, fantaisie pour violon, exécutée par M. Moronvalle (Alard).

4° *Souvenir de Rigoletto*, exécuté par M. Dubois, arrangé par Herman.

5° *Je n'ose*, romance chantée par M¹¹ᵉ Leclercq (Tagliafico).

6° *A ma Mère*, (berceuse), exécutée par M. Mering (E. Dunklere).

7° *Journée champêtre,* chœur dédié à la Société des Orphéonistes d'Aire, par leur regretté concitoyen (Ch. Vervoitte).

8° Entr'acte-gavotte de *Mignon,* quintette (E. Thomas).

9° *Il compositor Italiano,* scène comique, chantée par M. D... (Clapisson).

21 FÉVRIER

M. **Verva,** notaire à Audruicq, meurt subitement de la rupture d'un anévrisme.

22 FÉVRIER

M. **Burdin,** de Péronne, percepteur à Fléchin, est nommé percepteur à Dangeul (Sarthe), en remplacement de M. **Sergent** qui vient à Fléchin.

$$\times$$

Représentation au Théâtre : *Notre Dame de Paris,* drame en 5 actes et 12 tableaux.

24 FÉVRIER

Une foule considérable assiste aux funérailles de M. **Verva,** décédé, notaire à Audruicq. Les coins du poële sont tenus par MM Dufay, notaire à Audruicq ; Tible, avocat ; de Bailliencourt, notaire ; et Hochart, avoué.

28 FÉVRIER

Assemblée générale de la Société des Fêtes publiques et de bienfaisance dans le grand salon du Café de l'Harmonie. La Société décide que désormais sa commission sera composée de 21 membres au lieu de 15.

$$\times$$

A huit heures du s ir a eu lieu à la Salle des

Concerts, un attrayant **Concert** offert par la Musique municipale et dont voici le programme :

PREMIÈRE PARTIE

1° Fantaisie sur *Carmen,* par la musique communale (Bizet).

2° *T'aimer,* romance, par M. X. (Godefroy).

3° Premier solo de flûte, par M. J. Verroust (H. Altès).

4° *Samson et Dalila,* par Mlle Forge (Saint-Saens).

5° *Charlemagne,* par M. Desbarbieux (Limnander).

6° Grande fantaisie concertante pour hautbois, par M. G. Hurel (Ch. Colin).

7° Duo de la *Favorite,* par Mlle Forge et M. X. (Donizetti).

8° Chansonnette comique, par M. Cocheteux (***)

DEUXIÈME PARTIE

1° Fantaisie sur *Rigoletto,* par la musique communale (Halévy).

2° *Lucrèce Borgia,* par Mlle Forge (Donizetti).

3° Fantaisie pour piano, par M. Auguste Wassenove (Gottschalk).

4° La *Fée aux Roses,* par M. X. (Auber).

5° *Galathée,* par M. Desbarbieux (Massé).

6° Grand duo pour hautbois et flûte, par MM. G. Hurel et J. Verroust (Gattermann).

7° Duo du *Barbier de Séville,* par MM. X. et Ch. Hache (Rossini).

8° Chansonnette comique, par M. Cocheteux (***)

MOIS DE MARS

1er MARS

Une foire aux bestiaux a lieu sur le Marché aux Bestiaux, en voici la statistique :

235 chevaux de 500 à 900 francs. — 198 poulains de 300 à 720. — 25 baudets de 25 à 300 — 8 mulets de 50 à 500. — 250 vaches de 250 à 550. — 192 génisses de 200 à 450. — 82 taureaux de 200 à 450. — 65 porcs de 15 à 60.

Le résultat moyen est une baisse générale de 25 % sur les chevaux et les poulains ; de 15 % sur les baudets et les taureaux ; de 10 % sur les mulets, les vaches et les génisses ; et de 5 % sur les porcs.

2 MARS

Notre concitoyen, M. Victor **Guilleman**, juge de paix d'Aubusson, depuis le mois de décembre 1885, meurt dans cette ville à la suite d'une courte maladie

Voici les lignes que le *Petit Aubussonnais* lui a consacrées :

M. Guilleman était âgé de 58 ans. Après avoir été reçu licencié en droit par la faculté de Paris en 1849, il se fit inscrire au barreau de Saint-Omer où il plaida pendant quelques années, puis acheta une charge d'avoué.

Il y a dix-huit ans, il fut nommé juge de paix, et après avoir parcouru différents postes, il fut successivement appelé à Commentry, puis à Bellegarde, à Evaux et enfin à Aubusson.

M. Guilleman s'était partout fait hautement apprécier par son intelligence du droit, sa connaissance des affaires et par son esprit de conciliation ; et les quelques audiences qu'il a présidées dans notre ville avaient suffi pour nous montrer ses éminentes qualités d'homme et de magistrat et rendre plus sensible et plus douloureuse la perte que fait notre canton.

M. Guilleman, à l'exemple de tous les véritables magistrats, employait aux lettres les loisirs que lui laissait sa profession. Depuis 1878, il a fait paraître différents ouvrages dont plusieurs ont été distingués par les sociétés savantes. En voici la liste :

Histoire de la ville de Guines. — A laquelle une mention honorable a été décernée en 1878 par la Société Académique de Boulogne-sur-Mer, à la suite d'un concours.

Organisation judiciaire en France. — Ouvrage autorisé pour les bibliothèques populaires et scolaires (1879).

Organisation de la Marine. — Dans ce traité, M. Guilleman guidé par son frère ancien officier de la marine, étudie d'une façon complète la marine française, ses forces et les réformes à introduire dans son organisation.

Aux obsèques de M. Guilleman, le deuil était conduit par le frère du défunt, accompagné de M. le docteur Andret et de M. Honoré Martinon.

Les membres du tribunal et du barreau, le sous-préfet ainsi qu'un grand nombre de fonctionnaires assistaient à cette cérémonie. Les cordons du poële étaient tenus par MM. Giaccobi, procureur de la République ; Bordessoulles, juge de paix suppléant ; Léonce Joullot, greffier, et Léon Maigniaux, conseiller municipal.

Nous regrettons profondément la mort de M. Guilleman, non seulement à cause de l'estime et de l'affection qu'il avait su inspirer, mais parce que notre ville avait trouvé en lui un excellent juge de paix.

4 MARS

Un **Concert** est donné dans la salle de la place St-Jean par la Société philharmonique avec le concours de Mlle Marie **Garnier**, cantatrice des concerts Pasdeloup et du Trocadéro et de divers autres artistes. En voici le programme :

PREMIÈRE PARTIR

1° Introduction et allégro de la 2° symphonie (Haydn). — Orchestre.

2° Air de la *Traviata* (Verdi). — Mlle Marie Garnier.

3° *Pièce de concert* (Wéber). — M. E. Triaille.

4° Andante et menuet de la 2° symphonie (Haydn). — Orchestre.

5° *Le marchand de lorgnettes,* chansonnette (Lhuillier). — M. Guillot.

DEUXIÈME PARTIE

6° Final de la symphonie (Haydn). — Orchestre.

7° Air de la *Juive* (Halévy). — Mlle Marie Garnier.

8° A. Gavotte (Silas) ; B. Causerie (Mailly) ; C. Mouvement perpétuel (Weber). — M. E. Triaille.

9° A. *Rêverie aquatique,* monologue (Decourçay) ; B. *Un homme à marier* (Bourget-Parisot). — M. Guillot.

10° *Perles et diamants* (Muller). — Mlle Marie Garnier.

11° *Trop bousculé,* scène comique (Decourçay-Guillot). — M. Guillot.

Une agréable surprise avait été réservée aux auditeurs. Deux jeunes artistes audomarois : MM. Georges **Hurel,** hautboïste, et **Verroust,** flûtiste, tous deux élèves du Conservatoire de Paris, ont bien voulu se faire entendre et ont remporté tous deux de légitimes succès.

5 MARS

Réception à l'audience du Tribunal civil de ce jour du serment de MM **Poirrier** et **Jonnart** (Léon) nommés le premier juge de paix et le second suppléant du juge de paix de Fauquembergues par décret du 16 février dernier.

×

Réunion du Comité de la Société des fêtes publiques et de bienfaisance pour procéder à l'élection du bureau.

L'ancien bureau est provisoirement maintenu dans ses fonctions.

×

Une représentation de *Le Prince Zilah,* comédie en 3 actes, est donnée sur notre scène par une troupe d'artistes parisiens de passage.

7 MARS

Un **Bal** travesti est donné par la Fanfare des Sapeurs-Pompiers dans l'hôtel de la Compagnie.

11 MARS

La distribution des récompenses aux jeunes gens du Haut-Pont qui ont suivi pendant l'hiver le Cours d'adultes de l'Ecole libre des Frères a lieu dans la grande salle de la Providence. Cette cérémonie était

présidée par M. **Marion**, président de l'œuvre du Denier des Ecoles catholiques, qui suppléait M. le Curé
du Haut-Pont empêché.

13 MARS

Une **Soirée** musicale suivie de tombola est offerte
par la Société des fêtes publiques et de bienfaisance
au salon du 1er étage du Café de l'Harmonie, avec le
concours de plusieurs amateurs de la ville. L'entrée
en est libre. Voici le programme de cette soirée :

PREMIÈRE PARTIE

1° Romance pour baryton, par M. Lespillez (X...)
2° Fantaisie concertante pour deux violons, violoncelle et
    piano, exécutée par MM. Petit, père et fils, H. Dus-
    saussois et V. Verroust (Fauconnier).
3° *Le Chambertin,* chansonnette de genre chantée par M. Ed.
    Loreau (L. Raynal).
4° Morceau de concours pour contre-basse à cordes, exécuté
    par M. Martin (Verrimst).
5° *Pasquille lilloise,* chantée par M. Waltel (Desrousseaux).
6° *Beatrice di Tendo,* fantaisie pour piston exécutée par
    M. Lefer (Arban).
7° *Un drapier dans de mauvais draps,* opérette en un acte
    jouée par MM. Béatrix et Poiret.

DEUXIÈME PARTIE

1° Romance pour baryton, par M. Lespillez (X...)
2° Quatuor de concours exécuté par MM. Petit, père et fils,
    H. Dussaussois et V. Verroust (X...)
3° *La Marche de la Madeleine,* chansonnette de genre chantée
    par M. Ed. Loreau (Colin).
4° Concerto pour contre-basse, par M. Martin (X...)

5° *Pasquille lilloise*, chantée par M. Waltel (X..)
6° *Il Crociato*, morceau pour piston, par M. Lefer (Meyeer-
    ber).
7° Chansonnette comique, par M. Poiret (X...)

$\times$

Un grand punch est offert, dans la soirée, au Cercle
militaire, aux officiers du 5e régiment de dragons, qui
doit quitter prochainement Saint-Omer pour se rendre
à Compiègne.

15 MARS

Ouverture de la session du premier trimestre des
assises du Pas-de-Calais, sous la présidence de M. **Es-
pinasse,** conseiller à la Cour d'appel de Douai.

Voici la liste des jurés appelés à rendre leur verdict
dans les différentes affaires portées au rôle de la session :

MM.

1 Capelle, Léonce, négociant à Béthune.
2 Dumont, Charles, marchand de bestiaux à Laventie.
3 Leclercq, Edmond, propriétaire à Auchy-lez-Labassée.
4 Doal, Jean-Baptiste, cultivateur à Bailleul-aux-Cornailles.
5 Blond, Hubert, notaire à Fruges.
6 Debonte, Désiré, négociant à Hénin-Liétard.
7 Macaux, Adrien, marchand de fer à Lillers.
8 Guerlet, Louis, rentier à Thiembronne.
9 Legrand, Eugène, notaire à Arras.
10 Taffin de Tilques, Agénor, propriétaire à Tilques.
11 Parenty, Victor, cultivateur à Beaurains.
12 Rault, Victor, rentier à Guines.
13 Daire, Virgile, industriel à Saint-Nicolas.

14 Lefebvre, Jean-Baptiste, cultivateur à Noyelles-Godault.

15 Lafontaine-Carette, Eugène, rentier à Boulogne.

16 Moitier, Charles, notaire à Hucqueliers.

17 Potez, Henri, brasseur à Montreuil.

18 Legentil, Joseph, cultivateur à Hauteville.

19 Coutant, Charles, cultivateur à Beaumetz-les-Cambrai.

20 Wartelle, Alfred, propriétaire à Arras.

21 Pouille, Henri, négociant à Lillers.

22 Langlet-Chartaux, Jules, entrepreneur à Boulogne.

23 Mullie, Emile, fabricant de tulles à Calais.

24 Delannoy, Henri, propriétaire à Vis-en-Artois.

25 Lefebvre, Jacques, propriétaire à Echinghem.

26 Fayne-Dougnac, Alfred, quincaillier à Boulogne.

27 Harrewyn-Bertrand, négociant à Boulogne.

28 Torel, César, propriétaire à Bonnières.

29 Lorthiois, Alphonse, notaire à Arras.

30 Lescardé, Paul, docteur en médecine à Arras.

31 Carpentier, Fénélon, cultivateur à Vitry.

32 Legentil-Trannin, Jules, propriétaire à Arras.

33 Sagot, Jean, industriel à Wavrans.

34 Lefebvre, Alphonse, cultivateur à Rebecq.

35 Lourme, Fleury, cultivateur à Norrent-Fontes.

36 Gaudefroy, Joseph, négociant à Bapaume.

JURÉS SUPPLÉMENTAIRES

1 Van Elslandt, Joseph, imprimeur à Saint-Omer.

2 Hanon, Jean-Baptiste, caissier de la caisse d'épargne à Saint-Omer.

3 Cauche, Edmond, propriétaire à Saint-Omer.

4 Vasseur, Louis, mégissier à Saint-Omer.

1re AFFAIRE : *Vol qualifié.*

Accusés : Charles Laforge, 36 ans, maçon à Calais ;

François Rémy, 32 ans, maçon à Marck
Ministère public : M. Martin, substitut.
Défenseurs : Mᶜ DUQUENOY, pour Laforge.
Mᵉ POILLION, pour Rémy.

Faits :

Le 5 décembre dernier, la dame veuve Rohart, âgée de 72 ans, rentière à Marck, et sa domestique, la nommée Sneck (Benoîte), âgée également de 72 ans, déclaraient à la gendarmerie de Calais que dans la nuit précédente du 4 au 5 décembre, des malfaiteurs avaient pénétré dans la maison qu'elles habitent et y avaient commis un vol dans des circonstances particulièrement graves.

Vers deux heures du matin, la nommée Sneck (Benoîte), avait été brusquement réveillée par un bruit qui se faisait dans le corridor, et, à peine avait-elle interpellé la maîtresse de la maison qui couchait dans une chambre voisine, qu'un individu dont la figure était couverte d'un masque en papier, s'approcha de son lit, ayant dans la main gauche un couteau et dans la main droite un pistolet dont il la menaçait. Il était suivi d'un autre individu.

Le premier de ces malfaiteurs dit à la servante : « nous venons ici chercher de l'argent, il nous en faut », et il ajouta : « ne bougez pas, ne criez pas, où vous êtes une femme perdue. »

La nommée Sneck, Benoîte, terrifiée, et n'osant faire un mouvement, ni jeter un cri, laissa prendre son porte-monnaie au voleur ; mais celui-ci ne l'ayant pas trouvé suffisamment garni le lui rendit. Les deux individus se retirèrent alors, et celui qui portait le masque en papier se rendit dans la chambre occupée par la maîtresse de la maison, tandis que l'autre restait dans le corridor, surveillant la servante.

L'homme masqué dit à la veuve Rohart qu'il était venu de Boulogne avec de nombreux complices qui entouraient la maison, qu'il leur fallait de l'argent, et que si elle criait elle était une femme perdue ; en même temps il braquait sur elle son pistolet. La veuve Rohart lui remit les clefs de son secrétaire qui furent aussitôt passées au complice resté dans le corridor ; ce dernier s'empara d'une somme de mille francs environ composée en billets de banque et en pièces de 20 francs en or.

Les deux voleurs partirent aussitôt, après avoir averti la veuve Rohart qu'elle ne pourrait se lever avant le jour, et que sa maison était gardée jusqu'à ce moment.

Dans la journée du 5 décembre, un repris de justice dangereux le nommé Laforge, Charles, âgé de 36 ans, ouvrier maçon, demeurant à Calais, se fit remarquer dans cette ville par l'exagération de ses dépenses et par le nombre des pièces d'or et des billets de banque qu'il avait en sa possession. Il fut arrêté le 7 décembre dès la première heure et il commença par soutenir que l'argent vu entre ses mains provenait de ses économies. Mais le lendemain, la gendarmerie de Calais mettait en état d'arrestation le nommé Rémy François, ouvrier maçon, âgé de 33 ans, domicilié à Marck.

La culpabilité de cet individu était en effet certaine. Dans la soirée du 7 décembre il s'était fait conduire en voiture de Calais à Marck, et comme le cocher lui apprenait l'arrestation de Laforge, il lui avait confié qu'il était le complice de celui-ci. Bien plus, dans la nuit du 7 au 8 décembre, Rémy s'était rendu, avec sa femme, auprès de la veuve Rohart, avait avoué sa participation au crime et imploré son pardon en offrant la restitution d'une somme de 184 francs.

Dès son premier interrogatoire, le nommé Rémy désigna comme étant son complice le nommé Laforge, et ce dernier, confronté avec Rémy, ne persista plus dans ses dénégations.

Des déclarations faites par les deux accusés, il résulte que dans la journée du 4 décembre, le nommé Rémy ayant rencontré Laforge à Calais, lui dit que se trouvant sans ressources il venait d'engager sa montre au Mont-de-Piété. Laforge lui aurait répondu que ce n'était pas là un moyen de se procurer de l'argent, et que pour sa part s'il connaissait un endroit où il put trouver une somme de 100.000 fr. il n'hésiterait pas à aller les prendre. Rémy ayant alors indiqué la maison de la veuve Rohart à Marck, il fut convenu que dans la nuit suivante un vol y serait commis.

Rémy acheta aussitôt chez un serrurier de Calais un pistolet, de la poudre et des amorces, puis se munit, en passant à son domicile, d'une pince en fer, et accompagné de Laforge, se rendit à la maison de la veuve Rohart. Il escalada le mur du jardin et ouvrit la porte à Laforge ; tous les deux fracturèrent un soupirail d'une cave, et après avoir traversé le souterrain arrivèrent facilement au rez-de-chaussée et aux chambres à coucher.

La scène décrite par la veuve Rohart et par sa domestique a été reconnue exacte dans son ensemble par les accusés. C'était Rémy qui avait la figure couverte d'un masque en papier et qui était armé d'un pistolet ; c'était Laforge qui s'était emparé des pièces d'or et des billets de banque. Après le vol, Rémy et Laforge étaient sortis, en passant encore par une cave, puis s'étaient rendus au domicile de Rémy pour partager le produit de la soustraction ; mais Laforge dissimula à son complice les billets de banque volés, et prétendant n'avoir pris que 440 francs, il remit 220 francs en pièces d'or au nommé Rémy.

Le nommé Laforge, après son arrestation, s'efforça par tous les moyens de rester en possession d'une partie assez importante de la somme soustraite, mais il put en être dépouillé, grâce à la vigilance des agents chargés de le fouiller.

Les nommés Laforge et Rémy ont une réputation déplorable. Ils ne travaillent pas régulièrement et s'adonnent à l'ivrognerie, et tous les deux ont déjà subi des peines graves, notamment pour vol.

Reconnus coupables de vols avec effraction et escalade, commis la nuit, dans une maison habitée, étant porteurs d'armes apparentes ou cachées :

Rémy est condamné à 5 ans de réclusion et Laforge à 5 ans de la même peine.

La cour les exempte de toute surveillance et les condamne aux frais envers l'Etat.

×

2e AFFAIRE : *Tentative de viol.*

Accusé : Caplier, Elie-Eugène, 33 ans, **valet de charrue à Brimeux.**

Défenseur : Me BELLANGER, avocat.

Reconnu coupable d'attentat à la pudeur avec violence, le jury ayant écarté la tentative de viol, Caplier est condamné à 5 ans de réclusion avec dispense de surveillance.

16 MARS

Le 5e régiment de dragons quitte Saint-Omer conduit jusqu'aux portes par un grand concours de population.

×

Dans l'après-midi avaient lieu en l'église de l'Immaculée-Conception au faubourg du Haut-Pont, les funérailles de M. Charles **Buret,** lieutenant des sapeurs-pompiers de notre ville.

Toute la compagnie suivait en armes le cercueil ; M. le lieutenant Leverd portait la croix.

Les coins du poële étaient tenus par MM. Cornet et Bausseret, sous-officiers des pompiers, et par deux boulangers de la ville, dont M. Buret était président de la chambre syndicale.

Une magnifique couronne en perles, offerte par les officiers, était portée par le sergent Massemin.

Une autre, offerte par la 5e division qu'il commandait, était portée par le sergent Bayart. Enfin les boulangers de la ville et des faubourgs avaient également envoyé un délégué avec une splendide couronne au président de leur syndicat.

Durant le trajet de la maison mortuaire à l'église et de l'église au cimetière, la fanfare n'a cessé de faire entendre des marches funèbres.

Dans le cortège on remarquait M. le Sous-Préfet de St-Omer et un grand nombre d'officiers de la garnison.

Au cimetière M. le capitaine Pruvost, commandant la compagnie, a prononcé les paroles suivantes :

Devant cette tombe, ouverte aujourd'hui pour recevoir ce cercueil, renfermant les restes d'un ami regretté, que la terre va cacher pour toujours à nos yeux, ne la laissons pas fermer sans lui adresser quelques paroles d'adieu.

Je ne vous parlerai pas de sa famille qui fait en lui une perte irréparable, en se voyant enlever, l'une un époux, les autres un père bon et affectueux dont la place au foyer restera vide à jamais.

Il laissera aussi un vide parmi nous, car depuis 24 ans qu'il faisait partie de la Compagnie de sapeurs-pompiers, chacun de nous avait su apprécier son caractère toujours égal, donnant l'entrain et la gaîté dans nos réunions, bon camarade, estimé de tous, il avait toutes nos sympathies, on pouvait compter sur son dévouement en toutes circonstances, il ne reculait jamais devant un service à rendre, un devoir à remplir.

Que vous dirais-je de plus, messieurs, les quelques paroles que je viens de prononcer suffisent pour faire l'éloge d'un ami sincère, dévoué à la Compagnie, que la faulx de la mort enlève si prématurément à sa famille et au corps si utile dont nous faisons partie.

Encore dans la force de l'âge, nous pouvions espérer le voir longtemps au milieu de nous, mais l'Être Suprême qui dirige les choses d'ici-bas en a jugé autrement, à son arrêt il faut nous soumettre ; nous ne pouvons ici qu'exprimer les regrets que nous éprouvons de voir confier à la terre cette dépouille mortelle que nous aurions aimé ne pas lui abandonner si tôt.

Disons-lui bien que son souvenir restera avec nous, que nous quittons cette dernière demeure le cœur en deuil et rempli de tristesse, adressons-lui un dernier adieu suprême, éternel. Adieu, mon cher lieutenant, adieu pour toujours, adieu !

✕

Deux affaires sont aujourd'hui soumises au jury.

M. Saint-Aubin, procureur de la République est au siège du ministère public.

1° Attentat à la pudeur.

Accusé : Remy, Louis, 40 ans, journalier à Calais,

Défenseur : M⁰ DELPIERRE, avocat.

L'accusé reconnu coupable avec admission de circonstances atténuantes est condamné à 5 ans de réclusion.

✕

2⁰ Incendie volontaire.

Accusé : Ducrocq, Marie-Louis, 39 ans, domestique à Courset.

Défenseur : M⁰ BELLANGER.

Voici les faits relevés par l'accusation :

Le 16 janvier 1886, vers deux heures et demie du soir, le feu se déclarait dans une meule de blé appartenant au sieur Soudain, cultivateur à Courset, et située au milieu des champs. La meule qui contenait 1400 bottes a été entièrement consumée, et le préjudice, en partie couvert par une assurance, a été évalué à 700 francs environ.

Les soupçons se portèrent presqu'aussitôt sur l'accusé Ducrocq à qui le sieur Soudain avait refusé de l'ouvrage dans le courant du mois d'octobre dernier.

Ducrocq fut arrêté, il a protesté de son innocence et a prétendu qu'il n'était point venu dans les environs de la meule pendant l'après-midi du 16 janvier. Mais l'enquête a établi qu'il avait été rencontré, entre deux et trois heures, dans un chemin qui en est voisin. On a constaté également que les empreintes laissées sur le sol, près de la meule, par l'incendiaire, correspondaient aux chaussures que portait l'accusé le jour du crime. L'accusé lors de son arrestation, a d'ailleurs tenu des propos très compromettants.

Malgré les dénégations de Ducrocq, sa culpabilité ne parait point douteuse.

Reconnu non coupable, Ducrocq est acquitté.

17 MARS

Une troupe parisienne sous la direction de M. Pascal Delagarde donne au Théâtre une bonne représentation de *La Fille du Tambour-Major*, opéra d'Offenbach.

×

Deux affaires sont aujourd'hui soumises au jury.

1° Attentat à la pudeur.

Accusé : Couvreur, Henri, 28 ans, cabaretier à Arras.
Défenseur : M⁰ TIBLE.

Reconnu coupable avec admission de circonstances atténuantes, Couvreur est condamné à un an d'emprisonnement avec dispense de surveillance.

×

2° Détournements de valeurs et d'objets mobiliers confiés à la poste et complicité.

Accusés : Capron, Louis-François, 22 ans, commis des postes à Boulogne.

Vandal, Maria-Irma, 28 ans, tulliste à Boulogne.

Défenseurs : M⁰ LENGLET, du barreau d'Arras, pour Capron.

M⁰ CADET pour Maria Vandal.

Depuis le mois de mars 1885, un grand nombre de lettres envoyées d'Angleterre et d'autres pays étrangers à l'adresse de M. Webster et de M. Hardaway à Boulogne-sur-Mer, ne parvenaient pas à leurs destinataires : un relevé, établi dans les bureaux de ces négociants, a permis de fixer à onze mille francs environ, le total des valeurs renfermées dans ces lettres qui avaient été détournées.

A la suite de ces faits, l'administration des postes anglaises décida, de concert avec l'administration française, que l'on enverrait à l'adresse de M. Webster et de M. Hardaway une certaine quantité de *lettres-épreuves*, c'est-à-dire renfermant des valeurs dont on aurait eu soin de prendre les numéros. C'est ainsi qu'à des dates diverses on expédia d'Angleterre une première série de soixante-et-une lettres, et ensuite une seconde série de quarante-neuf lettres aux adresses ci-dessus indiquées.

Parmi ces lettres, il y en eut six renfermant pour 387 fr. 50 de valeurs qui ne parvinrent pas à leurs destinataires. La première fut détournée le 16 janvier 1886, la deuxième le 27 janvier, la troisième le 29 janvier, la quatrième et la cinquième le 30 janvier, la sixième le 1er février.

La surveillance, établie par la police de Boulogne chez les changeurs et banquiers de cette ville, amena à la date du 2 février l'arrestation de la fille Vandal qui avait essayé de faire changer à la banque Adam et Cie deux billets de la banque d'Irlande qui étaient renfermés dans une des lettres soustraites.

Une perquisition, opérée immédiatement au domicile de cette fille, fit découvrir la plus grande partie des valeurs dérobées dans les six *lettres-épreuves*. Outre ces valeurs, on en trouva d'autres qui avaient été détournées dans le courant de l'année 1885 au préjudice de MM. Webster et Hardaway. On trouva également une grande quantité de menus objets dérobés au bureau de poste de Boulogne et qui avaient été en vain réclamés par leurs destinataires.

La fille Vandal, interrogée, avoua qu'elle connaissait l'origine frauduleuse des valeurs et des objets trouvés à son domicile, et elle dénonça le nommé Capron, employé des postes à Boulogne, son amant, comme étant l'auteur de ces détournements.

Capron fut arrêté sur-le-champ. Il est entré dans la voie des aveux, mais il soutient qu'il n'a détourné que les valeurs ou les objets qui ont été trouvés à son domicile.

L'accusé était depuis un certain temps déjà employé dans l'administration ; bien que vivant en concubinage avec la fille Vandal, rien dans sa conduite ne pouvait donner lieu à des soupçons. On avait, il est vrai, dans le courant du mois de janvier 1886, constaté un déficit de 500 francs dans sa caisse ; mais l'administration s'était contentée d'exiger le remboursement immédiat de la somme disparue.

Reconnus coupables par le jury avec admission de circonstances atténuantes, les deux accusés sont condamnés chacun à deux années d'emprisonnement avec dispense de surveillance.

18 MARS

Le 21e dragons arrive à Saint-Omer pour y tenir garnison.

×

Une seule affaire occupe l'audience des assises de ce jour.

Accusé : Hénin, Benjamin-Louis-Antoine, 23 ans, clerc d'avoué à Boulogne-sur-Mer.

Défenseur : Me FOURNIER.

Ministère public : M. Saint-Aubin.

Les faits suivants lui sont reprochés par l'acte d'accusation :

D'après un usage suivi dans un grand nombre de tribunaux de première instance, les témoins entendus devant le tribunal correctionnel de Boulogne touchent l'indemnité qui leur est allouée, non au bureau de l'Enregistrement, mais entre les mains du sieur Marchal (Alexandre), concierge du Palais-de-Justice, lequel est, à cet égard, le mandataire du receveur de l'Enregistrement.

Le nommé Hénin (Benjamin), né à Boulogne le 3 septembre 1863, employé en 1880, au greffe du tribunal de première instance de Boulogne en qualité d'expéditionnaire fut chargé par le greffier d'établir les taxes à témoin ; il entra bientôt en relations avec le sieur Marchal, et souvent après avoir acquitté un certain nombre de taxes, le sieur Marchal, au lieu d'aller les recouvrer lui-même au bureau de l'Enregistrement, en chargeait le nommé Hénin.

Cette façon de procéder n'avait paru présenter aucun inconvénient, lorsque au commencement de novembre dernier, M. Delaleau, receveur de l'Enregistrement, mis en éveil par le concierge, acquit la preuve qu'Hénin s'était fait payer depuis quelques jours six taxes imaginaires pour une somme totale de 1410 francs 75 centimes.

Dénoncé au parquet de Boulogne et mis aussitôt en état d'arrestation, le nommé Hénin ne put que reconnaître ces faits. Il ajouta qu'il avait commis d'autres faux de même nature depuis juillet 1884, et pour une somme de 2,500 à 3,000 francs.

L'information a établi que ces premiers aveux étaient bien au-dessous de la vérité. En réalité, le nommé Hénin s'est fait payer de fausses taxes à témoins depuis juin 1883, soit pendant qu'il était employé au greffe, soit plus tard, après qu'il fut devenu clerc de M⁰ Poultier, avoué.

Dès le début, notamment, pendant les six derniers mois de l'année 1883, au lieu d'imiter la signature des juges taxateurs, il préférait se faire donner cette signature, par surprise, en profitant d'un moment où le juge était occupé à d'autres travaux, sauf pourtant à apposer lui-même au pied de la taxe une fausse signature de témoins.

Mais dans la suite, il n'hésita pas à imiter la signature du magistrat à côté du nom du témoin imaginaire.

Du 6 juin 1883 au 3 novembre 1885, il s'est fait payer au bureau de l'Enregistrement, le montant de 180 fausses taxes. La plupart sont entièrement manuscrites et toutes portent le cachet du greffe ; les unes (les moins nombreuses) sont revêtues de la signature d'un magistrat obtenue par surprise, et sur ces taxes figure aussi tantôt une fausse signature de témoin, tantôt la mention que le témoin aurait déclaré ne savoir signer. Les autres taxes portent de plus une fausse signature de magistrat, le plus souvent, celle de M. Carré et de M. Leleu, juges au tribunal civil de Boulogne.

L'ensemble des taxes fabriquées par Hénin, dénote chez ce dernier une grande habileté : le texte même de la taxe ne paraît pas à première vue tracé par la même main qui a imité la signature du juge taxateur ou écrit la prétendue signature du témoin ; en outre, l'orthographe du nom du témoin inscrit dans la taxe offre parfois une légère différence avec celle de la signature.

Les taxes indûment payées par le receveur de l'Enregistrement au sieur Hénin, depuis juin 1883 jusqu'à la découverte de la fraude s'élèvent à 25,802 francs. Cette somme considérable a été presque entièrement absorbée par la vie de plaisirs et les dépenses exagérées de l'accusé dans ces dernières années.

Seize témoins, dont un certain nombre de magistrats de Boulogne, sont appelés à la barre et viennent déposer contre l'accusé.

Le jury ayant répondu affirmativement aux 636 questions qui lui étaient posées, avec admission toutefois de circonstances atténuantes, Hénin est condamné à 4 ans de prison et 100 francs d'amende avec dispense de surveillance.

19 MARS

L'audience de la cour d'assises ne comprend aujourd'hui qu'une seule affaire :

Vols qualifiés.

Accusés : Vancutsem, Léopold, 29 ans, tulliste à St-Pierre-les-Calais.

Lamarre, François-Clément, 19 ans, journalier à Calais.

Jennequin, Joseph-François-Julien, 24 ans, tulliste à Calais.

Donin, Marie-Antoinette-Joséphine, femme Godts, 50 ans, débitante à Calais.

Guignet, Flore, 20 ans, tulliste à Calais.

Défenseurs : Mᵉ LEFÉBURE pour Vancutsem.

Mᵉ DERNIS pour Lamarre.

Mᵉ DUQUÉNOY pour Jennequin.

Mᵉ POILLION pour la femme Godts.

Mᵉ ARNAUD pour la fille Guignet.

Ministère public : M. Martin, substitut.

L'acte d'accusation relève les faits suivants à la charge des accusés :

De nombreux vols ont été commis à Calais à la fin de 1885 et au commencement de 1886. Les inculpés Vancutsem, Lamarre et Jennequin se sont reconnus auteurs de presque tous ces vols.

Dans la nuit du 7 au 8 décembre 1885, des malfaiteurs

brisant la glace du magasin de la veuve Brouttier à Calais, s'emparèrent de trois accordéons d'une valeur de 30 à 35 francs pièce. L'inculpé Vancutsem se reconnaît auteur de ce vol, mais il prétend n'avoir pris que deux accordéons.

Dans la nuit du 11 au 12 décembre 1885, un vol fut commis dans le magasin de la dame Hedde, marchande à Calais. Le voleur après avoir brisé un carreau de la façade du magasin, s'empara d'un coupon d'étoffe de dix à quinze mètres. L'inculpé Vancutsem se reconnaît auteur de ce vol, il remit l'objet volé à la femme Godts, qui chargea un tailleur de confectionner avec ce drap un pantalon et un veston d'enfant.

Dans le dernier mois de 1885, un vol fut commis au préjudice du sieur Dupont, marchand à Calais. Les voleurs enlevèrent douze paires de bas de laine, trois paires de chaussettes, une chemise, deux caleçons. Les inculpés Vancutsem et Lamarre reconnaissent avoir commis ce vol ensemble, vers dix heures du soir ; ils ont ensuite, disent-ils, partagé le produit du vol entre eux et l'inculpé Jennequin à qui ils donnèrent plusieurs objets et qui leur acheta pour quatre francs les douze paires de bas. Les objets volés furent déposés chez la fille Guignet.

Dans la nuit du 18 au 19 décembre 1885, des voleurs ont brisé des carreaux de vitre à la façade de la maison de la demoiselle Deloffre, marchande à Calais. Ils se sont emparés d'une douzaine de chemises de femme, une douzaine de mouchoirs rouges à pois blancs, trois ou quatre foulards en soie. Les inculpés Vancutsem et Lamarre reconnaissent avoir commis ce vol ensemble et avoir remis les objets volés à la femme Godts.

Dans la nuit du 19 au 20 décembre 1885, un vol a été

commis chez le sieur Cardon, Jules, marchand-boucher à Calais. Après avoir brisé une glace de la devanture du magasin, les voleurs enlevèrent une dinde de la valeur de dix francs. Vancutsem et Lamarre avouent avoir commis ce vol ensemble et avoir porté la dinde chez la veuve Godts où elle fut mangée en famille.

Dans la nuit du 21 au 22 décembre 1885, des voleurs ont brisé une glace de la vitrine du magasin d'épicerie du sieur Mouchon, à Calais ; ils enlevèrent six boîtes de homards d'une valeur de neuf francs. Vancutsem et Lamarre avouent avoir commis ce vol et avoir été manger quelques-unes des boîtes chez la femme Godts où les boîtes furent portées.

Dans la nuit du 26 au 27 décembre 1885, des voleurs ont brisé deux glaces à la devanture du magasin de sieur Cugnart, marchand de volailles à Calais ; ils se sont ensuite emparé de trois poules, deux poulets, un canard et des fruits. Vancutsem et Lamarre se reconnaissent auteurs de ce vol ; ils déclarent avoir vendu deux poules à Jennequin. Les objets volés ont été déposés chez la fille Guignet.

Dans la nuit du 26 au 27 décembre 1885, des voleurs après avoir brisé un carreau de vitre, se sont introduits dans le bureau de la fabrique du sieur Hutin, fabricant de tulles à Calais. Ils ont enlevé une pendule dit œil-de-bœuf, un pardessus, un paletot et un trousseau de clefs. Vancutsem et Lamarre reconnaissent que ce vol a été commis par eux.

Dans la nuit du 26 au 27 décembre 1885, des voleurs ont pénétré dans une cave chez le sieur Delrische, cafetier à Calais, en brisant le cadenas de la porte et en faisant sauter la serrure ; ils ont pris un pot de beurre, un baril de morue et quatre litres de liqueur. Lamarre et Vancutsem reconnaissent avoir commis ce vol.

Dans la nuit du 30 au 31 décembre 1885, des voleurs ont brisé trois glaces de la vitrine du magasin du sieur Cordier, cordonnier à Calais, et ont enlevé une paire de bottes d'une valeur de 45 francs. Vancutsem et Lamarre reconnaissent avoir commis ce vol et vendu la paire de bottes à Jennequin pour dix francs.

Dans la nuit du 31 décembre au 1er janvier, des voleurs ont brisé deux glaces à la devanture du magasin de la dame Venelle, épicière à Calais, et enlevé des boîtes de sardines et quelques litres de liqueurs. Ce vol a été commis par Vancutsem et Lamarre qui le reconnaissent et déclarent avoir consommé le produit du vol. Jennequin paraît également avoir consommé les objets volés.

Dans la nuit du 31 décembre au 1er janvier, des voleurs ont brisé la glace de la devanture du magasin du sieur Cys, boucher à Calais, et se sont emparés d'un plat contenant cinq à six kilogrammes de boudin et un morceau de pâté de porc. Vancutsem et Lamarre se sont reconnus auteurs de ce vol.

Dans la nuit du 31 décembre 1885 au 1er janvier 1886, des voleurs ont brisé une glace de la devanture du magasin du sieur Caron, boulanger à Calais, et ont enlevé quelques pains. Le vol a encore été commis par Vancutsem et Lamarre qui le reconnaissent.

Dans les premiers jours de janvier 1886, vers cinq heures du soir, un vol a été commis à l'étalage du magasin du sieur Cadet, marchand de chaussures à Calais. Une paire de bottes valant 28 francs fut enlevée. Vancutsem et Lamarre reconnaissent avoir commis ce vol avec Jennequin ; celui-ci reconnaît qu'il était présent, mais en simple spectateur.

Dans la nuit du 4 au 5 janvier 1886, des voleurs se sont

emparés de trois paires de chaussures, après avoir brisé deux glaces à la devanture du magasin du sieur Piouilli, marchand à Calais. Ce vol a été commis par Vancutsem et Lamarre qui le reconnaissent.

Dans la nuit du 5 au 6 janvier 1886, des voleurs après avoir brisé l'imposte au-dessus du magasin du sieur Allaert, épicier à Calais, sont, à l'aide d'une échelle, parvenus à s'emparer d'un pain de sucre. Ce vol a été commis par Vancutsem et Lamarre qui le reconnaissent.

Dans la nuit du 8 au 9 janvier 1886, des voleurs se sont introduits chez le sieur Fasquel, cafetier à Calais, en brisant des vitres à la devanture du magasin et se sont emparés d'un jambon. Le vol a été commis par Vancutsem et Lamarre qui sont allés manger le jambon avec la fille Guignet chez Jennequin ; ceux-ci savaient que le jambon avait été volé.

Dans la nuit du 9 au 10 janvier 1886, on a essayé de démastiquer un carreau de la croisée de la fabrique de M. Robert Vest à Calais. Il était quatre heures du matin. La fenêtre qu'on avait essayé d'ouvrir est celle de la pièce où se trouve la caisse. Le surveillant, éveillé par son chien, sortit, mais les voleurs avaient déjà disparu. Vancutsem et Lamarre se sont reconnus auteurs de cette tentative de vol. La femme Godts avait remis aux inculpés des clefs pour ouvrir les portes et un torchon pour s'entourer les mains et ne pas se blesser en brisant les carreaux de vitre.

Dans la nuit du 9 au 10 janvier 1886, des voleurs se sont introduits dans les bureaux de la fabrique du sieur Delannoy à Calais, ils étaient entrés en ôtant un carreau de vitre, et ils ont enlevé : 1° un réveil matin, 2° un paletot, 3° un fume-cigares en écume, 4° une loupe, 5° deux cartons de tulle,

6° une jaquette noire et deux paires de ciseaux, 7° une pendule œil de bœuf ; enfin plusieurs clefs de la fabrique et des timbres-poste pour cinq francs, ainsi qu'une série de poids en cuivre. Vancutsem et Lamarre reconnaissent qu'ils sont les auteurs de ce vol. Ils déclarent avoir pénétré deux fois pendant la nuit dans la fabrique. La première fois ils n'étaient que deux, mais la seconde fois ils étaient accompagnés par Jennequin qui a aussi enlevé différents objets qui ont été portés chez la fille Guignet.

Dans la soirée du 14 janvier 1886, entre six et sept heures, pendant que le sieur Hénaux, marchand de parapluies, s'était absenté un moment de son magasin, des voleurs pénétrèrent chez lui et enlevèrent une douzaine de parapluies. Ce vol a été commis par Vancutsem, Lamarre et Jennequin. Plusieurs parapluies ont été remis à la fille Guignet.

Dans la nuit du 11 au 12 janvier 1886, un vol a été commis dans la fabrique du sieur Stulb, fabricant de tulles à Calais, le voleur a brisé un carreau de vitre à une fenêtre pour s'introduire ; il a dérobé une somme de 20 francs et deux boîtes de poudre. Le sieur Jennequin reconnaît être l'auteur de ce vol. La fille Guignet a partagé le bénéfice de ce vol.

Dans la nuit du 11 au 12 janvier 1886, un vol a été commis au préjudice de Mᵗˡᵉ Playe, dans la fabrique du sieur Druon. Le voleur a dérobé un fichu de laine blanche et un tablier de toile bleue. Jennequin reconnaît avoir commis ce vol et avoir brisé un carreau de vitre pour s'introduire. Les objets volés ont été portés chez la fille Guignet.

Tous les objets ainsi soustraits que les voleurs ne consommaient pas sur place, étaient portés chez la femme Godts, qui les achetait à vil prix ; d'autres fois les inculpés se réunissaient chez la fille Guignet afin d'y manger les victuailles qu'ils avaient dérobées. Les deux femmes ont du reste reconnu leur culpabilité ; elles ont avoué qu'elles n'ignoraient pas l'origine frauduleuse des objets qui leur étaient remis.

En ce qui concerne les inculpés Vancutsem, Lamarre et Jennequin, les plus mauvais renseignements sont fournis sur leur compte. Ils ont d'ailleurs subi tous les trois des condamnations antérieures.

Le jury avait à répondre à 150 questions.

Jennequin et la fille Guignet bénéficient d'un verdict d'acquittement.

Vancutsem reconnu coupable sans circonstances atténuantes est condamné à 8 ans de travaux forcés.

Lamarre et la femme Godts ayant obtenu des circonstances atténuantes sont condamnés chacun à 5 ans de réclusion.

20 MARS

Réunion annuelle de la Société de Secours aux blessés militaires de terre et de mer sous la présidence de M. Charles de Givenchy pour la reddition des comptes de l'année écoulée. La situation financière est établie de la façon suivante par M. Audebert, trésorier :

Avoir au 1er janvier 1885	2.222 85
Recettes en 1885	979 60
	3.202 45

Dépenses : Envoi à la société centrale

du cinquième des cotisations.	186 20
Secours à l'armée du Tonkin	500 00
Dépenses diverses pour les recettes et l'entretien du matériel.	63 90
	750 10

L'avoir au 31 décembre 1885 était donc de 2.452 35, en augmentation de plus de 200 fr. sur celui de décembre 1884.

×

Le rôle pour l'audience de la cour d'assises de ce jour qui doit clore la première session comprend une seule affaire.

Vols et abus de confiance.

Accusé : Bailleul, Théophile-Edmond, 31 ans, clerc de notaire à Montreuil.

Défenseur : Mᵉ CADET.

Ministère public : M. Saint-Aubin.

L'accusation reproche les faits suivants à l'accusé :

L'accusé Bailleul a été, en qualité de principal clerc chez Mᵉ Plesse, notaire à Montreuil, en mars 1885, jusqu'au mois de novembre de la même année, il avait pour maîtresse la fille Douchet.

Au mois de décembre 1885, la fille Douchet fut signalée comme cherchant à vendre du papier timbré chez les notaires et chez les receveurs d'enregistrement d'Etaples. Le commissaire de police de Montreuil, l'ayant interrogée sur la provenance de ce papier timbré, elle déclara tenir ce papier de Bailleul, avec qui elle habitait. Une certaine quantité de papier timbré fut saisie sur elle.

Bailleul fut interrogé ; il prétendit avoir acheté plusieurs,

4

années auparavant du papier timbré dans l'intention d'ou‑
vrir un cabinet d'affaires ; qu'ayant renoncé à ce projet il
avait cherché à revendre le papier timbré qui lui était inu‑
tile. Interrogé s'il avait encore du papier timbré, il répondit
que non, mais une perquisition faite chez lui fit découvrir
une grande quantité de papiers timbrés cachés sous un tapis.
Bailleul ne put indiquer l'origine de ce papier, et il semble
démontré qu'il a enlevé ce papier en l'étude de M' Plesse,
notaire à Montreuil, chez qui il a été clerc.

M' Plesse a fait faire le relevé de la quantité de papier
timbré consommé chaque année dans son étude, et la quan‑
tité consommée pendant le temps où Bailleul était clerc, ce
relevé a démontré qu'il avait été employé dans cette deuxième
portion de temps une plus grande quantité de papier tim‑
bré qu'à l'ordinaire. L'instruction dirigée contre Bailleul fi
découvrir à la charge de celui-ci plusieurs faits punis par
la loi pénale.

Etant clerc chez M' Plesse, en 1885, Bailleul a réclamé le
2 novembre, de la dame Pennequin, demeurant à Mon‑
treuil, une somme de 34 francs, montant du coût d'un bail,
la dame Pennequin interpellée par M' Plesse, a produit la
quittance donnée par Bailleul, mais celui-ci n'avait pas ins‑
crit ce paiement sur les registres de l'étude, ni versé dans
la caisse de celle-ci la somme qu'il a détournée.

En reconnaissant ce fait, Bailleul prétend qu'il aurait res‑
titué la somme, s'il n'avait pas été arrêté à une époque voi‑
sine de ce détournement.

Etant clerc en 1877, chez M' Huret, alors notaire à Corbie,
Bailleul toucha pour l'étude diverses sommes d'argent et
n'inscrivit pas ces recettes sur les registres de l'étude : à la
réclamation faite par M' Huret, Bailleul reconnut l'exacti‑

tude des faits, protestant de son intention de restituer, ce qu'il n'a pas fait.

Depuis 1883 à octobre 1884, Bailleul fut clerc chez Mᵉ Carillon, notaire à Chambly. Mᵉ Carillon constata que Bailleul avait reçu d'un client une somme qui n'avait pas été inscrite sur les registres, qu'il avait touché des arrérages de rentes, non versés dans la caisse de l'étude. Bailleul reconnut les faits et promit de restituer, ce qu'il n'a pas fait.

Mᵉ Carillon, après le départ de Bailleul, constata la disparition d'un titre nominatif de la ville de Paris, emprunt 1871, déposé dans son étude par un client. Un sieur Baudrain, meunier à Chambly, a fait connaître que ce titre lui avait été remis en nantissement par Bailleul qui lui avait emprunté 2,000 francs.

Bailleul prétendit d'abord que cette déclaration était inexacte, qu'il avait trop l'habitude des affaires pour donner un titre nominatif en nantissement : puis sur la déclaration très nette et très affirmative de Baudrain, Bailleul déclara que ce que disait Baudrain devait être vrai, mais qu'il n'avait aucun souvenir des faits et ne pouvait les expliquer.

Du mois d'octobre 1884 au 14 février 1885, Bailleul a été clerc chez Mᵉ Decourcelle, notaire à Ham. Pendant son séjour dans cette étude, Bailleul réclama d'un sieur Colin qui avait eu affaire dans l'étude de Mᵉ Decourcelle, le paiement de certains droits ; il ne mentionna pas le paiement reçu sur le livre de caisse de l'étude. Bailleul ne reconnaît pas l'exactitude de cette inculpation.

L'accusé bénéficiant d'un verdict d'acquittement est mis en liberté.

✕

Une conférence est faite à la Salle des Concerts, sous le patronage de notre Société de Géographie, par M. **Dorey,** ancien principal du collège de Nouméa, sur un sujet ainsi formulé : **La Nouvelle Calédonie, études et souvenirs.**

21 MARS

Des retraites aux flambeaux par la fanfare du 21e dragons et la musique du 8e de ligne, parcourent dans la soirée différentes rues de notre ville.

22 MARS

Représentation au Théâtre, Direction Taillefer, avec le concours des frères **Martini,** gymnasiarques-musiciens, de : *Les Souliers de bal,* comédie en un acte et *Mon Oncle !* comédie en 3 actes.

23 MARS

Par décision ministérielle de ce jour, M. **Muller,** capitaine de gendarmerie à Saint-Omer, passe à Brioude (Haute-Loire) par permutation avec M. **Gerber.**

25 MARS

M. **Tanfin,** employé de préfecture à Arras, est nommé secrétaire général de la sous-préfecture de Saint-Omer, en remplacement de M. **Bloëme,** admis à faire valoir ses droits à la retraite.

27 MARS

Représentation au Théâtre par une troupe de passage sous la direction de M. F. Achard (du Gymnase) de *Georgette,* comédie nouvelle de V. Sardou.

28 MARS

M. **Martin,** substitut à Saint Omer, est nommé procureur de la République à Saint-Pol.

M. **Bouillon,** ancien magistrat, est nommé substitut à Saint-Omer.

×

La fanfare des dragons exécute le soir une retraite aux flambeaux.

×

AUDRUICQ. — La Société la Chorégraphique de Calais, qui sort pour la première fois en uniforme, donne un assaut de danse à Audruicq Cette séance obtient un plein succès ainsi que la quête qu'on y fait au profit des pauvres de la localité.

×

ARDRES. — Un grand **Concert** suivi de bal est offert par la musique communale de cette ville aux membres honoraires de cette société et à leurs familles. Voici le programme de cette soirée musicale :

PREMIÈRE PARTIE

1° Fantaisie sur le *Domino noir,* par la musique municipale (Auber).
2° Solo de saxophone-alto sur la *Tyrolienne,* par M. L. Declercq (L. Chic).
3° Morceau de chant pour ténor, par M. G. A. (X...)
4° Tarentelle, piano, par Mⁱˡᵉ A. Playe (Dupont).
5° Romance pour baryton, par M. X... (Y...)
6° Fantaisie variée par 5 solistes de la musique municipale (Christophe).
7° Chansonnette comique, par M. P... (Z...)

DEUXIÈME PARTIE

1° Fantaisie sur *Guillaume Tell*, par la musique municipale (Rossini).

2° Grande fantaisie variée sur la *Fille du Régiment*, par M. Brebion, hautboïste (Verroust).

3° Romance pour baryton, par M. X... (Y...)

4° Valse brillante, piano, par Mlle A. Playe (Herz).

5° Morceau de chant pour ténor, par M. G. A. (X ..)

6° Variations sur la *Neige qui brille*, piston, par M. E. Declercq (Arban).

7° Chansonnette comique, par M. P... (Z...)

30 MARS

M. Ernest **Fleury,** ancien directeur-gérant du *Mémorial Artésien,* se retire du journal qui, depuis l'origine, était l'œuvre de sa famille. M. Félix **Fleury,** se retire en même temps que son frère.

MOIS D'AVRIL

1" AVRIL

M. Charles-François **Ducamps**, ancien président du Conseil d'arrondissement de Saint-Omer, ancien maire de Quelmes, s'éteint dans cette commune à l'âge de 71 ans.

3 AVRIL

Un accident dont les suites auraient pu être très graves arrive dans la fabrique de ciment de M. Goidin à Lumbres : une cheminée haute de trente mètres s'écroule soudain, vers onze heures du matin, à la suite d'une explosion instantanée et des plus violentes. Trois hommes sont blessés, mais sans gravité. Les pertes matérielles sont de dix mille francs au moins, sans compter le chômage. Cet accident est dû, d'après une expertise minutieuse opérée par M. Billardon, ingénieur à la poudrerie d'Esquerdes, à une réunion de circonstances inhérentes au fonctionnement des appareils.

4 AVRIL

Une grande **Cavalcade** organisée par la Société des fêtes publiques et de bienfaisance parcourt différentes rues de la ville. Voici la composition de cette marche dont le succès a été considérable :

Peloton de dragons à cheval ouvrant la marche.

Trompettes et fanfare du 21ᵉ dragons, à cheval.

Bannière de la Société des fêtes, portée par un cavalier richement costumé et escorté par un groupe de seigneurs du moyen âge.

Char allégorique de Cambrinus, roi de la bière, organisé par MM. les brasseurs de la ville.

Groupe de garçons brasseurs.

Groupe de Hallebardiers (moyen âge).

Char de l'Horticulture maraîchère, organisé par les jeunes gens du faubourg.

Groupe grotesque à baudets.

Char des Fleurs, orné par M. Laridant-Larivière.

Groupe de jardiniers.

Groupe d'Arabes. — Mohamed-ben-Ali, accompagné par quinze Arabes de sa tribu, conduisant sa fille Fatma à la mosquée.

Groupe d'Arbalêtriers (xiiᵉ siècle).

Fanfare des Sapeurs-Pompiers de Saint-Omer.

Char de la Gymnastique.

Archers du moyen âge.

Chef de Légion romaine, escorté de 20 cavaliers armés.

Char du Bœuf Gras. — Le bœuf Apis, orné de fleurs, est entouré de ses quatre sacrificateurs.

Hommes d'armes.

Musique d'Arques, costumée.

Char de l'agriculture et la déesse Cérès, organisé par la commune d'Arques.

Groupe de moissonneurs.

M. et Mᵐᵉ Chicocréosodanum, dentistes diplômés de la province du Hainaut, montés sur une calèche, accompagnés de leurs musiciens, vendent leurs eaux odontalgiques au profit des malheureux.

Char de la Folie. — Colombines, arlequins, pierrots, cassandres et autres personnages exécutent des poses plastiques durant la marche du cortège.

Groupe de cheminées ambulantes.

Colonne-Affiches.

Jeunes damoiseaux (Moyen-Age).

Tambours et clairons du 8° régiment d'infanterie de ligne.

Sections scolaires, accompagnées de leur drapeau.

Le vaisseau le Courbet, monté par de jeunes marins de l'avenir.

Clairons et sections scolaires.

Musique communale. ·

Char allégorique de la ville de Saint-Omer.

Peloton de mousquetaires à cheval.

Char de la Charité.

Dragons à cheval fermant la marche.

A neuf heures du soir, **Bal** paré et masqué, donné à l'Hôtel des Sapeurs-Pompiers.

La quête faite au cours de cette cavalcade produit 2,263 francs 52 cent.

Le soir une retraite aux flambeaux a été exécutée par la musique du 8ᵉ de ligne.

5 AVRIL

Le manège Iéna, près du Marché aux Bestiaux a entièrement disparu. Les ouvriers occupés à le démonter depuis quelques jours en ont eu facilement raison.

Installé il y a quelques années par le 5ᵉ dragons, sur un terrain du lavoir Sainte-Marie mis gracieusement à sa disposition par l'administration des hospices, ce manège, qui a rendu de grands services pour l'instruction des jeunes soldats, pouvait en rendre encore dans l'avenir. Mais, construit en planches d'une façon trop légère et sans points d'appui suffisants on pouvait craindre de voir d'un moment à l'autre son immense toiture s'effondrer et causer de graves accidents ; c'est ce qui a fait décider sa démolition.

Les débris en sont vendus à l'encan.

×

On apprend la fuite de M. **Ogier**, notaire à Fauquembergues, qui laisse derrière lui un passif considérable. Un mandat d'arrêt est lancé contre lui par le parquet.

7 AVRIL

ARDRES. — Le conseil de révision a lieu à la mairie à huit heures du matin.

×

Le soir, au salon du Café de l'Harmonie, M. **Milo de Meyer** offre une séance privée de magnétisme humain au corps médical, à la magistrature et à la presse.

8 AVRIL

Concert de la Société Philharmonique dans la salle de la place Saint-Jean, avec le concours de Mᵐᵉ **Russeil**, cantatrice de Paris ; — M. Edouard **Mangin**, chanteur de genre ; — M. César **Bleuzet**, violoniste.

Voici le programme de ce concert :

PREMIÈRE PARTIE

1b Ouverture du *Domino noir* (Auber). — Orchestre.

2° Grand air d'*Hérodiade* (Massenet). — Mme Russeil.

3° Ballade et polonaise (Vieuxtemps). - M. César Bleuzet.

4° *Lettre d'une coccinelle* (Collin). — M. Ed. Mangin.

5° *Alleluia du Cid* (Massenet). — Mme Russeil.

6° *Marche turque* (Mozart). — Orchestre.

DEUXIÈME PARTIE

7° Ballet de *Gretna Green* (Guiraud). — Orchestre.

8° *Le mari de Mme Victoire* (Nadaud). — M. Ed. Mangin.

9° Romance andalouse (Sarazate) ; Chanson napolitaine (Casella). — M. César Bleuzet.

10° *La jeune Captive*, mélodie (Lenepveu) ; *Les filles de Cadix*,
boléro (Léo Delibes). — Mme Russeil.

11° *La fête de ma portière* (Cressonnois). — M. Ed. Mangin.

✕

Le Tribunal civil, en son audience de ce jour, reçoit
le serment de M. Charles-Edmond-Xavier **Billiet**,
nommé commissaire-priseur à Saint-Omer, en remplacement de M. **Tartar**, par décret du 27 mars 1886.

✕

Une messe est célébrée à onze heures du matin, en
la Basilique de Notre-Dame pour le repos de l'âme de
Madame la Comtesse **de Chambord**.

10 AVRIL

Représentation au Théâtre par une troupe de passage d'*Antoinette Rigaud*, comédie en 3 actes de Raymond
Deslandes. La soirée commence par une petite come-
die : *L'Amant aux bouquets*.

11 AVRIL

AIRE. — La musique municipale et des sapeurs-pompiers donne dans les salons de l'Hôtel-de-Ville un **Concert** dont voici le programme :

PREMIÈRE PARTIE

1° *Voyage en Chine* (Bazin). — Musique municipale.

2° *Pourquoi briser notre nid* (Jacob). — M. G. Pruvost.

3° Fantaisie sur la *Tyrolienne,* pour saxophone-alto (L. Chic). — M. Noël Hanon.

4° *Manfred,* scène pour voix de basse (Vogel). — M. Wavelet.

5° Caprice et variations pour piston (Arban). — M. Arthur Videz.

6° *L'Insensé,* romance pour ténor (Rupès). — M. Sevin.

7° Grande fantaisie sur l'*Ambassadrice,* pour flûte (Tulou.) — M. Hilaire Lequien.

8° Duo des *Mousquetaires de la Reine* (Halévy). — MM. Wavelet et Sevin.

9° Chansonnettes chantées par M. Blancho.

DEUXIÈME PARTIE

1° *Le khalife de Bagdad,* ouverture (Boieldieu). — Musique municipale.

2° *La Patrie,* air patriotique (Sergent). — M. Sevin.

3° Grande fantaisie sur la *Traviata,* pour piano — M. Dhaine.

4° *Une paire de bêtes,* duo comique (Robillard). — MM. Decq et G. Hanon.

5° Variations brillantes sur l'air populaire de *Malborough,* pour piston (Arban). — M. Auguste Lequien.

6° *Le Sergent,* poëme patriotique (P. Deroulède). — M. Noël Hanon.

7° *Jésus de Nazareth* (Gounod). — M. Wavelet.

8° Neuvième fantaisie pour clarinette (Brepsant). — M. G. Videz.

9° Duo de la *Reine de Chypre* (Halévy). — MM. Wavelet et Sevin.

10° Chansonnettes. — M. Blancho.

×

Retraite aux flambeaux, par la fanfare du 21ᵉ dragons.

×

Un **Bal** travesti est donné dans la Salle des Concerts, par la Commission de la musique municipale.

12 AVRIL

M. **Milo de Meyer** donne au Théâtre une première séance publique de magnétisme humain.

16 AVRIL

Par arrêté de M. le Préfet du Pas-de-Calais, M. **Goepfert**, sous-brigadier de police à Saint-Omer est nommé brigadier en remplacement de M. **Carpentier**, révoqué de ses fonctions.

18 AVRIL

Séance de magnétisme humain au Théâtre, par M. **Milo de Meyer**, précédée d'une conférence sur le magnétisme, par M. Ch. **Quettier**, rédacteur en chef de la « *France du Nord* » de Boulogne.

×

Par décret en date de ce jour, M. Aristide **Baudrez**, est nommé notaire à Audruicq, en remplacement de M. **Dufay**, démissionnaire en sa faveur.

21 AVRIL

Séance du Conseil municipal. Absents : MM. Cadet,

Clay, Lormier, Houzet, Guilbert et Fauvel. Voici le résultat des délibérations :

1º Le conseil vote une subvention de 200 francs pour la création de l'Institut Pasteur.

2º Le conseil adopte un rapport de M. Minne, tendant à créer pour 27,000 francs de ressources nouvelles au moyen de remaniements au tarif de l'octroi portant principalement sur les droits de la bière qui sont élevés à 50 centimes par hectolitre. En outre la limite de l'octroi est étendue sur la route de Clairmarais du lieu dit *le Herme* à la rivière du *Riefart*. Voici d'ailleurs l'énumération des surtaxes votées :

10 centimes au lieu de 5 sur les coqs, poulets, poules, canards vivants ou tués.

40 cent. au lieu de 30, sur les trèfles, luzernes, foins et fourrages secs.

Paille 30 c. au lieu de 20 ; avoines 60 c. le quintal ; fers 1 fr. 50 les cent kil. au lieu de 1 fr. ; cuivres 3 fr. les cent kil. ; ciments 60 c. au lieu de 30 ; les tuyaux, boisseaux, poteries, destinés à la construction, 5 c. le mètre linéaire.

Poissons de mer pour particuliers, 20 c. le kil.

Faisans, coqs de bruyère, 50 c. pièce.

Bécasses, perdreaux, 10 c. pièce.

Cailles, 5 c. pièce.

En outre la bière, 2 fr. 50 l'hectol. au lieu de 2 fr.

3º Le conseil renvoie à une séance ultérieure une demande de subvention faite par le culte protestant.

22 AVRIL

M. **Baudrez**, nommé notaire à Audruicq, prête serment à l'audience du Tribunal civil de ce jour.

25 AVRI

Concert par la musique cor munale sur la placé Victor Hugo. Voici le progran me des morceaux exécutés :

1° Allegro militaire (***).
2° Ouverture du *Prétendant* (Kucken).
3° Fantaisie sur les *Mousquetaires de la Reine* (Halévy).
4° Fantaisie sur *Carmen* (Bizet).
5° *Le Cascadeur,* galop (Ziégler).

×

Une **Soirée** est donnée dans la grande salle du pensionnat Saint-Joseph au profit de l'œuvre du Denier des Ecoles catholiques. Les deux clous de la soirée sont : *Les tribulations d'un aubergiste,* comédie en un acte et *le Voyage à Boulogne,* comédie en deux actes.

26 AVRIL

M. **Lamarche,** chef de gare à Saint-Omer, est nommé avec avancement chef de gare à Chantilly. Il est remplacé ici par M. **Péchaubès,** venant de Boisleux.

28 AVRIL

M. Gustave **Cordier,** pharmacien aide-major de 1re classe à l'hôpital militaire de Tiaret, province d'Oran, est désigné pour faire partie du corps d'occupation du Tonkin.

MOIS DE MAI

2 MAI

Un **Concert** est donné sur la place Sainte-Marguerite par la fanfare des Sapeurs-pompiers. En voici le programme :

1° Allegro militaire (Bousquet).
2° Fantaisie sur la *Muette de Portici* (Auber).
3° Air varié pour tous les solistes (Leroux).
4° Fantaisie pour saxophone alto (André).
5° Grande fantaisie Pot Pourri (Thomas).
6° Polka de concert pour piston (J. Reynaud).

×

Un **Concert** est offert à Arques dans la salle de la grande Sainte-Catherine par la fanfare de cette commune à ses membres honoraires.

3 MAI

Représentation au théâtre du *Trouvère,* par une troupe d'opéra sous la direction de M. Taillefer.

×

La corporation des notaires dans sa réunion générale de ce jour procède aux élections de sa Chambre de discipline dont voici le résultat. Sont élus :

Président : Mᵉ Cossart.
Syndic : Mᵉ Decroos,

Rapporteur : Mᵉ Margollé.
Secrétaire : Mᵉ Depondt.
Trésorier : Mᶜ Pigouche.
Membres : Mᵉˢ Cresson et Jonnart.

4 MAI

La vente de l'atelier d'Alphonse **de Neuville** commence aujourd'hui dans la galerie Petit à Paris.

Le Parlementaire destiné par le maître au Salon de 1885 et que la maladie l'a empêché de terminer, a atteint 27.500 francs ; *le Bourget* et l'*Attaque par le feu d'une maison barricadée à Villersexel* sont achetés par l'Etat, le premier 15.000 et le second 10.000 francs ; *Une embuscade,* achetée par M. Guiard, 11.600 francs ; *Héricourt,* vendu 9.800 francs ; le *Départ du bataillon,* acheté 9.100 francs ; *Rezonville,* vendu à M. Bernheim, 8.600 francs ; les *Mobiles à Bapaume,* adjugé 8.030 francs ; la *Passerelle de Styring,* vendu 7.200 francs à M. Knœdler ; la *Surprise au petit jour,* vendue 6.200 francs ; *En avant!* 5.600 francs ; la *Porte de Longboyau,* 5.000 francs ; *Un sous-officier de hussards,* 4.600 francs ; la *Bataille de Tell-el-Kébir,* 3.00 ' fr., etc., etc.

La plupart des petits tableaux ont été très vivement disputés aussi et ont atteint de gros prix. Ainsi, un *Poste de fantassins* s'est vendu 2.400 francs ; une étude de *Diligence* a atteint le chiffre de 1 500 francs ; une autre, les *Orgues de Néris,* s'est enlevée à 1.400 francs ; à citer encore : *Une halte,* 1.650 francs ; *Une rue d'Yport,* 1.250 francs ; une petite étude d'enfant pour une aquarelle, 1.200 francs, et une *Tête de Gendarme,* 1.000 fr.

7 MAI

A l'audience du Tribunal civil de ce jour, M. **Bouillon** est installé comme substitut.

9 MAI

Le feu se déclare à midi dans un dépôt de paille, ayant servi aux lits militaires, fait dans la caserne Saint-Charles. En une demi-heure on se rendit maître de cet incendie. Les pertes, en dehors de deux cents bottes de vieille paille environ, ne consistent qu'en fort peu de chose : un petit hangar adossé à l'angle intérieur de la cour contre la rue des Conceptionnistes et du chemin de ronde des remparts.

10 MAI

Représentation au théâtre de *la Favorite,* par la troupe d'opéra de M. Taillefer.

14 MAI

FAUQUEMBERGUES. — Le conseil de révision a lieu à neuf heures du matin à la Mairie.

15 MAI

Par décret en date de ce jour, M. Alfred **Proy** est nommé avoué près le Tribunal civil de Saint-Omer en remplacement de M. Devaux, démissionnaire en sa faveur.

17 MAI

AIRE. — Le conseil de révision a lieu à une heure après-midi à la Mairie.

×

Représentation au théâtre de *Guillaume Tell,* par la troupe d'opéra de M. Taillefer.

18 MAI

AUDRUICQ. — Le conseil de révision a lieu à neuf heures et demie du matin à la Mairie.

✕

Séance du Conseil municipal. Etaient absents : MM. Guilbert, Clay, Chifflart, Pierret, Bret, Lambert.

Le conseil renouvelle d'abord les commissions. Les différents scrutins donnent les résultats suivants :

Commission des finances, des établissements charitables et des fabriques. — MM. Cadet, Pierret, Houzet, Thibaut, Lecointe, Devin, Clay-Baroux, Guilbert.

Commission des travaux communaux et de la voirie. — MM. Fauvel, Derbesse, Lemoine, Duméril, Chifflart, Lormier, Fiévet, Hochart.

Commission de l'instruction publique. — MM. Bret, Minne, Lambert. Kosser, Devaux, Gilliers, Berteloot, Tillie.

Commission du contentieux. — MM. Bret, Cadet, Devaux, Minne et Hochart.

Le conseil a donné ensuite son approbation :

1º Aux propositions de la municipalité tendant à contracter une nouvelle police d'assurance pour l'Hôtel-de-Ville ;

2º A un legs fait à la fabrique et à la cure de Notre-Dame par Mme Delbarre ;

3º A un legs fait par M. Cortyl à la fabrique de St-Denis.

Le conseil vote des centimes ordinaires pour l'entretien des chemins vicinaux, l'instruction primaire, le traitement des gardes champêtres et des secours aux familles de réservistes et de territoriaux. (Sur ce dernier point, on vote un centime additionnel au principal des quatre contributions directes).

Un crédit est voté pour l'achat du matériel destiné au gymnase municipal.

L'administration dépose la comptabilité des hospices, du bureau de bienfaisance, des fabriques et de la ville.

Ces comptes — ainsi qu'une demande de subvention du bureau de bienfaisance — sont renvoyés à la commission des finances.

Le conseil vote un crédit de 600 francs pour permettre à notre Compagnie de Sapeurs-Pompiers de prendre part au concours d'Aire.

19 MAI

Les opérations du conseil de révision ont lieu à la mairie à neuf heures du matin pour le canton nord de Saint-Omer.

✕

ARQUES. — Un incendie se déclare dans une ferme appartenant à M. Narcisse **Vast**, route d'Aire, près de la gare, en face de la verrerie de M. Bléchet et consume la grange, une batteuse, et les écuries avec les dépendances sur une longueur d'environ quarante mètres.

20 MAI

Le conseil de révision opère à neuf heures du matin à la mairie pour le canton sud de Saint-Omer.

21 MAI

LUMBRES. — Le conseil de révision a lieu à sept heures et demie du matin à la mairie.

23 MAI

Au Jardin de la Gaîté, fête offerte à ses membres honoraires par la Société de Gymnastique et d'Armes de Saint-Omer, avec le concours de la musique communale. Cette séance s'est terminée par le tirage d'une tombola.

27 MAI

A l'audience du Tribunal civil de ce jour, prestation de serment de M. **Proy**, nommé avoué en remplacement de M. **Devaux**.

29 MAI

Par décret en date de ce jour, M. Ernest **Devaux**, ancien avoué, est nommé conseiller de préfecture à Constantine.

✕

Les brasseurs de la ville de Saint-Omer, réunis en assemblée générale au Café de l'Harmonie, se sont formés en syndicat, et après avoir étudié et approuvé les statuts qui leur étaient soumis par une commission provisoire, ont constitué leur bureau comme suit :

Président : M. Dumez-Cumont.
Vice-Président : M. Eugène Blanquet.
Secrétaire-Trésorier : M. G. Nasse.
Membres : MM. Flajollet et F. Dufumier.

30 MAI

Concert sur la place Sainte-Marguerite par la musique communale. En voici le programme :

1° *Toujours gai,* pas redoublé (A. Alba).

2° *La Coquette,* ouverture (Hemmerlé).

3° Final du 3ᵉ acte de *Robert-le-Diable* (Meyerbeer).

4° *La Traviata,* fantaisie (Verdi).

5° *La Livry,* polka pour clarinette (Pirouelle).

×

Un tir à la cible est offert dans l'après-midi à nos braves pompiers qui s'y rendent accompagnés de leur fanfare.

×

Aujourd'hui ont lieu les opérations du recensement dont les résultats sont les suivants :

VILLE DE SAINT-OMER

Population normale : canton nord 8.662 ; canton sud 9.457. En tout 18.119.

Il y a cinq ans, la population normale s'élevait à 18.457, à savoir, nord 8.962 ; sud 9.495.

C'est donc une diminution de 338 habitants.

En revanche la population comptée à part s'est augmentée de 176. En 1881 elle était de 3.075 ; en 1886 elle s'élève à 3.251.

CANTONS DE L'ARRONDISSEMENT

	1881	1886
Aire	17.196	17.357
Ardres	14.350	14.300
Audruicq	15.384	15.586
Fauquembergues	11.706	11.451
Lumbres	17.439	17.631
Saint-Omer (Nord)	17.667	17.647
Saint-Omer (Sud)	22.255	22.584
	115.997	116.556

MOIS DE JUIN

1er JUIN

Toute la vallée de la Lys est ravagée par un orage épouvantable ; la grêle qui tombe en même temps est d'une telle grosseur que nombre de champs sont absolument détruits Les villages de Dennebrœucq, Coyecques, Delettes, Herbelles, Inghem, Clarques, Thérouanne, ont éprouvé des pertes considérables, ainsi que les hameaux de Mississipi, la Lacque, Pecqueur et Houlleron de la commune d'Aire.

2 JUIN

La pluie tombe aujourd'hui d'une façon diluvienne et fait déborder la rivière de la *Lys*, depuis Mametz jusqu'au bassin d'Aire. Les belles prairies de Glominghem, Moulin-le-Comte, Saint-Martin, sont couvertes d'eaux limoneuses qui vont empoisonner et faire mourir l'herbe.

3 JUIN

Les courses de Saint-Omer ont lieu aujourd'hui sur l'Hippodrome des Bruyères. En voici le programme et les résultats :

1re COURSE : *Prix du Département*. — Au trot monté.

1200 francs offerts par le Conseil général du Pas-de-Calais. — Distance : 3000 m.

Chevaux engagés : *Fatma* à M. Picquet ; *Fougère* à M. Latham ; *Bellotte* à M. Dulaquais ; *La Traxène* à M. Lecucq ; *Bon marché* à M. Picot ; *Fiancée* à M. Dambricourt-Legrand ; *Fille de Smeïka* au même.

Tous partants.

Arrivée : 1re *Fatma*, en 6 m. 18 ; 2e *Fiancée*, en 6 m. 32 ; 3e *Fille de Smeïka*, en 6 m. 40 ; 4e *Bon marché*, en 6 m. 50.

2e COURSE : *Prix du Gouvernement et de la Société d'Agriculture* — Au trot monté.

1000 francs offerts : 500 fr. par le Gouvernement ; 500 fr. par la Société d'Agriculture. — Distance : 4000 m.

Chevaux engagés : *Pas de chance* à M. Corman ; *Gordon* à M. Sagot ; *Grison* à M. Rault ; *Eclose* à M. Latham ; *La Belle* à M. N. Duval ; *Ouvrière II* à M. E. Platiau.

Cinq partants. *Grison* ne court pas.

Arrivée : 1er *Pas de chance*, en 7 m. 31 ; 2e *La Belle*, en 7 m. 38 ; 3e *Gordon*, en 7 m. 41.

3e COURSE : *Prix des Bruyères*. — Course de haies. — Gentlemen.

800 francs. — Distance : 2500 m.

Chevaux engagés : *Hirondelle* à M. de Maistre ; *Royal-Blue* à M. du Tertre ; *Erminio* à M. Foache ; *Zéro* au même.

Tous partants.

Arrivée : Course nulle.

4e COURSE : *Prix de la ville*. — Handicap international au trot monté.

1000 francs offerts par la ville de Saint Omer. — Distance : 4500 m.

Chevaux engagés : *Resway* à M. le comte Lahens ;

Létoune à M. Abel ; *Zoulou* à M. Dambricourt-Legrand ; *Malinois* à M. Boucquey ; *Joe Replay* à M. Henri Yché ; *Thabor* à M. Corman ; *Grandham* à M. Dobigies ; *Nana* à M. E. Platiau ; *Fortunée* à M. Mestdagh ; *Dictateur II* à M. Fonlupt ; *Carabine* à M. Dambricourt-Legrand ; *Ismaïl* à M. Deguines-Lebeurre ; *Bacchante* à M. Latham ; *Rigolette* à M. Dewilde.

Partants : Quatre seulement : *Zoulou, Thabor, Nana* et *Fortunée*.

Arrivée : 1er *Thabor,* en 7 m. 40 ; 2e *Zoulou,* en 7 m. 43 ; 3e *Nana,* en 7 m 45.

5e Course : *Prix de la Société des Steeple-Chases de France.* — Steeple-Chase militaire (2e série).

Un objet d'art d'une valeur de 1000 francs, offert par la Société des Steeple-Chases de France. — Distance : 3000 m. environ.

Chevaux engagés : *Miss Eylau* à M. de Joybert, s.-l. 21e dragons ; *Brette,* au même ; *Aubépine* à M. Leroy, s.-l. 3e chasseurs ; *Fashionnable* à M. de Boissard, s.-l. 3e chasseurs ; *Palissandre* à M. Ducluzeau, lieut. 21e dragons ; *Espagne* à M. de Villepin, s.-l. 12e chasseurs ; *Sagaie* à M Le Villain, cap. 19e chasseurs ; *Hirondelle* à M. de Maistre, s.-l. 12e chasseurs ; *Saint-Fiacre* à M. du Tertre, lieut 5e dragons ; *Lancette* à M. de Bacquencourt, lieut. 18e dragons; *Icare* à M. de la Serve, s.-l. 8e dragons ; *Fille du ciel* à M. de Lestapis, cap. 21e dragons ; *Annibal* à M. Trutat, s.-l. 21e dragons.

Partants : Cinq : *Miss Eylau, Aubépine, Palissandre, Espagne* et *Sagaie*.

Arrivée : 1er *Palissandre ;* 2e *Espagne ;* 3e *Sagaie*.

6e Course : *Prix de la Société.* — International au trot monté.

1000 francs. — Distance : 4000 m.

Chevaux engagés : *Malinois* à M. Boucquey ; *Gabrielle* à M. Demizel ; *Kama* à M. Abel ; *Nana* à M. Eug. Platiau ; *Resway* à M. le comte Lahens ; *Mardi-Gras* à M. Dambricourt-Legrand.

Partants : Quatre : *Malinois, Kama, Resway* et *Mardi-Gras.*

Arrivée : 1er *Resway,* 7 m. ; 2e *Malinois,* 7 m. 3 ; 3e *Kama,* 7 m. 13 ; 4e *Mardi-Gras,* 7 m. 14.

7e COURSE : *Prix du Moulin.* — Steeple-Chase militaire (3e série).

Un objet d'art. — Distance : 2500 m.

Chevaux engagés : *Pandour* à M. Baretti, m.-des-logis 21e dragons; *Ambition* à M. Poidevin, m.-des-logis 21e dragons ; *Comète* à M. de Prémonville, m.-des-logis 21e dragons ; *Clémentine* à M. Le Febvre, m.-des-logis 21e dragons ; *Bouline* à M. Deschamps, m.-des-logis-chef 21e dragons ; *Palfroy* à M de la Chaise, m.-des-logis 21e dragons ; *Banane* à M. Lemoine, m.-des-logis 21e dragons.

Arrivée : 1er *Palfroy ;* 2e *Comète.*

4 JUIN

Un **Concert** est donné sur la Grande-Place par la musique de l'Ecole d'artillerie de Douai, de passage à Saint-Omer pour se rendre à Calais.

5 JUIN

Par décret en date de ce jour, M. **François,** Florent-Jean-Baptiste-Germain-Joseph, est nommé notaire à **Audruicq** en remplacement de Me **Verva,** décédé.

6 JUIN

Un **Concert** est donné sur la place Sainte-Marguerite par la musique communale. Voici la liste des morceaux exécutés :

1° *Toujours gai*, pas redoublé (A. Alba).
2° *La Coquette*, ouverture (Hemmerlé).
3° Finale du 3° acte de *Robert-le-Diable* (Meyerbeer).
4° *La Traviata*, fantaisie (Verdi.)
5° *La Livry*, polka pour clarinette (Péronelle).

13 JUIN

Une **Fête** de gymnastique est donnée au Jardin de la Gaîté par la société l'Union de Saint Omer au profit des blessés du Tonkin. Une tombola et un bal terminent cette réunion.

14 JUIN

AIRE. — Aujourd'hui a lieu le pèlerinage régional au sanctuaire de Notre-Dame-Panetière, et à cette occasion une procession magnifique parcourt les différentes rues de la ville, toutes parées avec une profusion de décors et d'ornements véritablement remarquable. A deux heures et demie, la procession se met en route dans l'ordre suivant :

D'abord un groupe de cavaliers formé par des jeunes gens de la ville, ouvre la marche.

Puis vient le suisse de la paroisse en grand uniforme : la croix et les acolytes, les enfants de chœur en costume de cérémonie ; des clairons et des tambours.

Le cortège parfaitement distribué comprend trois parties répondant bien au sens de ce pèlerinage régional : Le diocèse de Cambrai, le diocèse d'Arras en général, et enfin plus particulièrement le décanat et la ville d'Aire.

Quelques interversions inévitables, et la nécessité d'échelonner en ville la formation du cortège ont pu troubler quelques instants ceux qui cherchaient à reconnaître les groupes dans l'ordre du programme.

Voici les bannières des patronages de Douai et de Lille.

C'est le décanat d'Hazebrouck qui ouvre la marche à la suite de la grande croix du Sacré-Cœur de Wallon-Cappel ; puis les élèves et la section de chant du petit séminaire d'Hazebrouck.

Snivent les paroisses.

La fanfare de Racquinghem fait diversion à ce groupe et joue par intervalles les meilleurs morceaux de son répertoire.

Ensuite Steenbecque, Morbecque, Estaires et Merville en grande foule.

Puis Bailleul, Cassel, Steenvoorde.

Voici Bergues et Bourbourg, avec Gravelines. Toute la bonne Flandre est représentée à cette grande fête.

Un groupe gracieux, l'équipage du *Regina Cœli,* formé par les enfants des écoles des Frères de Dunkerque, équipage charmant avec sa bannière, son pavillon et son vaisseau.

Armentières, Tourcoing, Roubaix sont aussi de la fête. Lille y est venue en grande foule, suivie d'une députatton des catholiques belges de Tournai et de ceux d'Amiens.

Le diocèse d'Arras suit.

On remarque beaucoup le groupe de Fouquières avec ses bouquets d'épis mûrs mêlés de roses.

Saint-Pol, Béthune, Laventie, Lillers, Norrent-Fontes, pays voisins.

Amettes avec la statue du Saint vénéré du pays.

Isbergue aussi, entourant sa patronne, glorieuse sœur de Charlemagne, dans un groupe historique des mieux composés et suivi de la fanfare.

Voici Boulogne avec l'orphelinat de Calais.

Arras avec l'étendard de Notre-Dame des Ardents, son groupe de choristes et ses nombreuses·députations.

Les paroisses de l'arrondissement d'Arras.

Et Saint-Omer, qui figure avec honneur, précédé par l'excellente musique du pensionnat Saint-Joseph.

Le patronage et nos pèlerins audomarois.

Le groupe bien remarqué des élèves des Ursulines, en costume des plus riches.

Les enfants de l'hôpital, pieuse pensée qui les amène aux pieds de N.-D. Panetière, celle qui distribue aux malheureux le pain quotidien, parfois inespéré.

Notre-Dame des Miracles, avec sa bannière, ses enfants de chœur, le groupe des enfants de Marie.

Puis les nombreux jeunes gens de l'alumnat de Clairmarais.

Voici les paroisses du décanat d'Aire.

Et la ville : l'école des Frères, les Cercles catholiques d'ouvriers et la conférence de Saint-Vincent de Paul.

Nos jeunes concitoyens du collège Saint-Bertin avec leur musique très remarquée.

Les orphelines de la Charité, les élèves des divers pensionnats et écoles, les groupes de dames, la bannière de N.-D. Panetière, les enfants de Marie, l'institution Sainte-Marie d'Aire et sa musique.

La maîtrise de la collégiale.

Le clergé avec le vénérable doyen d'Aire.

Enfin voici la statue vénérée de Notre-Dame Panetière que porte la corporation des portefaix d'Aire, dont le groupe simple mais nombreux attire l'attention.

Elle est précédée d'un groupe d'honneur composé des demoiselles de la ville, groupe au riche costume et de toute beauté.

Puis le groupe des prélats et de NN. SS. les évêques. On y remarque :

Monseigneur Leroy, camérier d'honneur.

Monseigneur Cartuyvels, prélat de la maison de S. S., vice-recteur de l'Université catholique de Louvain.

Monseigneur Belouino, évêque d'Hiéropolis.

Monseigneur Van den Branden de Reeth, évêque d'Erythrée, auxiliaire de Malines.

Monseigneur Monnier, évêque de Lydda, auxiliaire de Cambrai.

Monseigneur Labouré, évêque du Mans.

Monseigneur Catteau, évêque de Luçon.

Monseigneur du Rousseaux, évêque de Tournay.

Monseigneur Dennel, évêque d'Arras.

Monseigneur Hasley, archevêque de Cambrai.

Le conseil de fabrique, les autorités et les pèlerins ferment la marche.

19 JUIN

Un chien enragé, appartenant à un habitant de Steenwerck, fait dans la ville et les faubourgs, plusieurs victimes. Il est abattu le dimanche matin à l'extrémité du faubourg du Haut-Pont. Les personnes mordues partent quelques jours après pour se faire soigner par M. Pasteur et en reviennent parfaitement guéries.

20 JUIN

Par décision ministérielle en date de ce jour, M. **Chartron** (Alexandre), sous-ingénieur à la poudrerie d'Esquerdes, est désigné pour passer avec son grade à la poudrerie nationale de Saint-Thomas.

M. **Lecourt** (Bertin-Ernest-Narcisse-Armand), sous-ingénieur à la raffinerie de Lille, est désigné pour passer avec son grade à la poudrerie d'Esquerdes.

✕

LUMBRES. — La Société des Carabiniers la **Libérale**, offre un grand tir à la cible à armes lisses.

✕

EPERLECQUES. — Aujourd'hui grand tir à la perche par la Confrérie de Saint-Sébastien.

✕

Notre musique communale se rend à Bergues, pour s'y faire entendre à l'occasion de la fête communale de cette ville. Elle y obtient un légitime succès.

✕

ARQUES. — La Compagnie des Sapeurs-Pompiers et la Musique municipale d'Arques, font un tir à la cible chinoise. Un **Concert** est ensuite donné par la musique, qui exécute les morceaux suivants :

1° *Le Chasseur belge,* allegro (***)

2° *Mimosa,* valse (Amourdedieu).

3° *La Châtelaine,* ouverture (Maillochaud).

4° *La Triomphale,* scottisch (E. Moniot).

5° *La Grotte de Calypso,* fantaisie (Amourdedieu).

6° *La Pie Grièche,* polka pour piston (Bléger).

La journée se termine par un **Bal** dans le jardin de la Grande Sainte-Catherine.

21 JUIN

Un **Concert** est donné sur la place Sainte-Marguerite, par la Fanfare des pompiers. Voici les morceaux exécutés :

1° Allegro militaire (Bender).

2° Mosaïque sur la *Fille du tambour major* d'Offenbach — arrangé pour fanfare (P. L. Dussaussois).

3° Valse des *Cloches de Corneville* (Planquette).

4° Fantaisie sur le *Trouvère,* de Verdi, — arrangée pour fanfare (V. Buot).

5° Fantaisie pot pourri (Leroux).

✕

A la suite des accidents causés le 19 par un chien enragé, M. le Maire de Saint-Omer prend l'arrêté suivant :

Nous, Maire de la ville de Saint-Omer,

VU :

L'article 10 de la loi du 21 juillet 1881, sur la police sanitaire des animaux et notamment la rage, dans toutes les espèces ;

Les articles 51 et 52 du décret du 22 juin 1882 qui règle la matière ;

Et l'article 94 de la loi du 5 avril 1884.

CONSIDÉRANT :

Qu'un chien atteint d'hydrophobie, a parcouru la ville, dans la soirée du samedi 19 et la nuit du dimanche, et avant d'être abattu y a mordu plusieurs personnes, ainsi que plusieurs chiens.

Qu'il y a lieu, dans ces circonstances, de prendre toutes les mesures en notre pouvoir, afin de prémunir nos concitoyens contre le danger pouvant résulter de la morsure des chiens atteints d'hydrophobie.

ARRÊTONS :

Article 1ᵉʳ. — La circulation des chiens sur la voie publique est interdite pendant six semaines, à partir de la publication du présent arrêté, à moins qu'ils ne soient tenus en laisse et munis d'un collier portant les nom et demeure de leur propriétaire.

Article 2. — Tout chien trouvé errant sur la voie publique sera immédiatement saisi et mis en fourrière.

Article 3. — Les chiens qui n'auront pas de collier et dont le propriétaire est inconnu seront abattus sans délai.

Ceux qui portent le collier règlementaire, et les chiens sans collier dont le propriétaire est connu seront abattus s'ils ne sont pas réclamés avant l'expiration d'un délai de trois jours francs. Ce délai est porté à cinq jours francs pour les chiens courants avec collier ou portant la marque de leur maître.

En cas de remise au propriétaire, ce dernier sera tenu d'acquitter les frais de conduite, de nourriture et de garde fixés par nous à deux francs par jour et par chaque animal.

Article 4. — Tout chien trouvé sur la voie publique et soupçonné atteint de la rage sera abattu sur-le-champ et enfoui.

Article 5. — Dans le cas où un animal aurait été mordu par un chien soupçonné atteint de la rage, il sera également abattu et enfoui s'il est trouvé errant sur la voie publique.

Article 6. — Les personnes mordues par un animal soupçonné hydrophobe et qui, par cela même, sont en danger de contracter la maladie, sont instamment invitées à se faire connaître à l'administration, sans nul délai, afin que des mesures soient prises pour leur traitement.

Article 7. — M. le commissaire de police est chargé d'assurer l'exécution du présent arrêté.

Fait à l'Hôtel-de-Ville le 21 juin 1886.

Le Maire de Saint-Omer,

Signé : F. RINGOT.

✕

Ouverture de la session du deuxième trimestre des assises du Pas-de-Calais, sous la présidence de M. **Desticker,** conseiller à la Cour d'appel de Douai.

Voici la liste des jurés appelés à rendre leur verdict dans les différentes affaires portées au rôle de la session :

JURÉS TITULAIRES

MM.

1 Auguste Gugelot, armurier à Fiennes.

2 Henri Debersacques, cultivateur à Wismes.

3 Emile Tétin-Izambart, propriétaire à Arras.

4 François Cucheval, cultivateur à Alquines.

5 Emile Hennequin, pharmacien à Marquise.

6 Charles Monvoisin, épicier à Fouquières-les-Lens.

7 Charles Hermant, propriétaire à Saint-Omer.

8 Gustave Desbiens, fabricant de pannes à Carvin.

9 Ernest Martel-Houzet, propriétaire à Tatinghem.

10 Gustave Savary, rentier à Velu.

11 Louis Brasseur, propriétaire à Campagne-les-Hesdin.

12 Charles Rincheval, brasseur à Epinoy.

13 Gustave Deletombe, tanneur à Carvin.

14 Albéric Hernu, médecin à Auchel.

15 Paul Fauvelle, propriétaire à Fruges.

16 Luglien Leroy, manufacturier à Boubert-sur-Canche.

17 Hilaire Lefèvre dit de la Houplière, propriétaire à Tignÿ-Noyelles.

18 Adolphe Décobert, rentier à Desvres.

19 Flavien Dissaux, cultivateur à Lestrem.

20 Paul Ousselin, propriétaire à Hucqueliers.

21 Auguste Avot, fabricant de papiers à Blendecques.

22 Ismaël Hamain, propriétaire à Longueville.

23 Nicolas Druelles, cultivateur à Estevelles.

24 Jean Denis, cultivateur à Merck-Saint-Liévin.

25 Louis Lesage, brasseur à Cambrin.

26 Jean Aubry, rentier à Calais.

27 Louis Martin, propriétaire à Longfossé.

28 Henri Lomel, propriétaire à Auchy-au-Bois.

29 Valentin Béhal, cultivateur à Lens.

30 Gustave Cuvelier, fabricant de tulles à Calais.

31 Isidore Delplanque, niveleur aux mines à Sallau.

32 Victor Canler, négociant à Calais.

33 Romain Nizart, cultivateur à Haplincourt.

34 Henri Demoncheaux, cultivateur à Ecoivres.

35 François Pruvost, cultivateur à Laires.

36 Alexandre Delaine, fabricant de sucre à Wanquetin.

JURÉS SUPPLÉMENTAIRES

1 Charles Paris, peintre à Saint-Omer.

2 Jules Deneuville, banquier à Saint-Omer.

3 Alfred Fremaux, négociant à Saint-Omer.

4 Joseph Van Elslandt, imprimeur à Saint-Omer.

1re AFFAIRE : *Attentat à la pudeur.*

Accusé : Cailleretz, Henri-Joseph, 23 ans, **journalier** à Blaiseville.

Ministère public : M. Bouillon, substitut.

Défenseur : M⁰ POILLION.

Reconnu coupable avec circonstances atténuantes, Cailleretz est condamné à trois ans de prison.

×

2ᵉ AFFAIRE : *Vols qualifiés.*

Accusés : Vasseur, Clovis-Louis-Patrice, 28 ans, rempailleur de chaises à St-Martin-lez-Boulogne

Et Goliot, Pierre-Marie, 35 ans, aussi rempailleur au même lieu.

Défenseurs : Mᵉ POILLION pour Vasseur.

Mᵉ BELLANGER pour Goliot.

Faits :

Dans le courant du mois de novembre 1885, la nommée Seillier, Eugénie, femme Chochoy, ménagère à Condette, revenait de Boulogne vers dix heures du soir, en suivant le chemin de grande communication n° 113. Elle marchait à côté de sa voiture, lorsqu'en arrivant au lieu dit *les Cent Dunes,* éloigné de toute habitation, elle fut brusquement assaillie par deux malfaiteurs.

L'un d'eux, le nommé Vasseur, la saisit par derrière et lui appliqua violemment un mouchoir de laine sur la bouche pour étouffer ses cris : pendant ce temps, le nommé Goliot fouillait dans ses poches et y dérobait un porte-monnaie contenant environ cent francs. Les voleurs prirent également dans la voiture une livre de beurre et un litre d'eau-de-vie.

Vasseur reconnut les faits qui lui sont imputés et il dénonça son complice. Celui-ci n'en persiste pas moins à nier, malgré les déclarations formelles de Vasseur et le témoignage de la femme Chochoy, qui reconnaît Goliot pour l'un de ses agresseurs.

Outre ce vol, commis sur un chemin public, Vasseur s'est rendu coupable, dans le courant de 1885 et les premiers mois de 1886, de vingt et un autres vols qualifiés.

Dans la nuit du 7 au 8 avril 1885, Vasseur et Goliot s'introduisirent, en escaladant une haie, chez le sieur Brunier, Wilfrid, cafetier à Saint-Martin et y volèrent des poules.

Ils volèrent dans la nuit du 11 au 12 septembre 1885, des lapins au préjudice de la dame Hélène Baron, rentière à Echinghem, brisèrent un cadenas et firent sauter la serrure de la porte de l'étable.

Dans la nuit du 14 au 15 septembre 1885, tous deux, crochetant la porte du poulailler, volèrent des poules au préjudice du sieur Desgardins, cultivateur à Baincthun.

Quelques jours plus tard, dans la nuit du 26 au 27 septembre 1885, ils volèrent six poules et un coq appartenant à la dame veuve Renaudie à Wimille ; pour commettre ce vol ils avaient brisé un cadenas et détérioré une barrière.

Le 25 octobre 1885 à six heures du soir, tous deux fracturant une fenêtre qu'ils avaient escaladée en l'absence du propriétaire, pénétrèrent chez le sieur Lavoine, cultivateur à Saint-Léonard ; la femme Lavoine voulut ouvrir la porte de sa cave, elle sentit que quelqu'un la tenait à l'intérieur ; elle appela au secours, les voleurs s'échappèrent après avoir fracturé la porte d'une garde-robe et enlevé une montre en argent avec sa chaîne, deux paquets de tabac et un porte-monnaie ; ils enlevèrent aussi un fusil qui a été retrouvé chez Goliot.

Dans la nuit du 9 au 10 octobre 1885, Vasseur et Goliot entrèrent dans la demeure du sieur Legrand, cultivateur à Baincthun et y prirent une grande quantité d'outils de menuisier appartenant au sieur Legrand et à d'autres personnes. Plusieurs de ces objets ont été retrouvés chez Goliot qui prétend les avoir achetés à un inconnu.

Ils s'introduisirent le 20 octobre 1885, dans le stand de Zurlincthun, commune de Wimille, en arrachant un crampon dans le bas de la porte et y prirent vingt mètres de toile et un bassin de faïence.

Dans la nuit du 21 au 22 octobre 1885, escaladant un mur et brisant le cadenas qui fermait une étable, Vasseur vola un canard et deux canes, au préjudice de la veuve Renaudie, à Wimille.

Escaladant une haie, pratiquant un trou dans le mur en torchis d'une étable, ils commirent dans la nuit du 27 au 28 novembre 1885, un vol de dindons au préjudice du sieur Flahaut, cultivateur à Pernes.

Ils pénétrèrent dans la nuit du 11 au 12 novembre 1885, dans la cour de la ferme du sieur Fontaine, cultivateur à Echinghem ; faisant sauter le cadenas qui fermait l'étable et ouvrant le poulailler par le trou qui sert de passage aux poules, y commirent un vol de poules et de lapins.

Dans la nuit du 18 au 19 décembre 1885, ils volèrent des lapins et un paletot qui se trouvait sur une barrière au sieur Brunel à Saint-Martin ; sur les indications de Vasseur, le paletot a été retrouvé chez la femme Chochoy à Saint-Martin.

Dans la nuit du 7 au 8 janvier 1886, montant sur le toit de la maison du sieur Desgardins, ils enlevèrent les tuiles et par cette ouverture descendirent dans la maison où ils enlevèrent quatre poules, un coq et un canard.

Ils volèrent dans la nuit du 9 au 10 janvier 1886, en traversant une haie, huit poules au préjudice du sieur Dumont, cultivateur à Saint-Martin.

Brisant la serrure de la porte du magasin du sieur Daux à Saint-Martin, ils ont enlevé dans la nuit du 15 au 16, trois kilogrammes de chandelle et douze kilogrammes de suif. Le nommé Elisabeth Terniscen a déclaré avoir vu Goliot rapporter chez lui une cinquantaine de chandelles.

Dans la nuit du 19 au 20 janvier 1886, ils ont commis un vol de poules chez le sieur Routin à Echinghem ; ils ont enlevé le crampon du poulailler. Les empreintes des pas de deux personnes ont été remarquées dans la cour. Le propriétaire fit rétablir le crampon solidement, mais dans la nuit du 20 au 21 janvier 1886, ils allèrent de nouveau voler les poules, faisant sauter le crampon comme ils l'avaient fait la veille.

Escaladant une barrière et faisant une effraction au poulailler et à une étable, ils ont volé dans la nuit du 23 au 24 janvier 1886, dix poules, un coq au préjudice du sieur Bouteiller, cultivateur à Saint-Léonard.

Dans les premiers jours de 1886, tous deux s'introduisirent après avoir brisé le volet d'une fenêtre, un carreau de vitre et escaladé une fenêtre chez le sieur Déjardin, de Baincthun, et y volèrent divers objets mobiliers.

Ils allèrent dans la nuit du 5 au 6 février 1886, voler les poules du sieur Darras, marchand de bois à Baincthun. On a remarqué les empreintes de pas de plusieurs personnes.

Dans la nuit du 24 au 25 février 1886, brisant le cadenas d'un poulailler dans la propriété de la dame Sheldin à Wimille, ils y volèrent dix poules et un coq.

Enfin, escaladant le mur d'enceinte de la propriété des institutrices congréganistes de Wimereux, ils brisèrent le cadenas du poulailler et y prirent des poules.

Les renseignements fournis sur les accusés sont déplorables ; ce sont des malfaiteurs de la pire espèce, ne vivant que de rapines et de vols. Ils ont d'ailleurs subi de nombreuses condamnations.

Reconnus coupables avec circonstances atténuantes, les accusés sont condamnés, savoir : Vasseur à 5 ans de réclusion ; Goliot à 7 ans de travaux forcés ; l'interdiction de séjour d'une ville à déterminer est prononcée contre eux pour dix ans.

22 JUIN

L'audience de la Cour d'assises de ce jour comporte deux affaires.

1re AFFAIRE : *Assassinat*

Accusé : Delabre, Joanne, 18 ans, mineur à Courrières.
Ministère public : M. Saint-Aubin, procureur.
Défenseur : Mᵉ HATTU, du barreau de Douai.
Faits :

Dans le courant de l'année 1881, Alfred-Auguste Evrard, mineur à Courrières, mourait, laissant une veuve et six enfants dont l'aîné, Alfred, n'avait que 17 ans. Depuis cette époque, ce dernier s'était considéré comme le chef de la famille et n'avait cessé de l'entretenir du fruit de son travail.

En face de la maison Evrard habite la famille Delabre, dont le fils aîné s'était lié d'amitié avec Alfred Evrard ; les deux familles étaient également unies.

Mais vers la fin de 1885, des dissentiments survinrent ; l'attitude de Joanne Delabre vis-à-vis de la veuve Evrard avait fait soupçonner l'existence de relations qui paraissent avoir vivement affecté Alfred Evrard. Quoi qu'il en soit, la mésintelligence s'établit entre les deux familles, et chaque jour de nouvelles querelles entre la veuve Evrard et la femme Delabre venaient l'accentuer.

Joanne Delabre, de son côté, était devenu l'ennemi d'Alfred Evrard. Le 28 mars, dans la soirée, en sortant d'un cabaret où il l'avait rencontré, il disait assez haut pour être entendu par le garde-champêtre qui lui fit une observation : « *Il aura un coup de couteau, aujourd'hui ou un autre jour !* » Se reprenant aussitôt il disait avoir tenu ce propos pour rire.

Le 4 avril dans la soirée, Evrard et sa sœur Marie, âgée de 16 ans, se rendent ensemble au bal du cabaret Coasne à Courrières. Vers 9 heures 1/2, après une danse, Evrard surprend sa sœur dans un cabinet, assise sur les genoux de Delabre. Il la saisit violemment par le bras, et lui dit : « *Je ne veux pas que tu danses avec ce garçon là !* » Il la ramène dans la salle auprès de sa mère. Cependant Delabre s'est levé, a suivi Evrard, la main dans la poche, y tenant un couteau ouvert. Bientôt il fait un mouvement brusque et lui assène un violent coup. La lame pénètre profondément dans la partie latérale droite du cou ; Evrard chancelle, mortellement frappé, il a succombé le 22 avril.

Delabre avoue son crime, mais prétend avoir reçu un coup de poing de sa victime, et s'être vengé, affirmation qu'aucun témoin n'est venu confirmer.

A la fin des débats, la question subsidiaire de coups et blessures ayant occasionné la mort sans intention de la donner, est posée par la Cour sur la demande de la défense.

Reconnu coupble avec circonstances atténuantes, Delabre est condamné à cinq ans de réclusion.

✕

2ª AFFAIRE : *Assassinat.*

Accusée : Beaurepaire, Marie-Rose, **veuve Renau,** 52 ans, ménagère à Billy-Berclau.

Défenseur : M· MARION.

Faits :

Le 21 mars dernier, une petite fille de 18 mois, la nommée Renau, Rosalie, décédait à Billy-Berclau, dans des conditions qui attirèrent l'attention de l'autorité locale. Une enquête eut lieu, et il en résulta que le décès de Rosalie Renau était l'œuvre de sa mère Beaurepaire, Marie-Rose, veuve Renau. L'accusée est demeurée veuve en août 1884, avec trois enfants, enceinte d'un quatrième. Son mari, Joachim Renau, s'est pendu de désespoir à cause de son inconduite notoire. En mourant, il laissait une somme de 5000 francs, déposée chez un notaire, la veuve se fit remettre l'argent qui lui revenait ainsi qu'à ses enfants et le dissipa en orgies dans l'espace de quelques mois.

L'accusée ne se livrait à aucun travail, la plus affreuse misère désola bientôt la maison. Dès lors, chaque jour à 7 heures du matin, la veuve Renau abandonnait ses quatre enfants chez elle, sans vivres, sans vêtements, sans feu, pour aller rôder aux abords du canal d'Aire à La Bassée et se livrer à la prostitution. Elle revenait à midi et repartait à une heure pour ne rentrer qu'à neuf heures du soir ou minuit, ramenant le plus souvent des individus mal famés qui partageaient avec elle et ses quatre enfants l'unique lit de la maison. Pendant ces absences, les trois aînés des enfants âgés de neuf ans, cinq ans et trois ans, parcouraient la commune, mendiant leur pain. La petite fille Rosalie que sa faiblesse empêchait encore de marcher, bien qu'elle eût 18 mois, restait au lit croupissant dans ses ordures.

Lorsqu'elle pleurait, les voisins lui portaient parfois à manger, n'osant cependant pas la toucher, tant elle était repoussante de malpropreté. Lorsqu'elle rentrait, l'accusée n'apportait pas d'aliments pour ses enfants ; bien plus, elle leur enlevait souvent, pour le manger en cachette, le pain qu'ils tenaient de la charité publique. A maintes reprises, le garde-champêtre de Billy-Berclau avait dû rechercher la veuve Renau pour la ramener auprès de ses enfants. Quand il lui disait : « Tu cherches donc à faire mourir tes enfants ? » elle répondait : « Va, s'ils étaient morts, je trouverais plus vite à me remarier. » Cependant Rosalie Renau, affaiblie par les privations et le manque absolu de nourriture, était tombée dans un état extrême d'épuisement.

Le dimanche 28 mars au matin, elle agonisait. Sa mère se leva plus tôt que d'habitude, à cinq heures, et partit sans appeler un médecin et même sans avertir les voisins. A son retour à midi, Rosalie Renau rendit le dernier soupir. Les circonstances de l'affaire et les dépositions des témoins ne peuvent laisser de doute sur l'intention nettement arrêtée chez la veuve Renau de faire mourir son enfant. Le médecin légiste conclut d'ailleurs que le décès a été produit par la privation prolongée d'aliments. Au moment où il fut conduit à l'hôpital de Béthune, l'un des trois enfants de l'accusée portait au genou une tumeur des plus dangereuses ayant pour cause l'incurie de la mère et le manque absolu de soins.

A la suite du verdict rendu par le jury, la veuve Renau est condamnée à deux ans de prison et cinquante francs d'amende pour homicide par imprudence.

23 JUIN

Trois affaires sont inscrites au rôle de l'audience de la Cour d'assises de ce jour.

1re AFFAIRE : *Attentat à la pudeur.*

Accusé : Béal, Fortuné-Joseph, 33 ans, mineur à Avion.

Ministère public : M. Bouillon, substitut.

Défenseur : Me DUQUENOY.

Béal, reconnu coupable mais avec circonstances atténuantes, est condamné à un an de prison.

✕

2e AFFAIRE : *Attentats à la pudeur.*

Cette affaire concernant un nommé Fleury, Charles-Pierre-Joseph, est renvoyée à une prochaine session.

✕

3e AFFAIRE : *Incendie.*

Accusés : Hallo, Jean-Baptiste Eugène, 32 ans, maçon à Calais

Et Dumont, Adèle-Marie, femme Hallo, 28 ans, débitante à Calais.

Défenseurs : Me ARNAUD, pour l'accusé.

Me BELLANGER, pour la femme.

Faits :

Les époux Hallo sont propriétaires de plusieurs petites maisons situées à Calais, rue Trois-des-Basses-Communes ; ils habitaient eux-mêmes celle qui porte le n° 41, et tenaient un café dans une des salles du rez-de-chaussée auprès de laquelle se trouvait une cuisine ; ils couchaient ainsi que leurs enfants dans deux pièces au 1er étage.

Le 3 mai, vers dix heures du matin, ils quittaient leur demeure avec toute leur famille ; ils fermaient leur café et

sur la porte ils mirent une petite affiche portant ces mots :
« Fermé pour cause de décès, » bien qu'ils n'eussent perdu
aucun de leurs parents ; puis, ils prirent le chemin de fer
pour se rendre dans leur pays, aux environs de Lille, en
emportant des paquets assez volumineux.

Vers midi, la demoiselle Dupont, leur voisine et locataire,
sentit une odeur de brûlé venant du logement Hallo ; elle en
fit part à d'autres personnes ; dans la journée cette odeur
persista en s'accentuant. Enfin vers sept heures et demie du
soir, plusieurs voisins constataient qu'un incendie était déclaré au premier étage. Les témoins Mallet, Blanqui et
Danel pénétrèrent dans l'intérieur de la maison, et consta-
tèrent que le feu était dû à une tentative criminelle. Le
plancher des deux chambres du premier étage était jonché
d'une couche de copeaux épaisse de 25 à 30 centimètres,
brûlant en divers endroits.

Un lit avec sa garniture, une table, un petit meuble
étaient en partie consumés grâce à des foyers particuliers
placés à leur base. Une botte de paille allumée et posée
près de la trappe du faux grenier, avait communiqué le feu
à la charpente. Plusieurs objets étaient enduits de pétrole,
et on voyait encore sur une table des verres ayant contenu
de cette substance. Les fenêtres qui, d'ordinaire, n'étaient
pas munies de rideaux étaient hermétiquement bouchées à
l'aide de draps et de couvertures soigneusement clouées et
dont une partie avait lentement brûlé par le bas ; une voisine, la femme Lefebvre, a entendu le bruit que l'on a fait
pendant la nuit qui a précédé l'incendie en clouant ces couvertures ; elle en a parlé à ce moment à son mari qui est
sorti pour chercher d'où il provenait. Une voiture d'enfant
remplie de copeaux fut découverte auprès de la trappe du
faux grenier, à côté d'un foyer d'incendie.

Toutes ces circonstances démontrent à l'évidence que cet incendie est le résultat d'un crime ; et si la maison n'a pas été consumée, il faut l'attribuer aux prompts secours apportés par les voisins.

Seuls, les époux Hallo ont pu commettre ce crime, les préparatifs de l'incendie n'ont pas pu être faits par un étranger ; personne d'ailleurs n'est entré dans la maison depuis leur départ simultané, et déjà, au bout de deux heures, l'odeur de brûlé sortait de leur logement.

L'information a de plus établi quel a été le mobile des accusés : leur situation pécuniaire est embarrassée. En 1883, ils ont contracté un emprunt hypothécaire de 10,000 francs dont ils servent difficilement les intérêts. Vers la même époque, ils ont assuré pour une somme de 20,000 fr. leurs immeubles dont les constructions n'ont qu'une valeur de 12,000 francs. Quant à leur mobilier, qui ne vaut pas 300 francs ils l'avaient assuré pour 2,000 francs.

Reconnu coupable avec circonstances atténuantes, Hallo est condamné à 5 ans de réclusion.

La femme Hallo est acquittée.

24 JUIN

A l'audience du Tribunal civil, prestation de serment de M. **François,** nommé notaire à Audruicq par décret du 5 courant.

$$\times$$

L'audience de la Cour d'assises comprend trois affaires :

1re AFFAIRE : *Attentat à la pudeur.*

Accusé : Lebon, Jean-Baptiste, dit Eugène, 35 ans, cordonnier à Boulogne.

Ministère public : M. Saint-Aubin, procureur.

Défenseur : M⁰ Duquenoy.

Cette affaire est jugée à huis-clos ; Lebon est condamné à un an de prison.

×

2ᵉ Affaire : *Avortements.*

Accusés : Mortreux, Célestine, femme Michel, cabaretière à Lens.

Lefebvre, Rufine, veuve Lefebvre, demeurant à Lens.

Lobiaux, Cécile, journalière, demeurant à Douai.

Défenseurs : M⁰ Arnaud pour la femme Michel.

M⁰ Dupuich, du barreau de Béthune, pour la veuve Lefebvre.

et M⁰ Kremps, du même barreau, pour la fille Lobiaux.

Les débats ont lieu à huis-clos. La femme Michel est condamnée à cinq ans de réclusion, les deux autres accusées sont acquittées.

×

3ᵉ Affaire : *Infanticide.*

Accusée : Platteel, Julie-Stéphanie, 21 ans, domestique à Saint-Venant.

Défenseur : M⁰ Fournier.

Les débats ont lieu à huis-clos. La fille Platteel est condamnée à cinq ans de réclusion.

25 JUIN

Deux affaires sont jugées à l'audience de la Cour d'assises de ce jour.

1re Affaire : *Attentat à la pudeur.*

Accusé : Solari, Joseph, 21 ans, couvreur, sans do·
micile fixe.

Ministère public : M. Bouillon, substitut.

Défenseur : Me LEFÉBURE.

Les débats ont lieu à huis-clos.

Solari, bénéficiant d'un verdict mitigé par des circonstances atténuantes, est condamné à 2 ans de
prison.

$$\times$$

2e Affaire : *Incendie volontaire.*

Accusé : Notari, Pierre, 23 ans, imprimeur et libraire
à Lens.

Défenseur : Me MARION.

Faits d'après l'acte d'accusation :

En mars 1885, à sa sortie de la maison d'arrêt de Douai,
où il venait de subir une peine d'emprisonnement pour
filouterie d'auberge, le nommé Notari vint s'installer à
Lens chez son beau-père, le sieur Demarescaux, imprimeur.
Dénué de toutes ressources, entretenu et logé seulement,
avec sa femme et son enfant en échange de ses services,
Notari en fut bientôt réduit aux expédients. A l'insu de sa
famille, il loua le 8 décembre 1885, à un sieur Hennebois,
rue de l'Abattoir, un magasin, dans l'intention, disait-il,
d'y créer un dépôt de marchandises, et de se livrer au
commerce des papiers. Le 9 décembre, il assurait contre
l'incendie à la Cie *le Soleil,* pour une somme de 20,000 fr.
des marchandises qui n'existaient pas encore.

Du 30 décembre au 25 janvier, il se faisait expédier par
divers fournisseurs pour 700 francs environ de papiers de

toute sorte, et les déposait dans son magasin de la rue de l'Abattoir.

Le 25 janvier, vers neuf heures du soir, l'accusé se rendait à son local, déballait tous ses papiers, et les entassait au milieu de la pièce, en prenant le soin d'entrecroiser les rames, ainsi que les paquets d'enveloppes ; arrosant alors le tout d'essence de pétrole et de goudron végétal, il y mettait le feu, et sortait précipitamment après avoir fermé la porte. Par un couloir, il gagnait la rue, et rentrait chez lui.

Le lendemain Notari faisait sa déclaration d'incendie, évaluant à 5,000 francs les pertes que le sinistre lui avait causées.

L'accusé nie les charges relevées contre lui par l'information, il affirme avoir perdu pour 5,000 francs de papiers dans l'incendie, mais se refuse à faire connaître les noms des fabricants qui les lui ont expédiés, à produire les quittances des prix qu'on a dû lui délivrer.

Il attribue l'incendie à une étincelle qui serait tombée de la cheminée sur les papiers ; mais il a été établi que le feu avait pris du côté opposé à la cheminée, et que, du reste, celle-ci était trop éloignée du tas de papier pour qu'une étincelle vînt l'atteindre.

De plus l'expert chimiste a constaté que les papiers contenus dans le magasin Notari ont été arrosés d'une substance inflammable et que cette substance est un mélange d'essence de pétrole et de goudron végétal.

Notari est italien. A 18 ans, il quitta Turin pour se soustraire aux obligations du service militaire. Il a déjà été condamné par le tribunal de Fribourg à 6 mois de prison pour faux.

7

Notari reconnu non coupable par le jury est acquitté.

26 JUIN

Le rôle de l'audience de la Cour d'assises comprend
aujourd'hui trois affaires :

1re AFFAIRE : *Vols qualifiés.*

Accusés : Dollé, Victor, 44 ans, journalier à Pernes.

Lefebvre, Eusèbe, 27 ans, domicilié à Pernes.

Ministère public : M. Saint-Aubin, procureur.

Défenseurs : Me DELPIERRE pour Follé,

Me DERNIS pour Lefebvre.

Faits :

Le 2 mars 1886, on constata qu'un vol avait été commis
la nuit précédente dans l'habitation de Mlle Chauveau, rentière à Pernes. Les malfaiteurs, après avoir démonté et
renversé la porte du jardin, avaient pénétré dans la cuisine
en fracturant la porte d'entrée, et avaient soustrait de nombreux objets mobiliers, notamment des ustensiles de cuisine
en cuivre, des chandeliers, des bougies, du linge et six bouteilles de vin. Au premier étage, une armoire avait été aussi
fracturée : tous les meubles de la maison avaient été fouillés
et bouleversés.

Les soupçons se portèrent sur les nommés Lefebvre et
Dollé, tous deux repris de justice, qui habitaient ensemble à
environ quatre cents mètres de la maison Chauveau. Une
perquisition opérée à leur domicile amena la découverte
d'une brosse et de plusieurs bouteilles vides provenant du
vol. Les autres objets soustraits furent retrouvés près de la
demeure des accusés, sous une meule de récoltes où ils les
avaient cachés.

Malgré ces charges accablantes, Lefebvre et Dollé ont nié être les auteurs du vol. Ils ne peuvent néanmoins indiquer la provenance des objets trouvés à leur domicile.

Antérieurement à ce vol, le nommé Dollé en a commis un autre, dans le courant du mois de février dernier. Profitant de l'absence de la femme Duhamel, qui habite la même maison que lui, il fractura la porte de sa chambre et s'empara d'un seau ainsi que d'un manteau appartenant à cette femme.

Les renseignements fournis sur le compte des accusés sont des plus mauvais : ils sont notés comme paresseux et voleurs. Tous deux ont subi plusieurs condamnations.

Reconnus tous deux coupables, Dollé et Lefebvre sont condamnés chacun à six ans de travaux forcés et dix ans d'interdiction.

✕

2° AFFAIRE : *Vols qualifiés.*

Accusés : Delpierre, Christian-Augustin, 29 ans, mineur à Loos-en-Gohelle,
et Foriez, Louis-Joseph, 26 ans, mineur au même lieu.

Défenseurs : Mᵉ DELPIERRE pour le premier accusé.
Mᵉ CANDELIER, du barreau de Béthune, pour le second.

Faits :

Le 4 mai dernier, la gendarmerie de Lens était informée qu'un vol qualifié avait été commis à Loos-en-Gohelle, au préjudice du sieur Cappe, cultivateur. Dans la nuit, des malfaiteurs avaient pénétré dans le fournil attenant à la maison d'habitation, et y avaient soustrait neuf pains, un sac et du charbon. Les soupçons se portèrent immédiatement

sur les nommés Delpierre et Foriez. Une perquisition opérée amena notamment la découverte d'un demi-pain au
domicile de chacun d'eux. Les deux morceaux s'adaptaient
de la façon la plus exacte. Le pain entier reconstitué fut
reconnu par le plaignant, ainsi que le sac volé qui fut saisi
chez Foriez. Mis en état d'arrestation, Delpierre et Foriez
avouèrent bientôt avoir commis le vol au préjudice du sieur
Cappe et ne purent justifier de la provenance de nombreux
objets découverts chez eux dans des cachettes où ils les
avaient enfermés. La plupart des propriétaires de ces objets
ont été retrouvés. Les circonstances dans lesquelles les
accusés ont commis plusieurs de leurs vols ont été nettement déterminées par l'information et confirmées par des
aveux.

En mars ou avril dernier, Delpierre et Foriez ont pénétré
à Hulluck à l'aide de fausses clefs dans le sondage de la Cᵉ
des mines de Lens, fracturé une porte et brisé plusieurs
caisses pour y soustraire des outils. La porte du bureau
ayant résisté aux nombreuses pesées pratiquées sur elle à
l'aide d'un pic de mineur, ils sont sortis, ont brisé un carreau de vitre à la fenêtre, l'ont escaladée, et une fois à l'intérieur, ont brisé le cadenas d'un coffre pour y prendre des
outils.

Quelques jours plus tard, les accusés sont revenus au
sondage, ont enfoncé à la fenêtre du bureau la planche qu'on
avait clouée pour remplacer le carreau brisé, sont ainsi
entrés et ont enlevé deux chaises, une table et divers outils.

A Bully-Grenay, dans la nuit du 21 au 22 avril, Delpierre
et Foriez ont volé au presbytère, au préjudice du sieur Ho-
chedez, curé desservant, des rasoirs, une boîte en melchior
et environ deux francs en menue monnaie. Foriez a fait la

courte échelle à Delpierre pour lui faire escalader le mur clôturant l'enclos : ce dernier a alors ouvert la porte à son complice, et les deux ont pénétré ensemble dans la cuisine qui n'était pas fermée à clef.

Dans la nuit du 15 au 16 avril, à Bénifontaine, Delpierre et Foriez sont entrés dans la cour de la maison Dehaës, ont forcé un cadenas fermant la porte d'une étable, et réussi à soustraire trois lapins enfermés dans un clapier. La même nuit, ils ont volé deux chaudrons appartenant aux époux Gondin.

Dans la nuit du 29 au 30 avril, les inculpés se sont rendus à Mazingarbe au cabaret tenu par un sieur Liénard. Aidé par Foriez, Delpierre a escaladé le mur de clôture de la cour, puis pénétré dans la cuisine par la fenêtre en brisant un carreau. A l'intérieur, il a fracturé la serrure d'une armoire, ouvert un tiroir à l'aide de passe-partout, et volé des comestibles et une somme de dix francs en argent.

Dans la salle de l'estaminet, il a pris deux francs dans le tiroir du comptoir et neuf litres de liqueurs. Foriez a reçu par-dessus le mur les objets volés par Delpierre. Le tout a été partagé.

Delpierre seul, dans le courant d'avril, s'est introduit pendant la nuit dans une cour dépendant de l'habitation de la veuve Brassard, à Loos-en-Gohelle, et y a soustrait deux lapins.

Les renseignements recueillis sur le compte des deux accusés sont déplorables, au point de vue de la probité. Depuis longtemps ils n'entretenaient leurs familles que du produit des vols qu'ils commettaient ensemble la nuit. Foriez a été condamné à l'amende pour bris de clôture. Delpierre a été condamné trois fois pour vols.

Reconnus coupables, Delpierre est condamné à sept ans de travaux forcés, Foriez à cinq ans de prison, et tous deux à dix ans d'interdiction.

$\times$

3° AFFAIRE : *Faux et abus de confiance.*

C'est une affaire de contumax. Sanfourche, Joseph, âgé de 31 ans, ex-fondé de pouvoirs à la recette particulière de Montreuil, en fuite, est condamné à vingt ans de travaux forcés, dix ans d'interdiction et trois mille francs d'amende.

La session est terminée.

27 JUIN

KERMESSE DE SAINT-OMER

Une revue d'honneur du 8ᵉ de ligne est passée sur l'Esplanade par M. le général de division **Bardin,** qui termine ainsi l'inspection générale.

$\times$

Dans la matinée a lieu comme chaque année la procession du Saint-Sacrement à laquelle concourent toutes les paroisses. La population prend part à cette solennité, nombreuse et recueillie.

$\times$

A six heures sur la Grand'Place, ascension du ballon **La Vedette,** monté par Mᵐᵉ **Launay** et son fils, aéronautes. Ce ballon a atterri dans la soirée à Avroult à 17 kilomètres de Saint-Omer.

$\times$

Dans l'après-midi, un tir à la perche offert par la Société Saint-Georges, réunissait de nombreux concurrents venus de Gravelines, Calais, Armentières, Roubaix, Lille, Furnes (Belgique), Bourbourg, Bergues,

Ecke, etc. Le premier prix d'honneur a été décerné à M. **Ryckelinck,** de Bourbourg.

28 JUIN

Dans la matinée, à l'occasion de la fête communale, a lieu une revue des sapeurs-pompiers passée par M. le **Sous-Préfet ;** puis la Compagnie exécute des manœuvres de pompes, d'attaque de feu, de sauvetage, etc.

×

A neuf heures du soir, M. **de Bar,** artificier de Lille, tire sur la Grande-Place, le feu d'artifice traditionnel. Le bouquet en paraît un peu maigre. On a beaucoup remarqué la grande pièce représentant l'Agriculture : deux bœufs et une charrue surmontés des armoiries de la ville.

×

A quatre heures et demie, la musique du 8ᵉ de ligne et la musique municipale offrent à la ville en fête, un **Concert** dont voici le programme :

PREMIÈRE PARTIE — MUSIQUE DU 8ᵉ DE LIGNE

1º Marche militaire (***)
2º Ouverture de *Nabuchodonosor* (Verdi).
3º Fantaisie sur le *Trouvère* (Verdi).
4º *La Fleurance,* caprice pour flûte (Mayeur).

DEUXIÈME PARTIE — MUSIQUE COMMUNALE

1º Allegro militaire (***)
2º Ouverture de la *Médaille d'Or* (Gurtner).
3º Fantaisie sur *Hernani* (Verdi).
4º Boléro (E. Favre).

×

Arrestation à Enguinegatte du célèbre bandit Car-

pentier, qui avait eu l'audace de venir chez ses beaux parents prendre sa part de la ducasse de cette commune. Cette arrestation est surtout due au garde champêtre de Blessy, M. Duval, dont on ne saurait trop louer l'intelligence en cette occasion.

M. Duval était entré avec son collègue d'Enquin dans le cabaret Legrand à Enguinegatte pour y prendre une consommation, lorsque le garde champêtre d'Enguinegatte vint tout à coup prévenir M. Delarozière, maire de cette commune, qui se trouvait également dans le cabaret Legrand, de la présence de Carpentier. Aussitôt le maire proposa aux trois gardes champêtres d'essayer d'arrêter Carpentier, ce qui fut accepté par tous.

On s'assembla dans une pâture voisine de l'habitation où se trouvait Carpentier, puis on s'embusqua, les uns près de la route d'Enquin, les autres du côté des champs

M. Duval était resté seul, blotti dans une haie épaisse sur le chemin d'Enquin, lorsque, vers neuf heures trois quarts, il vit s'avancer, venant d'une maison proche de celle où l'on croyait Carpentier, une silhouette humaine.

C'était Carpentier. M. Duval alla de suite vers lui et lui adressa la parole d'une voix amicale :

— C'est vous, là, cousin François ?

— Non, répondit Carpentier, vous vous trompez.

— Ah ! excusez-moi, lui dit M. Duval, je croyais que c'était cousin François.

— Êtes-vous le garde de la commune, lui demanda Carpentier à la vue du képi de son interlocuteur ?

— Oui, répondit celui-ci.

— Il n'y a pas longtemps que vous êtes garde champêtre à Enguinegatte ?

— Non, environ cinq ou six semaines.

— Et vous, dit le garde, qui êtes-vous ?

— Moi, je me nomme Delpierre.

— Ah ! je n'ai pas l'avantage de vous connaître. Après tout, j'étais venu jusqu'ici poursuivre des gamins qui faisaient mal autour de l'église, mais je me retourne ; aussi bien ils ne reviendront plus et je vais rentrer chez moi pour souper.

Tout en feignant de s'en aller, le garde Duval éleva la voix en causant pour se faire entendre de son collègue d'Enguinegatte qui ne devait pas être bien loin et qui effectivement arriva sans tarder, et saisissant de suite Carpentier qu'il reconnaissait, il lui dit :

— C'est toi, là, au nom de la loi je t'arrête, si tu bouges, je te tue.

Le garde de Blessy, à ces paroles, s'élança sur Carpentier, et, avec l'aide de son collègue, le maintint jusqu'à l'arrivée du garde d'Enquin et de M. Delarozière. On fit alors monter le bandit en charrette, après avoir eu soin de le garotter et on le conduisit à Fauquembergues où il fut, vers une heure du matin, remis entre les mains de la gendarmerie.

29 JUIN

Une **Foire aux plaisirs** est donnée dans les cours du pensionnat Saint-Joseph au profit de l'œuvre du Denier des Ecoles catholiques. Cette foire comprend des jeux nombreux, concerts, conférences, etc. et se termine par une représentation dramatique et musicale. On y joue notamment : *Arthur de Bretagne*, mélodrame en un acte, et *Les convictions de papa*, comédie en un acte.

MOIS DE JUILLET

4 JUILLET

Aujourd'hui, **Kermesse** du faubourg de Lyzel. A quatre heures, un concert était donné sur la place de Lyzel par la musique du 8ᵉ de ligne. A six heures avaient lieu des courses en cuve sur la route de Clairmarais, et enfin à neuf heures du soir une retraite aux flambeaux suivie d'un bal populaire sur la place de Lyzel.

$$\times$$

AIRE-SUR-LA-LYS. — Concours d'animaux reproducteurs organisé par la Société d'agriculture de Saint-Omer.

Quatre-vingt-quatre têtes de bétail se répartissant ainsi ont figuré à ce concours : Espèce chevaline, 24 ; bovine, 26 ; ovine, 31 ; porcine, 3.

Voici les noms des différents lauréats de ce concours avec les valeurs des prix par eux obtenus :

ESPÈCE CHEVALINE. — 1ʳᵉ *Catégorie.* — *Juments suitées.*

1ᵉʳ prix, offert par la ville d'Aire, au nº 5, à M. Gamblin, de Marthes 140
et une médaille de vermeil offerte par M. E. Porion, président de la Société d'agriculture.

2ᵉ prix, au nº 2, à M. E. Porion, de Wardrecques. . 120

3e prix, au n° 1, à M. Debreux, Hippolyte, de Racquinghem   80

4ª prix, au n° 6, à M. Derosiaux, de Rincq   50

5e prix, au n° 4, à M. Vicart, Isidore, de Wittes . .   40

Mention honorable, au n° 3, à M. Varlet, J. de Wardrecques.

2ª *Catégorie.* — *Pouliches n'ayant pas de dents de remplacement et nées en 1884.*

1er prix, au n° 1, à M. Verley, de Quiestède   70
et une médaille d'argent offerte par le syndicat agricole d'Aire.

2e prix, au n° 4, à M. Varlet, J. de Wardrecques. .   50

3e prix, au n° 2, à M. Blondé, Ch., d'Aire.   30

4e prix, au n° 5, à M. Dufossé, de Wittes-Cohem. .   25

ESPÈCE BOVINE. — 1re *Catégorie.* — *Taureaux de race flamande n'ayant pas plus de 4 dents.*

1er prix, offert par la ville d'Aire, au n° 6, à M. Varlet, Joseph, de Wardrecques.   180
et une médaille d'argent offerte par le syndicat agricole d'Aire.

2e prix, au n° 4, à M. Jules Moufflin, de Wittes . .   140

3e prix, au n° 2, à M. Coulon, de Wittes.   70

2e *Catégorie.* — *Vaches de race flamande.*

1er prix, au n° 3, à M. Blondé, d'Aire   90

2e prix, au n° 1, à M. Landrieux, de Wittes   45

3e *Catégorie.* — *Vaches de races diverses.*

1er prix, au n° 3, à M. Carpentier, Alexandre, d'Aire.   90

2e prix, au n° 2, à M. Bourdrel, Clément, de Crecques   45

4e *Catégorie.* — *Génisses de race flamande.*

1er prix, au n° 4, à M. Lefer, Omer, d'Aire   55

2e prix, au n° 1, à M. Larivière, de Racquinghem .   30

5ᵉ *Catégorie.* — *Génisses de races diverses.*

1ᵉʳ prix, au n° 2, à M. Defrance-Catez, d'Aire . . .   55

2ᵉ prix, au n° 3, à M. Delbende, Augustin, de Roquetoire   30

Espèce ovine. — 1ʳᵉ *Catégorie.* — *Béliers anglais ou croisés anglais.*

1ᵉʳ prix, offert par la ville d'Aire, au n° 1, à M. Lemaire, Dominique, de Saint-Quentin   60

2ᵉ et 3ᵉ prix. — Réservés.

2ᵉ *Catégorie.* — *Brebis anglaises ou croisées anglaises n'ayant pas plus de 2 dents.*

1ᵉʳ prix, au n° 4, à M. Gamblin, de Marthes. . . .   35

2ᵉ prix, au n° 7, à M. Bruge, de Moulin-le-Comte .   20

3ᵉ *Catégorie.* — *Brebis anglaises ou croisées anglaises, laitières, ayant plus de 2 dents.*

Pas de concurrents dans cette catégorie.

Espèce porcine. — 1ʳᵉ *Catégorie.* — *Verrats anglais ou croisés anglais.*

Prix réservé.

2ᵉ *Catégorie.* — *Truies anglaises ou croisées anglaises.*

Prix au n° 1, à M. Labitte, Augustin, de St-Quentin.   20

5 JUILLET

A cinq heures et demie, place de Lyzel, à l'occasion de la kermesse de ce faubourg, un **Concert** est donné par la Musique communale.

A six heures ont lieu divers jeux populaires, lutte norwégienne, etc.

7 JUILLET

Séance du Conseil municipal.

Le Conseil après quelques discussions peu importantes aborde l'ordre du jour. Voici le résultat de ses délibérations sur les différentes questions qui lui sont soumises.

1º Le Conseil émet un avis favorable sur les délibérations des hospices concernant une demande en réduction de fermages et une autre demande en mainlevée d'inscriptions hypothécaires.

2º Le Conseil autorise l'administration municipale à passer un bail à loyer pour une maison, sise rue de Clairmarais 13, appartenant à la ville.

3º Il donne acte à M. le Maire du dépôt qu'il fait du relevé constatant l'emploi des dépenses imprévues.

4º Il vote un crédit supplémentaire pour paiement d'acquisition de terrains incorporés à la voie publique.

5º Le Conseil approuve la comptabilité du bureau de bienfaisance et des hospices et le compte administratif du maire pour 1885.

6º Le Conseil autorise M. le Maire à réclamer et poursuivre, par tels voies et moyens qu'il jugera convenable, le recouvrement des sommes souscrites par les riverains de la rivière des Tanneurs pour en obtenir la couverture.

7º Le Conseil refuse d'accorder au culte protestant la subvention de 600 francs demandée par le Pasteur.

8º Le Conseil accorde une indemnité de 150 francs au sieur Delobel, pour les constructions qu'il a faites à ses frais au cimetière.

9º Il adopte ensuite les chapitres additionnels et le compte administratif du receveur municipal.

10º Le Conseil enfin émet le vœu que la commission administrative du bureau de bienfaisance réclame le droit des pauvres à tous les concerts ou spectacles où il est dû.

8 JUILLET

Le ministre de l'instruction publique et des beaux-arts accorde à l'Ecole des beaux-arts de Saint Omer :

1º Une somme de 1000 francs pour être distribuée aux élèves, à titre de bourses d'études.

2º Un exemplaire de l'ordre corinthien.

3º Un livre d'art destiné à être remis, lors de la distribution des prix, au meilleur élève.

10 JUILLET

M. Jules **Bouche**, ancien élève de notre école de musique, obtient une deuxième médaille au concours de violon (classes préparatoires) du Conservatoire de Paris.

Quelques jours auparavant, un autre de nos concitoyens M. Georges **Hurel**, obtenait au concours de solfège une deuxième première médaille.

×

Un concours d'étalons a lieu aujourd'hui à Saint-Omer. Voici la liste des prix décernés :

1re Catégorie. — Chevaux de 4 ans et au dessus.

1re prime, 900 fr., M. Parenty, Charles, à Mouriez.

2ᵉ prime, 800 fr., M. Houdain, à Delettes.

3ᵉ prime, 750 fr., M. de Wazières-Fouflin, à Ricametz.

4ᵉ prime, 700 fr., M. Deneuville, à Zouafques.

5ᵉ prime, 600 fr., M. Calais, Auguste, à Nielles-lez-Calais.

6ᵉ prime, 500 fr., M. Risbourg, à Renty.

7ᵉ prime, 450 fr., M. Bourgois, Paul, à Setques.

8ᵉ prime, 400 fr., M. Bray, à Hallines.

9ᵉ prime, 350 fr., M. Delohen, à Witternesse.

10ᵉ prime, 300 fr., M. Geneau de la Marlière, à Wimille.

11ᵉ prime, 250 fr., M. Debuire, à Fruges.

2ᵉ Catégorie. — Chevaux de 3 ans.

1ʳᵉ prime, 700 fr., M. Robbe, à Guines.

2ᵉ prime, 650 fr., M. Bray, à Hallines.

3ᵉ prime, 600 fr., M. Jessenne, à Wavrans.

4ᵉ prime, 500 fr., M. Calais, Auguste, à Nielles-lez-Calais.

5ᵉ prime, 400 fr., M. Warin, D., à Wacquerie-le-Boue.

6ᵉ prime, 350 fr., M. Robbe, Félix, à Guines.

7ᵉ prime, 300 fr., M. Leblanc, Louis, à Wancourt.

3ᵉ Catégorie. — Chevaux de 3 ans et au dessus ayant un certain degré de sang.

1ʳᵉ prime, 800 fr., M. Dambricourt, Auguste, à Wizernes.

2ᵉ prime, 500 fr., M. Legrand, Adolphe, à Tilques.

11 JUILLET

La Société de Gymnastique l'Union, se rend à un concours de gymnastique à Douai.

×

Au faubourg de Lyzel, pour le deuxième dimanche de la ducasse, a lieu un grand **Bal** populaire sur la place de ce faubourg.

×

La neuvaine des pèlerinages à Notre-Dame des Miracles commence aujourd'hui. La station est prêchée par M. l'abbé **Réniez**.

×

Concours d'arrondissement pour les juments poulinières à Saint-Omer. Les primes accordées sont les suivantes :

1re prime, 300 francs, M. Desombre, à Thiembronne.

2e prime, 250 fr., M. Huchette, à Wizernes.

3e prime, 250 fr., M. Menne, à Eperlecques.

4e prime, 200 fr., M. Lefebvre, à Campagne-lez-Wardrecques.

5e prime, 200 fr., M. Gamblin, à Mametz.

6e prime, 200 fr., M. Huchette, à Wizernes.

7e prime, 150 fr., M. Bernard, à Saint-Martin-d'Hardinghem.

8e prime, 150 fr., M. Dambricourt, à Longuenesse.

9e prime, 150 fr., M. Bernard, à Saint-Martin-d'Hardinghem.

10e prime, 150 fr., M. Bouveur, à Arques.

11e prime, 150 fr., M. Forteville, à Polincove.

12e prime, 100 fr., M. Delahaye, à Serques.

13e prime, 100 fr., M. Hantute, à Thiembronne.

14e prime, 100 fr., M. Dewèvre, à Ruminghem.

15e prime, 100 fr., M. Debreux, à Racquinghem.

16e prime, 100 fr., M. Drimille, à Tilques.

17e prime, 100 fr., M. Platiau, à Longuenesse.

18e prime, 100 fr., M. Belin, à St-Martin-au-Laërt.

19e prime, 100 fr., M. Ammeux-Vanhersecke, à Vieille-Eglise.

20e prime, 62 fr., M. Martel, Félix, à Esquerdes.

21e prime, 62 fr., M. Remond, à Thiembronne.

12 JUILLET

La ducasse de Blendecques a fini bien tristement cette année. Aujourd'hui, vers cinq heures du matin, le concierge du château de M. Fiolet, à Blendecques, nommé Jules Leleu, âgé de 23 ans, était trouvé au lieu dit : *Les quatre chemins*, couvert de blessures à la tête. Ce jeune homme avait rencontré, vers minuit, deux militaires, Grare et Petiau, soldats au 8° de ligne, et leur avait offert à boire. Quand Leleu paya la consommation, Grare s'aperçut qu'il avait le porte-monnaie assez bien garni et aussitôt germa dans son esprit une terrible pensée, celle de tuer Leleu pour le voler ensuite. Ils sortirent, et Leleu, sur leur invitation, les accompagna.

Dans un endroit désert, non loin de l'estaminet des *Quatre-Chemins*, Grare tira tout à coup son sabre-baïonnette, et, du pommeau, en porta deux coups sur la tête du malheureux Leleu, qui tomba sans pousser un cri, assommé ; puis, l'assassin enleva le porte-monnaie de sa victime, en prit le contenu, et, saisissant le corps par les bras, le traîna à l'endroit où il fut retrouvé. De son côté et non loin de là, Petiau assistait impassible à cette scène de meurtre, attendant le moment où Grare, en lui remettant une partie de son vol, achèterait son silence. Puis les deux assassins reprirent le chemin de la caserne.

Leleu fut transporté à l'hospice Saint-Louis à Saint-Omer où longtemps son état inspira de l'inquiétude aux médecins qui le soignèrent.

×

La fanfare des Sapeurs-Pompiers offre à la population audomaroise **un Concert** sur la place Sainte-Marguerite. Voici les morceaux joués :

1° Allegro militaire (Bonoquiet).

2° *Une pensée,* valse (Bousquet).

3° *Les Rameaux,* hymne (Faure).

4° *L'Escurial,* ouverture espagnole (Bleger).

5° *L'Elizire d'Amore,* fantaisie (Verman).
6° *Bade,* polka (Unrath).

×

Par décret en date de ce jour, M. Émile-Pierre-Edouard **Minne,** notre concitoyen, est nommé officier d'Académie.

13 JUILLET

Une **retraite** aux flambeaux est exécutée par les musiques de la garnison, comme prélude à la fête nationale.

14 JUILLET

La **Fête nationale** est célébrée dans la plupart des communes de l'arrondissement.

A Saint-Omer, une revue de toutes les troupes de la garnison et de la Compagnie des sapeurs-pompiers est passée à neuf heures sur la Grande-Place. Dans l'après-midi, un tir à la cible est offert par la ville aux troupes de la garnison. Un autre tir à la cible est offert aux amateurs par la Société des francs-tireurs.

A trois heures, sur la place Suger, a lieu un jeu de Colin-Maillard ; à quatre heures, sur la place du Haut-Pont, on grimpe au mât de cocagne ; à cinq heures, sur le Marché-aux-Bestiaux, on se livre à des jeux d'équilibre.

A cinq heures et demie, sur la place Sainte-Marguerite, la musique du 8° de ligne exécute quelques morceaux de choix :

1° *Po Paulet,* allegro militaire (Valentin).
2° *Le Voyage en Chine,* ouverture (Bazin).
3° *Chacone,* solo de hautbois (Durand).

4° *La Favorite,* trio (Donizetti).

5° *L'Africaine,* grande fantaisie (Meyerbeer).

6° *La Mascotte,* fantaisie (Ed. Audran).

7° *Amélie,* polka avec solo de trombone (A. Rodet).

Une fête de gymnastique est donnée sur la Grande-Place, à cinq heures et demie, par la Société de gymnastique et d'armes avec le concours du bataillon scolaire et de la musique communale. Les morceaux joués par celle-ci sont :

1° Allegro militaire (***).

2° Ouverture de la *Médaille d'or* (Gurtner).

3° Fantaisie sur *Hernani* (Verdi).

4° Ouverture de *l'Epi d'or* (Hemerlé).

5° *L'Eclair,* galop (Fabre).

✕

ARQUES. — Voici les différentes réjouissances offertes à la population de cette commune :

1° Un *tir à la cible* offert par la municipalité ; à ce tir prennent part les conseillers municipaux, la Compagnie de sapeurs-pompiers, la Société des carabiniers, tous les fonctionnaires et agents de la ville et de l'Etat, les anciens militaires retraités ou médaillés, les titulaires de médailles de dévouement ; 2° un *Mât de cocagne ;* 3° un *Jeu du seau ;* 4° une *Course en sacs,* une *Course à pied* avec obstacles ; 5° là *Joute aérienne ;* 6° *Exercices de gymnastique* par les enfants de l'école du Haut-Arques.

Pendant le tir et les jeux, *Concert* par la musique communale.

A neuf heures du soir, *Retraite* aux flambeaux. Vers dix heures, sur la place, *Bal public* a grand orchestre. — Illuminations générales.

✕

TATINGHEM. — Sur la proposition de M. le Préfet, une médaille d'argent de 2° classe est accordée à M. Ildephonse **Guilbert**, sergent à la Compagnie des sapeurs-pompiers de Tatinghem.

15 JUILLET

M. le Maire de Saint-Omer prend l'arrêté suivant :

CONSIDÉRANT :

Que le nombre des chiens attelés aux charrettes à bras augmente chaque jour.

Que cet usage abusif, pouvant amener des accidents, nécessite des mesures appelées à le faire disparaître.

Qu'il peut en outre résulter de graves inconvénients de la présence des chiens placés en garde sous ou sur les voitures.

Que sans aller jusqu'à supprimer cet usage, il est prudent d'exiger que ces chiens soient attachés assez court pour qu'ils ne puissent atteindre les passants.

Que ce dernier moyen, au surplus, est prévu dans un arrêté municipal tombé en désuétude bien que non abrogé et qu'il est utile de rappeler.

ARRÊTONS :

Art. 1er. — Défense est faite d'atteler les chiens et de leur faire porter ou traîner des fardeaux.

Art. 2. — Par rappel de l'article 3 de l'arrêté du 6 mai 1839 sus visé, il est défendu de placer les chiens en garde sous ou sur une voiture sans distinction, à moins qu'ils soient enchaînés et que l'attache soit assez courte pour que, dans leurs mouvements, ils ne puissent dépasser les roues et atteindre les passants.

Art. 3. — Les contraventions au présent arrêté seront poursuivies conformément aux lois.

16 JUILLET

Par arrêté ministériel en date de ce jour, MM. Louis **Deschamps de Pas,** Charles **Hermant,** Arthur **Van Troyen,Quaisain** et Omer **Cadet** sont nommés membres du Comité d'inspection et d'achat de livres de la Bibliothèque de Saint-Omer.

17 JUILLET

Inauguration à Notre-Dame, sous la présidence de Mgr Dennel, du monument élevé à la mémoire de feu M. **Duriez,** grand-doyen.

Ce monument se trouve près de la porte de la sacristie D'une exécution de bon goût et très artistique, ce marbre fait honneur à notre concitoyen, M. Louis **Noël,** son auteur.

18 JUILLET

Une messe pontificale est célébrée à Notre-Dame par Mgr l'évêque d'Arras. Les chants sont exécutés par les élèves du pensionnat Saint-Joseph dont la musique prête également son concours à cette solennité.

×

Un **Concert** est donné à quatre heures sur la place de la Ghière, au Haut-Pont, par la fanfare du 21° dragons. Voici la liste des morceaux exécutés :

1° *L'Engagé volontaire,* pas redoublé (Boisson).

2° *Le petit Val,* fantaisie (Couthier).

3° *Jules César,* quadrille (Marie).

4° Fantaisie brillante (X...)

5° *Souvenir du Val d'Andorre* (Bouthel).
6° *L'Amour à cheval,* galop (Bléger).

A partir de six heures, les jeunes gens du faubourg exécutent sur le canal de l'Aa une noce flamande au moyen âge et une course aux canards.

× —

Un **Concert** inespéré est donné sur la Grande-Place par la musique de l'Ecole d'artillerie de Douai, de passage à Saint-Omer.

19 JUILLET

A cinq heures et demie, **Concert** par la musique communale sur la place du Gaspel au Haut-Pont.

A sept heures, sur le canal de l'Aa, a lieu une grande lutte norwégienne.

21 JUILLET

Saint-Martin-au-Laert. — Une importante **Foire** aux chevaux a lieu dans cette commune ; plus de sept cents de ces animaux y avaient été amenés, mais les transactions sont difficiles et le résultat de la foire est médiocre.

22 JUILLET

La réunion annuelle de la Société de gymnastique et d'armes a lieu au gymnase municipal de la rue des Ecoles. L'ordre du jour comporte la reddition des comptes de l'année 1885-1886 et le renouvellement de la commission administrative par voie de suffrages. Voici le résultat de cette élection :

Président : M. Brillaud.
Vice-président : M. Félix Fleury.

Secrétaire : M. C. Delpierre, avocat.

Secrétaire-adjoint : M. Corbisier.

Trésorier : M. Bateman, Emile.

Trésorier adjoint : M. Paul Fleury.

Commissaires : MM. Duwyquet, Hamez, Duchâteau, Guettard et Dernis.

Chef de gymnastique : M. David.

Sous-chef : M. Taruselly.

Professeur d'escrime : M. Hennebains.

Chef de matériel : M. Mesmacque.

25 JUILLET

Inauguration dans l'église du Saint-Sépulcre du Chemin de la Croix représenté sur les magnifiques verrières des nefs latérales.

×

Un grand carrousel a lieu sur la place de la Ghière.

×

Dans l'après-midi a lieu l'inauguration du monument élevé par souscription publique à la mémoire du sénateur **Devaux**.

A trois heures, le cortège se mettait en marche dans l'ordre indiqué : en tête, derrière les tambours et clairons des sapeurs-pompiers, on remarquait les commissaires du cortège, la Commission de l'Association des anciens élèves du Lycée, suivie d'une nombreuse députation d'élèves, dans une tenue excellente ; enfin les diverses Sociétés de la ville, celles du Sou des écoles laïques et de Gymnastique, et les enfants des écoles laïques ; toutes ces délégations étaient précédées de magnifiques couronnes. Venaient ensuite : la musique communale qui exécute avec un ensemble re-

marquable plusieurs morceaux ; M. le Maire et les
adjoints, le préfet du Pas-de-Calais, le sous-préfet de
Saint-Omer, MM. Demiautte et Huguet, sénateurs,
M. Ribot, MM. Boucher-Cadart, Jonnart, Déprez et
Beaucourt, représentant le Conseil général, MM. Her-
mant-Bouquillon, Mahieu et Faucquette représentant
le Conseil d'arrondissement, la plus grande partie du
Conseil municipal. Puis venaient les fonctionnaires :
MM. les membres du Tribunal et du Parquet accompagnés du président, les inspecteurs primaires,
l'administration des finances, la Chambre de commerce, etc.

Vers quatre heures on arrivait devant le monument
que recouvre un drapeau tricolore qui tombe bientôt
pendant que la musique communale exécute l'hymne
national. Puis viennent les discours. M. Ringot commence et retrace la brillante carrière de M. Devaux.
Le préfet du Pas-de-Calais prononce quelques mots et
cède la parole à M. Huguet. MM Boucher-Cadart et
Ribot lui succèdent et terminent la cérémonie.

Le monument inauguré fait le plus grand honneur
à son auteur M. Louis Noël.

26 JUILLET

Pour terminer la kermesse du Haut-Pont, des courses aux tonneaux sont offertes à cinq heures sur la
place de la Ghière.

✕

Par arrêté en date de ce jour, M. **Gérard,** receveur
des postes à Rambervillers (Vosges), est nommé en la
même qualité à Aire-sur-la-Lys, en remplacement de
M. **Boulart,** appelé à Lens (Pas-de-Calais).

8

31 JUILLET

La **Société** des pêcheurs de **Saint-Omer** se réunit en assemblée générale à l'Hôtel des Sapeurs-Pompiers, pour sa réunion annuelle. L'ordre du jour comprend la reddition des comptes 1885-1886 et l'encaissement des cotisations pour la même période.

✕

La distribution des prix est faite aux élèves du collège de jeunes filles, dans la Salle des Concerts, à quatre heures du soir, sous la présidence de M. **Ridoux,** inspecteur. Deux discours ont été prononcés : l'un par M. **Blum,** professeur de philosophie au Lycée qui a lu le discours de M. de Lauwereyns, directeur du collège retenu à Lille, et l'autre par M. l'inspecteur d'Académie **Ridoux.**

MOIS D'AOUT

1er AOUT

M. Georges **Hurel** obtient le premier prix de haut-bois au Conservatoire de Paris.

✕

Il est procédé dans l'arrondissement à diverses élections, savoir : à la nomination d'un conseiller général dans le canton d'Ardres, dans le canton d'Audruicq et dans le canton de Fauquembergues ; à la nomination de deux conseillers d'arrondissement dans chacun des deux cantons de Saint-Omer ; d'un conseiller d'arrondissement dans le canton d'Ardres et dans le canton de Lumbres. Voici le résultat de ces divers scrutins :

Conseil Général

CANTON D'ARDRES

	M. Brémart
Ardres.	315
Audrehem	108
Autingues	70
Balinghem.	118
Bayenghem-lez-Eperlecques	118
Bonningues	100
Brêmes	166
Crecques.	61
A reporter	1056

Report	1056
Eperlecques	416
Guémy	12
Journy	46
Landrethun	112
Louches	187
Mentque-Nortbécourt	121
Muncq-Nieurlet	97
Nielles-lez-Ardres	74
Nordausques	107
Nortleulinghem	51
Rebergues	40
Recques	74
Rodelinghem	60
Tournehem	213
Zouafques	99
Totaux	2765

Elu : M. Brémart.

CANTON DE FAUQUEMBERGUES

	M. Jonnart.
Audincthun	141
Avroult	
Beaumetz-lez-Aire	85
Bomy	162
Coyecques	156
Dennebrœucq	63
Enguinegatte	108
Enquin	197
Erny-Saint-Julien	76
Fauquembergues	129
Febvin-Palfart	167
Fléchin	158
Laires	
Merck-Saint-Liévin	138
Reclinghem	75
Renty	118
Saint-Martin-d'Hardinghem	
Thiembronne	199
Totaux	

Elu : M. C. Jonnart, sans concurrent.

CANTON D'AUDRUICQ

	M. Casamajor-d'Artois.	M. Bouret.
Audruicq	71	507
Guemps	91	73
Nortkerque.	148	98
Nouvelle-Eglise.	10	57
Offekerque.	37	63
Oye	119	143
Polincove	71	26
Ruminghem	79	136
Sainte-Marie-Kerque	67	203
Saint-Folquin.	63	200
Saint-Omer-Capelle.	34	81
Vieille-Eglise.	89	102
Zutkerque	53	133
Totaux.	932	2020

Elu : M. BOURET.

Conseil d'Arrondissement

CANTON NORD DE SAINT-OMER

COMMUNES	M. Degrave	M. Derosiaux	M. Ringot	M. Pierret
Saint-Omer (Ville).	472	475	821	788
id. (Haut-Pont) . . .	56	58	161	162
Clairmarais.	27	26	47	46
Houlle.	107	102	30	26
Moringhem	99	98	32	31
Moulle.	210	191	56	44
Saint-Martin-au-Laërt. . . .	114	115	109	105
Salperwick.	51	51	44	41
Serques	123	125	77	73
Tilques	154	146	113	106
TOTAUX . . .	1413	1387	1490	1421

Elu : M. RINGOT.

Ballottage entre M. PIERRET et DEGRAVE.

Canton sud de Saint-Omer

COMMUNES	M. Hermant	M. Platiau
Saint-Omer (Ville)	709	666
id. (Lyzel)	203	198
Arques	600	574
Blendecques	316	365
Campagne-lez-Wardrecques	94	93
Helfaut	150	119
Longuenesse	163	155
Tatinghem	100	71
Wizernes	358	222
Totaux	2693	2403

Elus : MM. Hermant et Platiau, sans concurrents.

Canton d'Aire

COMMUNES	M. Warenghem	M. Pauchet
Aire	807	541
Clarques	58	28
Ecques	141	139
Herbelles	67	33
Heuringhem	38	76
Inghem	43	30
Mametz	139	134
Quiestède	64	26
Racquinghem	131	33
Rebecq	77	16
Roquetoire	199	55
Thérouanne	84	135
Wardrecques	31	74
Wittes	40	68
Totaux	1919	1388

Elu : M. Warenghem.

CANTON DE LUMBRES

COMMUNES	M.Lemoine
Acquin	108
Affringues	20
Alquines	117
Bayenghem-lez-Seninghem	66
Bléquin	93
Boisdinghem	48
Bouvelinghem	43
Cléty	73
Coulomby	77
Delettes	106
Dohem	117
Elnes	72
Escœuilles	67
Esquerdes	160
Hallines	190
Haut-Loquin	41
Ledinghem	66
Leulingh m	63
Lumbres	166
Nielles-lez Bléquin	140
Ouve-Wirquin	69
Pihem	124
Quelmes	62
Quercamps	43
Remilly	69
Seninghem	83
Setques	43
Surques	47
Vaudringhem	86
Wavrans	203
Westbécourt	24
Wismes	73
Wisques	26
Zudausques	76
TOTAUX	2861

Elu : M. LEMOINE.

2 AOUT

La distribution des prix de l'institution Saint-Bertin est faite solennellement, à dix heures du matin, dans la Salle des Concerts, sous la présidence de M. le chanoine **Doublet,** doyen du Saint-Sépulcre, qui prononce le discours d'usage.

Les prix d'honneur offerts par la société des Anciens Elèves sont décernés : en philosophie, à MM. G. Lengaigne et V. Blin ; en rhétorique, à MM. A. Hermary et C. Longain.

3 AOUT

Aujourd'hui a lieu la distribution des prix aux élèves du Lycée sous la présidence de M. **Ringot,** maire de Saint-Omer. Les discours d'usage sont prononcés par M. Saint-Cyr, professeur de sciences, qui a choisi pour sujet « La concurrence vitale » et par M. Ringot.

Parmi les lauréats, on remarque M. Paul Fleury, de Saint-Omer, qui a obtenu le cinquième accessit de Dissertation française au Concours général, le prix d'excellence de philosophie et le prix d'honneur offert par la ville de Saint-Omer. — Les prix d'honneur offerts par la société des Anciens Elèves sont obtenus : en classe de mathématiques élémentaires, par M. Fourrier, Aimé, de Boulogne ; en rhétorique, par M. Bléry, Henri, de Paris ; en troisième année d'enseignement spécial, par M. Plat, Edmond. — Les prix offerts par la société de Géographie sont obtenus par M. Tillier, Julien, de Gravelines, élève de la classe de mathématiques préparatoires, et par M. Bléry, Emile, de la classe de rhétorique.

4 AOUT

A dix heures du matin a lieu la distribution solennelle des prix aux élèves du pensionnat Saint Joseph. Cette distribution est précédée d'un petit concert et d'une pièce intitulée : *Les deux frères Durand* ou *les Français au Tonkin*.

Le prix fondé par l'association des Anciens Elèves a été décerné *ex æquo* à MM. H. Deleporte et E. Forceville.

×

Séance du Conseil municipal de Saint-Omer. Etaient absents : MM. Fauvel Devaux, Cadet, Lambert, Lormier, Houzet, Guilbert, Hochart et Berteloot.

1 Le Conseil désigne pour être adjoints à la commission chargée de la formation de la liste du jury :

Pour le canton nord : MM. Fiévé et Thibaut.

Pour le canton sud : MM. Chifflart et Bret.

2° Le Conseil dispense l'Administration de la purge des hypothèques légales pouvant grever des terrains incorporés à la voie publique en vertu du plan d'alignement.

3° Le Conseil approuve le cahier des charges dressé pour la mise en adjudication de la fourniture des charbons nécessaires au chauffage des établissements communaux en 1886-1887.

4° Le Conseil maintient sa précédente délibération relative aux modifications du règlement de l'octroi.

5° Le Conseil accorde au maire l'autorisation de provoquer la démolition des deux pilastres du pont-levis de la porte d'Arras.

6° Le Conseil émet le vœu que M. le Maire fasse des

démarches officieuses pour obtenir la démolition des deux têtes de mur qui gênent l'accès de la porte de Calais.

7° Le Conseil vote un crédit de 3500 francs à prendre moitié sur l'exercice 1886, moitié sur l'exercice 1887, pour la construction d'un garde-fou dans la rue des Faiseurs-de-Bateaux et autorise le Maire à traiter par voie de soumission privée.

6 AOUT

Par décision épiscopale, M. Hubert **Biausse**, curé de Remilly-Wirquin est nommé curé à Hamblain ; M. Paul **Parenty**, vicaire de St-Vincent de Paul à Boulogne est nommé curé à Remilly-Wirquin.

8 AOUT

La Compagnie des Sapeurs-Pompiers se rend dans l'après-midi au Stand militaire dans les fortifications pour y exécuter un tir à la cible ordinaire et un tir à la cible chinoise en vue de la fête d'Aire.

×

Ouverture de l'exposition de dessin de l'Ecole des Beaux-Arts, au premier étage de la Salle des Concerts.

×

Il est procédé à un second tour de scrutin dans le canton nord de Saint-Omer pour la nomination d'un membre du Conseil d'Arrondissement. Voici le résultat de l'élection :

COMMUNES	Inscrits	Votants	M. Pierret	M. Degrave
Saint-Omer (Ville)	1882	1257	810	435
id. (Haut-Pont) . . .	356	219	187	31
Clairmarais	103	76	51	24
Houlle.	175	139	21	117
Moringhem	155	125	27	98
Moulle.	406	256	36	220
Saint-Martin-au-Laërt. . . .	313	208	124	83
Salperwick.	120	97	53	44
Serques	289	226	68	153
Tilques	312	250	119	129
Totaux . . .	4111	2853	1496	1334

M. Pierret est élu avec 162 voix de majorité.

9 AOUT

A deux heures après-midi a lieu dans la Salle des Concerts la distribution des prix aux élèves de l'Ecole des beaux-arts (dessin et architecture) et aux élèves de l'Ecole nationale de musique, sous la présidence de M. Pruvost. Le concert donné par les élèves des cours de musique se compose des morceaux suivants :

1° Quatuor à cordes : Duval Henri, Cordier Louis, Huret Gustave, Bourgois Fernand. (Haydn.)

2° Romance *Sur la rive étrangère,* arrangée pour cor : Desjardins Louis. (Sommerock).

3° 5me air varié sur *les Puritains* pour violon : Naninck Paul. (C. Dancla.)

4° Variations pour flûte sur un thème favori de Rossini :
Colliez Edgard. (Bœhm.)

5° Duo sur *Lucie de Lamermoor,* pour alto-violon et violoncelle : Huret Gustave, Didier Jules. (Batta.)

6° Air varié pour trombone. Verroust Ernest. (Randa.)

7° 2ᵐᵉ air varié sur *la Stranira,* pour violon : Cordier Louis.
(C. Dancla.)

8° 6ᵐᵉ air varié pour clarinette : Bayart Gustave. (Beer).

9° *Valse de Concert* pour hautbois : Bleuzet Louis. (S. Verroust).

10° Fantaisie sur *la Favorite,* pour violoncelle : Bourgois,
Fernand. (Petit.)

11° Caprice et variations pour cornet à piston : Cléty Louis.
(Arban.)

12° Variations brillantes pour flûte : Hénion, Gaston.
(Bœhm).

13° 7ᵐᵉ concerto pour violon : Duval Henri. (Rode.)

14° 9ᵐᵉ solo pour flûte : Verroust Jules. (Altes.)

15° 24ᵐᵉ concerto pour violon : Bouche Jules (Viotti.)

16° 7ᵐᵉ solo pour hautbois : Hurel Georges. (C. Colin).

17° *Une Fête chinoise,* chœur avec orchestre (Wekerlin.)

Le prix d'honneur offert, pour les classes de musique, par le Ministre des beaux-arts, est décerné à
M. Victor Verroust ; les prix de la Société des orphéonistes sont décernés : pour la classe d'instruments, à
M. Louis Bleuzet ; pour le premier cours de solfège,
à M. Louis Cordier ; pour le deuxième cours de sol-
fége, à M. Fernand Magniez.

Pour les classes de dessin, le prix d'honneur du
Ministre est obtenu par M. Gody, François.

✕

Par décision épiscopale, M. l'abbé **Joubert,** professeur au Petit Séminaire, est nommé curé de Zudausques.

✕

La musique communale offre une sérénade sous les fenêtres de l'Hôtel-de-Ville à MM. **Ringot, Pierret** et **Hermant-Bouquillion,** à l'occasion de leur élection au Conseil d'arrondissement.

✕

M. **Streiff,** proviseur au Lycée de Saint-Omer, est nommé proviseur au Lycée de Mont-de-Marsan ; M. **Dreuilhe,** proviseur du Lycée de Tarbes, vient le remplacer à Saint-Omer.

✕

De nouveaux cas de rage ayant été signalés chez la **race** canine, M. le Maire de Saint-Omer prend le nouvel arrêté suivant :

Nous, maire de la ville de Saint-Omer.

Vu :

L'article 10 de la loi du 21 juillet 1881 sur la police sanitaire des animaux et notamment la rage, dans toutes les espèces.

Les articles 51 et 52 du décret du 22 juin 1882 qui règle la matière ;

Et l'article 94 de la loi du 5 avril 1884.

Considérant qu'un chien abattu présumé atteint d'hydrophobie, a été, après l'autopsie, reconnu comme présentant tous les symptômes de cette maladie et qu'avant d'être abattu il a mordu plusieurs autres chiens.

Qu'il y a, dès lors, urgence de prescrire à nouveau les mesures précédemment prises, afin de prémunir nos conci-

9

toyens contre le danger pouvant résulter de la morsure des chiens atteints d'hydrophobie.

ARRÊTONS :

Art. 1er. — La circulation des chiens sur la voie publique est de nouveau interdite pendant six semaines, à partir de la publication du présent arrêté, à moins qu'ils ne soient tenus en laisse et munis d'un collier portant le nom et demeure des propriétaires.

Art. 2. — Tout chien trouvé errant sur la voie publique sera immédiatement saisi et mis en fourrière.

Art. 3. — Les chiens qui n'auront pas de collier et dont le propriétaire est inconnu, seront abattus sans délai.

Ceux qui portent le collier réglementaire et les chiens sans collier, dont le propriétaire est connu, seront abattus s'ils ne sont pas réclamés avant l'expiration d'un délai de trois jours francs. Ce délai est porté à cinq jours francs pour les chiens courants avec collier ou portant la marque de leurs maîtres.

En cas de remise au propriétaire, ce dernier sera tenu d'acquitter les frais de conduite, de nourriture et de garde fixés par nous à deux francs par jour et par chaque chien.

Art. 4. — Tout chien trouvé sur la voie publique et soupçonné atteint de rage sera abattu sur le champ et enfoui.

Art. 5. — Dans le cas où un animal aurait été mordu par un chien soupçonné atteint de la rage, il sera également abattu et enfoui s'il est trouvé errant sur la voie publique.

Art. 6. — M. le commissaire de police est chargé d'assurer l'exécution du présent arrêté.

Fait à l'Hôtel-de-Ville, le 9 août 1886.

Le maire de Saint-Omer,
Signé : F. RINGOT.

11 AOÛT

À deux heures de l'après-midi a lieu, dans l'intérieur de l'établissement, la distribution des prix aux élèves de l'école Notre-Dame, sous la présidence de M. le grand-doyen, qui a adressé aux enfants une petite allocution.

12 AOUT

La distribution solennelle des prix est faite aux élèves des écoles catholiques libres de garçons des paroisses Saint-Sépulcre, Saint-Denis et du Haut-Pont, dans la grande salle du pensionnat Saint-Joseph, à deux heures de l'après-midi, sous la présidence de M. le chanoine **Doublet.** C'est M. le curé de Saint-Denis qui a fait aux élèves le discours d'usage. Des livrets de caisse d'épargne, représentant une somme totale de 300 francs, sont distribués au nom de l'œuvre du Denier des Ecoles catholiques.

×

Séance du Conseil d'Arrondissement.

Sont présents :
MM. Hermant-Bouquillion, négociant à Saint-Omer ; Lemoine, maire d'Hallines ; Platiau, Félix, maire de Longuenesse ; Fasquel, maire de Zouafques ; Ringot, maire de Saint-Omer ; Pierret, négociant à St Omer ; Warenghem, maire d'Aire ; Lambert, adjoint à Saint-Folquin.

Absent : M. Ogier.

La séance s'ouvre sous la présidence de M. Hermant-Bouquillion, doyen d'âge. M. le Sous-Préfet ayant donné lecture du décret de M. le Président de la Ré-

publique, en date du 30 juillet 1886, portant convoca-
tion des Conseils d'arrondissement, il est procédé à la
constitution du bureau.

L'ancien bureau est maintenu à l'unanimité ainsi
qu'il suit :

Président : M. Hermant-Bouquillion.

Secrétaire : M. Lemoine.

Après quoi, M. le Sous-Préfet ayant déposé sur le
bureau des dossiers et documents qui doivent être
soumis à l'examen du Conseil, donne lecture de son
rapport sur la situation des services administratifs
de l'arrondissement. Ce rapport entendu, le Conseil
entre en délibération, dans l'ordre qui suit, sur les
différentes questions qui lui sont présentées :

Assistance médicale. — Sur l'avis du Conseil d'hygiène, le
Conseil renouvelle le vœu qu'il soit alloué une indemnité de
1.100 francs pour être répartie entre les dix-sept médecins
proposés par le Conseil d'hygiène.

Bureaux de bienfaisance. — Le Conseil émet le vœu que les
secours sollicités par les Bureaux de bienfaisance désignés
ci-après, soient accordés sur les fonds de l'Etat, dans les
proportions suivantes :

Vaudringhem, 50 francs ; Febvin-Palfart, 100 francs; Longuenesse, 150 francs ; Saint-Martin-au-Laërt, 100 francs ;
Saint-Martin-d'Hardinghem, 100 francs ; Rebergues, 60 fr. ;
Seninghem, 100 francs ; Coyecques, 350 francs, et Delettes,
400 francs (grelés) ; Zouafques, 100 francs ; Nielles-lez-Bléquin, 60 francs ; Salperwick, 100 francs ; Zutkerque, 150 fr.;
Audrehem, 100 francs ; Wismes, 100 francs ; Blendecques, 150 francs ; Bonningues-lez-Ardres, 100 francs ; Ledinghem, 75 francs ; Racquinghem, 60 francs ; Journy,

80 francs ; Ouve-Wirquin, 100 francs ; Fléchin, 200 francs.

Société de charité maternelle. — Le Conseil, en considéra-
tion des services rendus par cette Société, émet le vœu que
les allocations qui lui ont été accordées les années précédentes soient maintenues.

Société de patronage après libération. — Le Conseil renouvelle sa proposition de subvention pour la Société de patronage des jeunes détenus libérés.

Il insiste sur sa demande en vue de l'isolement dans des
maisons spéciales des condamnés âgés de moins de
13 ans.

Contributions directes. — Le Conseil, en présence de la gêne
extrême qui résulte pour le commerce en général du refus
d'acceptation dans les caisses de l'Etat et de la Banque de
France des monnaies d'argent françaises et étrangères, dont
le cours légal a été supprimé, émet le vœu qu'un nouveau
délai soit accordé pour le retrait de ces monnaies.

Enregistrement et domaines. — Le Conseil renouvelle le vœu
que, dans l'intérêt de la défense du pays et de ses finances,
l'ancien camp sur le plateau d'Helfaut ne soit pas aliéné,
mais qu'il soit mis en valeur par l'Etat, soit au moyen de
boisements, soit aussi par des concessions temporaires pour
l'exploitation de carrières, de cailloux et de graviers.

AGRICULTURE. — *Comice agricole de Fauquembergues.* — Le
Conseil renouvelle son vœu tendant à ce que des subven-
tions aussi importantes que possible soient accordées au
Comice agricole de Fauquembergues.

Droits sur les céréales. — Le Conseil, approuvant en toute
sa teneur la délibération prise par le Conseil général, dans
sa séance du 6 mai dernier, concernant les droits de douane
à établir sur les céréales pour sauvegarder les intérêts de

l'agriculture, s'associe, à l'unanimité, au vœu émis par cette assemblée.

Réservistes. — Le Conseil émet le vœu que l'appel des vingt-huit jours soit retardé à cause de la situation des récoltes.

Il émet également le vœu que les permissions pour la moisson soient accordées dans la plus large mesure possible.

Fournitures militaires. — Le Conseil exprime sa satisfaction de la détermination prise par le département de la guerre de diviser l'entreprise des fournitures militaires pour vivres tant pour hommes que pour chevaux, et verrait avec plaisir que la préférence, dans les marchés, fût donnée aux produits français.

Chasse. — Le Conseil émet le vœu que la chasse ne soit pas ouverte avant le 5 septembre.

Courses de Saint-Omer. — Le Conseil émet un vœu pour que la Société des courses de Saint-Omer obtienne une subvention égale à celle accordée l'année précédente.

Société d'Agriculture. — Le Conseil, appréciant les services considérables que rend la Société d'agriculture de St-Omer, émet le vœu qu'il soit alloué à cette Société des subventions au moins aussi importantes que celles qui lui ont été accordées les années précédentes.

Haras. — Le Conseil appelle l'attention du Conseil général sur l'utilité du rétablissement d'un haras à Saint-Omer.

Transport des animaux. — Le Conseil renouvelle le vœu qu'une surveillance soit exercée dans les gares de chemin de fer à l'effet d'assurer la désinfection des wagons servant au transport des bestiaux, notamment par le badigeonnage à la chaux.

Tabacs. — Le Conseil désigne M. Ringot pour faire partie de la commission chargée de délivrer les permis de culture du tabac pour la prochaine campagne, et émet le vœu que cette culture soit favorisée dans la plus large mesure afin d'avoir le moins possible recours aux tabacs étrangers.

Abaissement du niveau des eaux. — Sur la proposition de plusieurs de ses membres, le Conseil émet le vœu que le niveau des eaux du Marais soit tenu à une hauteur suffisante pour que tout en ne gênant pas la navigation, elle ne puisse pas nuire aux récoltes des terres avoisinantes, soit par suite d'orages, soit par suite d'inondations causées par des crues subites, et verrait avec plaisir, en raison des travaux d'amélioration qui ont été faits dans le canal, le niveau de la cote officielle des eaux baissée de 0m05.

CHEMIN DE FER. — *Billets d'aller et retour.* — Le Conseil renouvelle son vœu en vue de la délivrance de billets d'aller et retour de gare à gare.

Halte de Blendecques. — Le Conseil émet le vœu que tous les trains s'arrêtent aux haltes de Blendecques et d'Esquerdes.

Halte de Ruminghem. — Le Conseil émet un vœu pour qu'une halte soit créée sur la ligne de Calais à Saint-Omer, sur le territoire de Ruminghem.

Ligne d'Anvin à Calais. — Le Conseil émet un vœu pour que la Compagnie prenne les mesures nécessaires afin d'éviter les accidents aux passages à niveau.

ROUTES ET CHEMINS. — *Contingents communaux.* — Le Conseil, conformément à l'article 7 de la loi du 10 août 1871, appuie par un vœu favorable les propositions présentées par le service vicinal, pour la fixation du contingent annuel des communes qui doivent concourir à l'entretien des chemins de grande communication.

Le Conseil donne un avis défavorable à la demande de la commune de Nordausques relative à la réduction des contingents communaux.

Route nationale n° 43. — Le Conseil apprend avec satisfaction qu'il va être procédé à l'amélioration de cette route, à la sortie de Saint Omer, du côté de la porte de Calais, et verrait avec plaisir que ces travaux fussent exécutés dans le plus bref délai possible.

Route nationale n° 43 et chemin de grande communication n° 200. — Le Conseil émet le vœu qu'un crédit soit alloué le plus tôt possible pour l'exécution des travaux d'amélioration entre la traverse d'Arques et le Fort de Grâce. Il émet également un vœu pour le convertissement en empierrement de la chaussée pavée de la route nationale n° 43, de la Belle-Croix au chemin de grande communication n° 200.

Chemins de grande communication. — Conformément à l'article 46 § 7 de la loi du 10 août 1871, le Conseil émet un avis favorable au classement dans la grande vicinalité des chemins ci-après :

Chemin vicinal ordinaire n° 1 de la commune d'Aire.

Chemin vicinal ordinaire n° 13 dit : rue Meaux, également de la commune d'Aire.

Chemin vicinal ordinaire n° 1 dit : chemin de Garlinghem, de la commune de Witte.

Prestations. — Le Conseil émet le vœu que le taux des journées de prestations reste fixé comme précédemment.

Canaux. — *Canal de Neuffossé.* — Le Conseil, prend communication d'une délibération par laquelle le Conseil municipal de la commune d'Arques réclame contre la suppression du passage établi jusqu'ici par les passerelles des écluses des Fontinettes, entre les deux rives du canal de

Neuffossé. Cette suppression, d'après les réclamants, aurait lieu par suite de la construction de l'ascenseur.

Le Conseil, reconnaissant la grande utilité du passage dont il s'agit, insiste vivement pour qu'il soit fait droit à la réclamation des habitants d'Arques.

×

Le 8ᵉ de ligne célèbre sa fête annuelle destinée à perpétuer le souvenir glorieux de Solférino. Cette fête est donnée sur l'Esplanade parfaitement décorée pour la circonstance et nos troupiers se livrent à différents exercices dont voici le programme :

1ʳᵉ *partie*. — 1° Musique. Ouverture (Ariane) ; 2° gymnastique d'ensemble ; 3° courses de vélocité ; 4° boxe ; 5° lutte générale de traction ; 6° bâton ; 7° course en sac.

2ᵉ *partie*. — 1° Musique (Africaine) ; 2° gymnase appliqué ; 3° jeu du baquet ; 4° assaut d'escrime (8ᵉ de ligne et dragons) ; 5° jeu de l'aveugle ; 6° mât de cocagne ; 7° course en tenue de campagne ; 8° musique (Rondo) ; 9° distribution des prix.

Le soir une retraite en musique et aux flambeaux parcourt les différentes rues de la ville.

×

Par décision épiscopale, M. **Lourdault**, vicaire de St-François de Sales à Boulogne, est nommé curé à Arques ; M. **Monsterlet**, vicaire de Notre-Dame à St-Omer, est nommé curé à St-Hilaire Cottes ; M. **Deligne**, professeur à l'Ecole libre de Notre-Dame de Boulogne, est nommé vicaire de Notre-Dame à St-Omer et M. **Delvoye**, professeur à l'institution St-Joseph à Arras, est nommé vicaire à Arques.

13 AOUT

A trois heures et demie de l'après-midi a lieu, dans la chapelle du Lycée, la distribution des prix aux écoles communales de garçons, sous la présidence de M. **Vasseur,** premier adjoint.

14 AOUT

La distribution des prix aux écoles communales de filles a lieu à trois heures et demie, dans la Salle des Concerts, sous la présidence de M. **Goffres,** sous-préfet de Saint-Omer. Différents exercices dont voici le programme précèdent cette distribution :

1° *France, ma patrie,* chœur, ouverture (Müller).

2° *Prix de santé,* historiette chantée (F. Boissière).

3° *La poupée,* poésie enfantine et patriotique (F. Coppée).

4° *La table de multiplication,* scène amusante (Meckelaere).

5° *Les bijoux de la délivrance,* poésie patriotique (X...)

6° *Billets de loterie,* chansonnette (L. Durbec).

7° *Vivent les vacances !* chœur (Ch. Picard).

×

AIRE. — L'ancien Bailliage est, par arrêté ministériel, classé parmi les monuments historiques.

15 AOUT

Une fête est donnée dans le jardin de la Gaîté par la Musique communale à ses membres honoraires. Le concert dont nous transcrivons le programme, est suivi d'un **Bal** à grand orchestre :

PREMIÈRE PARTIE

1° Fantaisie sur *l'Ombre,* par la Musique communale (Flotow).

2° Variations brillantes pour flûte, exécutées par M. Hénion (Bœhm).

3° *La cinquantaine,* quatuor à cordes (L. Petit).

4° Thème varié pour trombone sur la grande sonate de Beethoven, exécuté par M. Arias (Delisse).

DEUXIÈME PARTIE

1° Fantaisie sur *Rigoletto,* par la Musique communale (Verdi).

2° 5° air varié de clarinette, exécuté par M. Sorrel (Beer).

3° Barcarole et sérénade de mandoline, quatuor à cordes (L. Petit).

4° Grande fantaisie sur *Galathée,* pour violoncelle, exécuté par M. Petit (V. Massé).

✕

La Société de gymnastique l'**Union,** se rend à Volckerinckove (Nord), où elle donne une fête au profit des écoles de cette commune.

✕

Une grande fête nautique organisée avec le concours de l'Administration municipale, est donnée à l'Ile Sainte-Marie et du Congrès de Géographie près de la Grande Meer. Cette fête comporte des courses en bateaux du pays et une course-carrousel avec obstacles en périssoires.

✕

BLENDECQUES. — Une recette simple des postes de 4e classe est créée par décision ministérielle dans la commune de Blendecques.

20 AOUT

Les assassins de Blendecques comparaissent aujourd'hui devant le conseil de guerre de Lille.

Dès midi, la foule se pressait dans la petite salle et bon nombre de spectateurs qui n'avaient pu y trouver place se tenaient au dehors près des fenêtres ouvertes. A signaler plusieurs dames, dont quelques-unes en grande toilette.

A une heure moins le quart, les membres du conseil de guerre font leur entrée. Ils prennent place, sous la présidence de M. le lieutenant-colonel de gendarmerie.

Sur la table, sont étalées les pièces à conviction : les sabres-baïonnettes qui ont servi au crime, les effets militaires que portaient les deux assassins, les mouchoirs ensanglantés avec lesquels ils ont essuyé leurs armes. puis la casquette de la victime et son porte-monnaie.

On introduit les accusés.

Grare, sur lequel pèsent les plus lourdes charges, est un homme de vingt-quatre ans, petit, la figure pâle et maigre, le nez long et pointu, les mâchoires proéminentes. Il a, comme on dit vulgairement, une vilaine tête, et nous ne pourrions mieux la comparer qu'à celle d'une fouine.

Son complice Pétiau est âgé de vingt-trois ans ; son aspect est insignifiant, mais n'a rien de repoussant comme celui de Grare. Le malheureux est marié et père de famille.

Lecture est donnée par le greffier de l'acte d'accusation, qui ne comprend pas moins de trente pages. Elle dure une demi-heure.

Après la lecture de l'acte d'accusation, on fait sortir Pétiau et le président interroge Grare.

L'accusé reconnaît tous les faits qui lui sont reprochés. Il ne nie rien. C'est lui qui a conçu l'idée du meurtre ; c'est lui qui a frappé le premier coup, qui a dépouillé la victime, qui l'a traînée dans la sablière, tout en continuant à la frapper pour l'achever.

— Mais, lui dit M. le président, qu'est-ce qui a donc pu vous pousser à assassiner ainsi pour six francs un jeune homme sans défense ?

— Je ne sais, répond Grare. J'avais bu ; j'étais excité, et puis, Leleu m'a bousculé. J'ai vu trouble.

Cependant l'instruction a prouvé que Grare n'était pas ivre. Il avait bu, sans doute, mais il avait encore conscience de ses actes. C'est donc le vol qui était le mobile du crime.

— J'affirme, dit Grare en terminant, que Pétiau n'est pas coupable. C'est moi qui ai tout fait. Pétiau, en me voyant frapper, m'a crié : « Que fais-tu, malheureux ? » Je lui ai répondu : « Va-t-en, cela ne te regarde pas. » Et il s'est enfui.

On emmène Grare et l'on procède à l'interrogatoire de Pétiau.

Celui-ci fait une déposition semblable à celle de Grare. Il prétend qu'il n'a pas pris part au meurtre et que, troublé, terrifié par son camarade qui le menaçait de lui faire subir le même sort qu'à Leleu, il s'est enfui dans un champ de blé, voisin de la scène du crime.

Donc, à quelques mètres de lui, on assassinait un homme, et lui, qui était armé, n'a pas fait un pas pour le défendre. Il a tout regardé froidement. Il avait peur.

— Vous êtes un lâche, lui dit M. le président. Vous

n'êtes pas digne de porter l'uniforme de soldat français. Votre conduite a été indigne.

L'instruction a démontré que Pétiau, sur les six francs volés à la victime, avait reçu deux francs. L'accusé prétend qu'il les a pris parce que Grare l'y forçait, mais qu'il a jeté cet argent dans le champ de blé. Du reste on ne l'y a pas retrouvé. Mais lorsqu'on a fait une perquisition dans les effets des accusés, on a retrouvé 0,50 centimes cachés dans la paillasse de Pétiau. C'est peu de chose, il est vrai ; mais il est à considérer que Pétiau ne recevait pas d'argent de chez lui et qu'il n'avait jamais le sou.

Quelle est la provenance de cette somme ? C'est ce que l'accusé ne peut dire. Il se borne à affirmer que ce n'est pas lui qui a caché cet argent dans sa paillasse et que c'est peut être Grare qui l'a fait tout d'abord pour atténuer les charges qui pesaient sur lui-même.

Après l'interrogatoire de Pétiau, on fait rentrer Grare et M. le président lui fait connaître la déposition de son camarade. Grare n'ajoute rien à ce qu'il a dit précédemment et affirme de nouveau que Pétiau est innocent.

On procède ensuite à l'audition des témoins.

M. le docteur Bachelet, qui a donné ses soins à la victime, déclare que celle-ci a reçu au crâne un grand nombre de blessures. Celles du côté gauche semblent avoir été faites à l'aide d'un instrument contondant et celles du côté droit avec un instrument pointu. Le crâne a été perforé et, en plusieurs endroits, la cervelle faisait hernie.

L'assassin était-il seul pour frapper ? La nature des

blessures ne permet guère de le supposer, attendu que les blessures ont été faites, celles de gauche, avec le pommeau du sabre-baïonnette, les autres avec la pointe. Or, Grare se tenait, suivant l'instruction, à la gauche de Leleu, et Pétiau à sa droite. Il semble donc établi d'après les témoins, que les deux assassins ont frappé tous les deux.

Blot et Delzoïde, cabaretier et maçon à Blendecques, ont aperçu dans la sablière le corps de Leleu et l'ont transporté à Blendecques. Leur déposition offre peu d'intérêt. Toutefois, ils sont d'accord pour déclarer qu'il leur paraît difficile qu'un seul homme ait pu traîner le corps de Leleu dans la sablière, car il fallait escalader un talus de pente assez raide.

Gauthier, cultivateur, s'est trouvé là lors du transport du corps. Il ne sait rien de plus

Patry, caporal au 8ᵉ de ligne, déclare que les deux accusés, lorsqu'ils sont retournés au quartier, ne semblaient pas pris de boisson.

On lit ensuite la déposition écrite du malheureux Leleu, dont l'état est toujours très grave, et que l'on n'est pas encore certain de sauver.

Il déclare s'être trouvé une partie de la nuit avec les deux accusés. Qui l'a frappé ? Il ne le sait. Il perdit connaissance.

Pétiau et Grare sont interrogés de nouveau. Ils ajoutent peu de chose. Toutefois, Pétiau affirme qu'il n'a pas vu Leleu bousculer Grare, comme celui-ci le prétend.

La parole est au commissaire du gouvernement qui rappelle les faits et conclut à la culpabilité entière de

Grare, avec circonstances aggravantes et à celle de Pétiau, avec circonstances atténuantes.

M⁰ Gervais, avocat de Grare, dans une courte mais vigoureuse plaidoirie qui a vivement impressionné l'auditoire, a demandé pour son client des circonstances atténuantes.

« On demande la mort de Grare, a-t-il dit, je sais que la discipline militaire est inflexible. Mais permettez-moi de vous rappeler ce qu'a été l'enfance de cet homme. Sa mère était une bohémienne, sans foi ni loi, une marâtre qui n'a jamais eu de tendresse pour son enfant. Et son père, messieurs, était une brute qui haïssait son fils, le battait toute la journée, à tel point qu'un jour, fou de douleur et de rage, l'enfant s'enfuit de la maison paternelle. Il avait 13 ans. Que fit-on ? On condamna le malheureux à être enfermé dans une maison de correction jusqu'à l'âge de 18 ans.

» Ah! messieurs, savez-vous ce qu'est une maison de correction ? Un enfer où l'âme la plus candide se corrompt, où l'on est en contact journalier avec des êtres vicieux qui se vantent de leurs forfaits. »

Le jeune avocat plaide ensuite l'irresponsabilité de Grare, qui était pris de boisson.

« Messieurs, a dit en terminant M⁰ Gervais, vous êtes des officiers qui jugez un soldat, mais n'oubliez pas non plus que vous êtes des hommes qui jugez des hommes. N'oubliez pas, vous dont l'enfance a été heureuse, que celle de Grare a été sevrée de tendresse. »

Après cette plaidoirie qui a causé une vive émotion, M⁰ Parmentier a pris la parole et, dans un langage sobre et clair, a plaidé la non-culpabilité de Pétiau, se basant sur la déposition même de Grare, qui, à ce moment solennel où son sort va être décidé, a déclaré hautement que son camarade était innocent.

A cinq heures et demie, le conseil se retire dans la salle des délibérations.

Dans la salle, après la brillante plaidoirie des avocats, on espère. Mais les soldats qui assistent aux débats et qui connaissent l'inflexibilité de la discipline militaire secouent la tête.

A six heures et demie, le conseil fait sa rentrée. Un silence profond et pénible règne dans l'assistance.

D'une voix claire qui résonne douloureusement aux oreilles de tous, M. le président déclare qu'à *l'unanimité*, Grare a été reconnu coupable avec circonstances aggravantes. En conséquence, le conseil le condamne à la dégradation militaire et à la peine de mort.

Des circonstances atténuantes sont accordées à Pétiau qui est condamné à cinq ans de réclusion, à la dégradation militaire et à cinq ans d'interdiction de séjour.

La séance est levée. La foule s'écoule douloureusement émue.

21 AOUT

Séance du Conseil municipal.

Etaient absents : MM. Duméril, Tillie, Lambert, Devaux, Lormier, Fauvel, Cadet et Hochart.

1° Le Conseil émet un vœu favorable à une délibération de la commission des hospices portant refus d'acceptation d'un legs fait à la chapelle de l'hospice Saint-Jean.

2º Le Conseil approuve le cahier des charges pour la location de la buvette de la Salle des Concerts.

3º Le Conseil approuve le cahier des charges pour la construction d'un égout, rue du Commandant, entre la rue de Valbelle et la place Victor Hugo.

L'égout collecteur est évalué . . . . . 15000 fr.
Les branchements particuliers à recouvrer. 9000
_____

Ensemble 24000

4º Le Conseil approuve le cahier des charges pour le pavage de diverses rues avec le crédit de 15000 fr. inscrit au budget.

22 AOUT

HEURINGHEM. — Une fête est organisée dans cette commune par le président de la fanfare à l'intention de la musique communale de Saint-Omer. Notre société musicale y exécute les morceaux suivants :

1º Allegro militaire (***).

2º *La Médaille d'or,* ouverture (Gurtner).

3º *L'Ombre,* fantaisie (Flotow).

4º *Rigoletto,* fantaisie (Verdi).

5º *En croquant des pommes,* polka (Hemmerlé).

×

AIRE. — A l'occasion de la ducasse, un grand festival de musiques d'harmonie et de fanfares est donné dans cette ville.

23 AOUT

AIRE. — La ducasse continue. Aujourd'hui a lieu un concours de manœuvres de pompes à incendie et un tir à la cible à eau pour les compagnies de sapeurs-pompiers. La Compagnie de Saint-Omer obtient les récompenses suivantes :

1er prix de matériel (médaille de vermeil).

Prix de manœuvre (médaille du ministre et prime de cent francs).

1er prix d'équipes (médaille de vermeil).

1er prix d'apparat (médaille de vermeil).

2e prix de tenue militaire (médaille d'argent).

3e prix de défilé (médaille d'argent).

4e prix de cible à eau (médaille d'argent).

4e prix de tir à la cible chinoise,(prime de 50 francs).

1er prix de nombre, prime de 50 francs.

×

ROQUETOIRE. — La foudre tombe sur un bâtiment servant de grange, appartenant à M. Fontaine, Augustin, cultivateur. Les flammes détruisent deux bâtiments contigus avec toutes les récoltes qu'ils contiennent. Les pertes sont évaluées à trois mille francs.

24 AOUT

AIRE. — Différentes courses ont lieu à l'occasion de la ducasse. La journée se termine par un magnifique feu d'artifice.

25 AOUT

Notre concitoyen, M. **Duméril,** professeur d'histoire à la Faculté de Toulouse, est nommé doyen de la même Faculté.

26 AOUT

M. **Cotte,** receveur de l'Enregistrement à Fauquembergues, est nommé receveur au bureau des actes judiciaires et des domaines à Béthune. — M. **Boitelle,** receveur à Bray (Somme), est nommé à Fauquembergues en remplacement de M. **Cotte.**

28 AOUT

Par décret en date de ce jour, M. **Duvillier,** ancien principal clerc de M. Coddevielle, huissier à Tourcoing est nommé huissier à la résidence de Saint-Omer, en remplacement de M. **Coulon,** démissionnaire.

×

Un des assassins de Blendecques, **Pétiau,** subit la peine de la dégradation militaire, dans la cour de la Citadelle de Lille, devant toutes les troupes de la garnison réunies.

29 AOUT

M. **Fropo,** juge suppléant au Tribunal de St-Omer est nommé juge suppléant au Tribunal de Tunis.

30 AOUT

Une séance de magnétisme est donnée dans la Salle des Concerts par M. **Montlouis.**

×

RUMINGHEM. — La maison d'habitation et la grange du sieur **Hannon,** Valéry, deviennent la proie des flammes Les pertes sont estimées à 4500 francs couvertes par une assurance.

MOIS DE SEPTEMBRE

---

5 SEPTEMBRE

Aire. — M. le Maire prend un arrêté pour interdire dans la ville la circulation des chiens par suite de la présence signalée d'un chien hydrophobe qui en a mordu plusieurs autres.

8 SEPTEMBRE

Sainte-Marie-Kerque. — Un incendie dévore la maison de M. Flandrin, Louis. Les pertes couvertes par une assurance s'élèvent à 4000 francs.

11 SEPTEMBRE

M. **Duvillier,** nommé huissier en remplacement de M. **Coulon,** prête serment à l'audience du Tribunal civil de ce jour.

12 SEPTEMBRE

Un **Concert** est donné sur la place Sainte-Marguerite par la musique communale qui exécute les morceaux suivants :

1° *Le Cœur et la Main,* allegro (Alba).
2° *Le Prétendant,* ouverture (Kucken).
3° *Carmen,* fantaisie (Bizet).
4° *L'Ombre,* fantaisie (Flotow).
5° *A la course,* galop (Rouch, sous-chef au 8° de ligne).

×

Arques. — A l'occasion du raccroc de la kermesse, un **Concert** populaire est donné sur la place de cette commune par les fanfares de Wardrecques et d'Arques. Voici le programme des morceaux exécutés :

Fanfare de Wardrecques

1° Allegro (X***).

2° *Les Palmes d'or,* ouverture (Sinoquet).

3° *La Gazelle,* polka (Tilliard).

4° *La Mouette,* fantaisie (Noël Le Mire).

Fanfare d'Arques

1° *Freluquet,* allegro (Clodomir).

2° *Mimosa,* valse (Amourdedieu).

3° *La Ruche d'or,* ouverture (Brepsant).

4° *La Fontaine du Vaucluse,* polka (Barrier).

×

Saint-Folquin. — Une fête de bienfaisance est donnée dans cette commune avec le concours de la Société de gymnastique *la Gravelinoise.* La fête commence par un grand carrousel, puis la Société de gymnastique est reçue par la municipalité qui offre les vins d'honneur ; enfin se succèdent : mât de cocagne, courses en sacs, courses aux grenouilles, exercices de gymnastique, concours de chant, bal et feu d'artifice.

×

Fauquembergues. — Le Conseil municipal de cette commune se réunit pour procéder à l'élection d'un maire en remplacement du sieur Ogier. M. le docteur **Joly,** adjoint, est nommé maire ; M. **Bonnière,** Constantin, est nommé adjoint.

13 SEPTEMBRE

À trois heures et demie, a lieu dans la Salle des Concerts le tirage de la **Tombola** organisée par la Société du Sou des Ecoles laïques La musique communale se fait entendre au cours de cette fête. M. de **Lauwereyns de Roosendaele**, président, adresse quelques paroles à l'auditoire sur le but et les moyens d'actions de la Société du Sou des Ecoles laïques.

15 SEPTEMBRE

Tatinghem. — Un incendie se déclare rue du Milon, dans un corps de bâtiment formant deux maisons et habité par les frères **Roublique**. Rien ne peut être sauvé, et les pertes s'élèvent à 1400 francs environ.

20 SEPTEMBRE

Le Conseil d'arrondissement se réunit pour la ratification du répartiment de l'impôt.

22 SEPTEMBRE

Un commencement d'incendie éclate dans un hangar de la caserne de l'Esplanade. Les militaires se sont bientôt rendus maîtres du feu ; les dégâts sont insignifiants.

23 SEPTEMBRE

Mametz. — Une maison d'habitation appartenant au sieur **Denis**, Alexandre, cultivateur, au hameau de Crecques, est dévorée par un incendie. Les pertes s'élèvent à la somme de 2750 francs.

24 SEPTEMBRE

M. François-Joseph **Hamant**, ancien fondé de pouvoirs de la Trésorerie générale est nommé, par arrêté en date de ce jour, percepteur-receveur municipal des communes composant la réunion de Fléchin.

25 SEPTEMBRE

La Société de gymnastique et d'armes offre à ses membres honoraires dans la Salle des Concerts une **Soirée** suivie de bal avec le concours de la musique communale.

PREMIÈRE PARTIE

Entrée des gymnastes. — Pas redoublé.

1° Xylofers : mouvements préliminaires, exécutés par les pupilles.

2° Barres parallèles. — Schotisch.

3° Anneaux, travail de force. — Mazurka.

4° Assaut d'escrime.

5° Corde lisse. — Polka.

DEUXIÈME PARTIE

1° Mouvements d'ensemble, mains libres et pyramides. — Pas redoublé.

2° Assaut de cannes.

3° Barre fixe, gymnastique artistique — Valse.

4° Cheval, voltige et sauts périlleux. — Galop.

5° Chaîne gymnastique, salut au drapeau et sortie.

×

La société de Saint-Sébastien inaugure par un **Tir** remarquable sa nouvelle perche installée à l'entrée de Saint-Martin-au-Laërt.

×

La réunion des anciens élèves du collège Saint-Bertin a lieu dans cet établissement. Après la messe célébrée par M. **Depotter,** vicaire général, les anciens élèves ont assisté aux rapports de la commission administrative présidée par M. Duquénoy-Guilbert. La situation financière a été exposée par M. Hochart, secrétaire. La journée s'est terminée par le banquet traditionnel.

27 SEPTEMBRE

La troisième session des assises du Pas-de-Calais s'ouvre aujourd'hui sous la présidence de M. **Hibon**, conseiller à la Cour d'appel de Douai, ayant pour assesseurs MM. Lambert-Roode et Dufresne, juges à Saint-Omer.

Voici la liste des jurés appelés à statuer sur les différentes affaires portées au rôle de cette session :

JURÉS TITULAIRES

MM.

1 Jules Debray, apprêteur à Calais.
2 René Margollé, notaire à Aire.
3 Jules Rohart, rentier à Peuplingues.
4 Justin Gallo, maréchal-ferrant à Richebourg-St-Vaast.
5 Louis Douchet, cultivateur à Marenla.
6 Alfred Bataille, cultivateur à Saint-Denœux.
7 Eugène Boyard, avocat à Boulogne.
8 Joseph Gaillard, fabricant de tulles à Calais.
9 Aimable Panet (père), propr. à Fontaine-lez-Boulans.
10 Eusèbe Greselles, cultivateur à Hénin-sur-Cojeul.
11 Eugène Pruvost, négociant à Saint-Pol.
12 Charles Marquis, brasseur à Guînes.
13 Auguste Decroix, cultivateur à Auchy-lez-Hesdin.
14 Alfred Dusautiez-Cary, professeur à Boulogne.
15 Edmond Laffilé, propriétaire à Berck.
16 Louis Forgez, horloger à Avesnes-le-Comte.

10

17 Pierre Vouters, notaire à Beuvry.
18 Louis Bruneau, ingénieur civil à Lens.
19 Alfred Poumairac, directeur, ingén. des mines à Auchel.
20 Jules Mouflin, propriétaire à Wittes.
21 Auguste Saison, cultivateur et maire à Neuville-sous-Montreuil.
22 Ernest Proyart, propriétaire à Marchies.
23 Louis Déplanque, brasseur à Marœuil.
24 François Calonne, fabricant de sucre à Verquin.
25 Louis de Hauteclocque, propriétaire à Royon.
26 Alexandre Duprez, propriétaire à Courcelles-lez-Lens.
27 Charles Barbry, négoc. en engrais à Sailly-sur-la-Lys.
28 César Marsy, cultivateur à La Couture.
29 Ulysse Lemaire, cultivateur à Agny.
30 Augustin Harry, brasseur à Oisy.
31 Charles Dubois, peintre-décorateur à Fleurbaix.
32 François Demarquilly, propriétaire à Pelves.
33 Léopold Hardelain, cultivateur à Monchy-le-Preux.
34 Remy Delecroix, propriétaire et maire à Amettes.
35 Emile Delannoy, cultivateur à Izelles-Hameau.
36 Victor Vaillant, avocat à Foucquevillers.

JURÉS SUPPLÉMENTAIRES

37 Fernand Violette de Noircarme, propriétaire à St-Omer.
38 Jean Luc, professeur de musique à Saint-Omer.
39 Ludovic Bacqueville, négociant à Saint-Omer.
40 Louis Demont, avoué à Saint-Omer.

Iʳᵉ AFFAIRE. — *Vols qualifiés.*
Accusés : Jean Lacroix, 42 ans, journalier sans domicile.

Henri Petitjean, 18 ans, cordonnier sans domicile.

Ministère public : M. Bouillon, substitut.
Défenseurs : Mᵉ DUQUENOY pour Lacroix.
        Mᵉ DELPIERRE pour Petitjean.

Faits :

Les nommés Lacroix et Petitjean, qui vagabondaient depuis plusieurs semaines dans les environs, arrivèrent à St-Omer le 5 août dernier, vers cinq heures du soir. Dès que la nuit fut complète, ils résolurent de commettre différents vols pour se procurer des ressources. Ils s'introduisirent d'abord dans la cave de la dame veuve Petitpré, rue de Calais, et s'emparèrent de deux pots contenant environ cinq kilogrammes de beurre qu'ils vendirent le lendemain matin. Ensuite Petitjean, à l'aide d'un instrument en fer, fit sauter le cadenas de la cave de la dame veuve Flajollet, rue de Dunkerque, et enleva, de concert avec Lacroix, vingt bouteilles de vin environ. Enfin Lacroix et Petitjean cherchèrent, mais vainement, à fracturer avec le même instrument la porte de la cave de la dame veuve Godefroid, rue de Calais ; cette porte résista aux pesées faites en différents endroits.

Lacroix et Petitjean avouent les faits qui leur sont reprochés; leurs antécédents sont déplorables. Petitjean, qui n'est âgé que de 18 ans, a déjà subi deux condamnations pour vol ; Lacroix, qui est âgé de 42 ans, a été condamné vingt-quatre fois.

Lacroix est condamné à dix ans de travaux forcés et Petitjean, bénéficiant de circonstances atténuantes, à trois ans de prison.

✕

2ᵉ AFFAIRE : Attentats à la pudeur.

Accusé : Charles Fleury, 32 ans, matelot à Calais.

Défenseur : M⁰ POILLION.

Cette affaire est renvoyée à la fin de la session, un deuil s'étant produit dans la famille du défenseur.

✕

3ᵉ AFFAIRE : *Viol.*

Accusé : Charles Malet, 28 ans, cultivateur à Oye.

Défenseur : Mᵉ TIBLE.

Reconnu non coupable par le jury, Malet est acquitté.

✕

Une troupe de passage sous la direction de M. F. Achard, du Gymnase, donne sur notre théâtre une représentation de *Martyre.*

28 SEPTEMBRE

Séance du Conseil municipal.

Présidence de M. Ringot, maire.

Etaient absents : MM. Brillaud, Clay-Baroux, Duméril, Lemoine, Lormier et Thibaut.

1º Le Conseil donne un avis favorable sur une délibération de la Commission administrative des hospices concernant une main-levée partielle d'inscriptions hypothécaires.

2º Le Conseil donne un avis favorable sur des délibérations de la Commission administrative du bureau de bienfaisance concernant une main-levée partielle et une réduction de fermage.

3º Le Conseil élit pour la formation de la liste des électeurs du tribunal de commerce : M. Pierret par 17 voix ; M. Fiévé par 11 voix.

4º Le Conseil émet un avis favorable à la création

d'une classe préparatoire aux cours secondaires de jeunes filles.

5° Le Conseil renvoie les autres questions à l'ordre du jour à l'examen de la commission du contentieux.

×

Audience de la Cour d'assises.

SEULE AFFAIRE : *L'assassinat de Rivière.*

Accusés : Muchembled, Clément, 17 ans, serrurier à Rivière.

Muchembled, Henri, 16 ans, clerc de notaire à Rivière.

Ministère public : M. Saint-Aubin, procureur de la République.

Défenseurs : Mᵉ FOURNIER pour Clément.

Mᵉ DUBRON, du barreau de Douai, pour Henri.

Acte d'accusation :

L'accusé Clément Muchembled courtisait depuis le commencement de janvier 1886, Maria Ledent, âgée de 15 ans à peine. Dans le courant du mois de mars, à l'époque du carnaval, ils se brouillèrent à la suite d'un échange de lettres injurieuses.

Maria envoya à Clément une chanson dans laquelle elle prétendait qu'on le reconnaissait ; de son côté, Clément chargea son cousin, l'accusé Henri Muchembled, clerc de notaire, de lui rédiger une lettre, en lui recommandant d'y mettre « beaucoup de saletés ». La lettre fut faite et adressée à Maria Ledent. Irritée des grossièretés qu'elle contenait, Maria, au dire des accusés, tint des propos offensants sur leur compte ; et, c'est alors que ceux-ci prirent la résolution de se venger de la jeune fille.

D'après leurs aveux, leur première pensée fut de « donner une trempe » à Maria, mais la crainte qu'elle ne les dénonçât les fit renoncer à ce projet. Ils se décidèrent à la faire mourir et songèrent tout d'abord à la noyer ; ils abandonnèrent ensuite cette idée et résolurent de pendre la jeune fille ; deux cordes furent achetées, et il fut convenu que pendant le lundi de Pâques on trouverait un prétexte pour attirer Maria hors du cabaret et mettre le crime à exécution ; ils en furent empêchés par une circonstance fortuite. Ils cherchèrent alors à emprunter un revolver à un clerc de l'étude où travaillait Henri Muchembled, mais comme celui-ci n'avait pas caché son dessein, on refusa de le lui prêter. Leurs moyens ne leur permettant pas d'en acheter un, Henri Muchembled fit l'acquisition de deux couteaux à la foire d'Arras, et il fut décidé avec les deux cousins « qu'on en finirait » avant le 23 mai.

Pour détourner les soupçons de la jeune fille, l'accusé Clément feignit de se réconcilier avec elle.

Deux premières tentatives faites par les accusés pour attirer Maria dans un endroit isolé ne réussirent point. Le 19 mai Henri demanda à son cousin s'il aurait le courage de tuer Maria ; Clément répondit affirmativement et paria cinq francs qu'il l'aurait tuée avant la fin de la semaine.

Le vendredi, 21 mai, vers une heure, Maria en allant travailler aux champs rencontra les deux accusés qui lui demandèrent où elle travaillait ce jour-là et à quelle heure elle rentrerait. Elle répondit sans difficulté à leurs questions. Ils décidèrent alors que Clément l'attendrait sur le chemin qu'elle devait suivre à son retour, et que s'il avait besoin d'aide, il appellerait son complice par un coup de sifflet.

A huit heures et demie Clément alla effectivement chercher la jeune fille et revint avec elle. Arrivé à un endroit isolé, il se jeta sur elle, la renversa, lui mit un genou sur la poitrine, et comme celle-ci lui disait : « Ce n'est pas que tu veux me tuer ? » il lui plongea deux fois son couteau dans la gorge. Maria parvint cependant à se dégager et put se relever ; mais Clément se précipita de nouveau sur sa victime et la frappa de coups de couteau dans le dos jusqu'à ce qu'elle tombât. Henri, attiré par les cris, assista à la fin de la scène. Maria Ledent fut retrouvée morte le lendemain matin, étendue près d'un ruisseau, non loin de l'endroit où avait eu lieu le crime. Le médecin-légiste a constaté qu'elle avait reçu dix-sept blessures dont trois étaient mortelles.

Les soupçons se portèrent aussitôt sur les deux accusés qui ne tardèrent pas à entrer dans la voie des aveux. Ils ont même reconnu qu'ils avaient eu l'intention de faire périr de la même façon d'autres filles qui avaient tenu des propos fâcheux sur eux.

L'information n'a pu établir qu'Henri ait porté des coups de couteau à Maria Ledent, il s'en défend du reste énergiquement ; mais il reconnaît que c'est lui qui le premier, a eu la pensée de la mettre à mort, et qu'il se tenait caché dans un champ voisin pour prêter main-forte à Clément si cela avait été nécessaire.

Les deux accusés ne sont pas mal notés, ils n'ont jamais été condamnés.

Le jury ayant rapporté un verdict de culpabilité mitigé par l'admission de circonstances atténuantes, la Cour condamne Clément et Henri Muchembled chacun en 15 ans de travaux forcés, aux frais du procès et solidairement à 4000 francs de dommages-intérêts envers la partie civile pour laquelle M⁰ Tible s'était présenté à l'audience.

29 SEPTEMBRE

Le rôle de l'audience de la Cour d'assises de ce jour comporte deux affaires.

1ʳᵉ AFFAIRE. — *Vol qualifié.*

Accusé : Paul Lalain, 21 ans, manouvrier à Hersin-Coupigny.

Ministère public : M. Bouillon, substitut.

Défenseur : Mᶜ DERNIS.

Dans le courant du mois d'avril 1886, le nommé Lalain, Paul-Ernest, qui venait de subir en Belgique une peine de six mois de prison pour vol domestique, rentra en France chez ses parents qui habitent la commune d'Hersin-Coupigny. Sur la demande de ces derniers, le sieur Chevalier, voiturier, consentit à prendre à son service le nommé Lalain.

Le 12 mai dernier, vers cinq heures et demie du matin, le sieur Chevalier donna l'ordre à Lalain de charger une voiture de sable et d'aller le vendre dans les corons du village, puis il alla rejoindre sa femme qui travaillait dans le jardin, laissant Lalain seul dans la maison. Celui-ci, sachant que de l'argent était déposé dans une armoire de la cuisine, ouvrit ce meuble à l'aide d'une fausse clé qu'il avait préparée et s'empara d'une somme de 400 francs ainsi que d'une montre et d'une chaîne en argent appartenant au fils de ses maîtres. Il se rendit aussitôt chez ses parents, prit son livret d'ouvrier sans parler à personne et partit à Lille où il dissipa presque la totalité du produit de son vol. Le 14 mai il gagna la Belgique, se réfugia à Chatelet, où il fut arrêté le 1er juin. La chaîne et la montre furent retrouvées en sa possession.

L'accusé reconnaît les faits qui lui sont reprochés, il prétend toutefois n'avoir dérobé qu'une somme de 300 francs et s'être muni d'une clé qui se trouvait sur l'une des portes de l'armoire pour ouvrir ce meuble. Mais la clé de l'armoire de la cuisine était perdue depuis longtemps, et les époux Lalain ont trouvé chez eux une clé qui ne leur appartient pas et qui portait des traces toutes récentes de coups de lime.

Les renseignements fournis sur Lalain sont déplorables. Bien qu'il ne soit âgé que de 21 ans, il a déjà subi en France trois condamnations pour vol et une autre en Belgique également pour vol.

Reconnu coupable avec circonstances atténuantes, Lalain est condamné à trois ans de prison.

✕

2e AFFAIRE. — Incendie volontaire.

Accusé : Delépine, Louis, 23 ans, ouvrier mineur à Enquin.

Défenseur : Me FOURNIER.

M. Pierre Mahieu, agriculteur, possède à Enquin une ferme exploitée par son frère, M. Horace Mahieu, maire de la commune, et occupée par les époux Deligny. Dans la nuit du 10 au 11 juillet 1886, vers minuit, le feu se déclara dans les bâtiments de cette ferme avec une intensité telle que les époux Deligny eurent à peine le temps de se sauver avec leurs enfants. Les bâtiments estimés 6000 francs et qui n'étaient assurés que pour 4000 francs, les instruments aratoires et 6000 bottes de blé non assurés, furent entièrement consumés.

Ce sinistre ne pouvait être attribué qu'à la malveillance ; les soupçons se portèrent aussitôt sur le nommé Delépine, Joseph, qui nourrissait contre M. Mahieu des sentiments de vengeance. Interrogé sur l'emploi de son temps pendant la nuit du 10 au 11 juillet, Delépine déclara qu'il avait passé la soirée chez un sieur Carnel, cabaretier à Cuhem, et qu'en suivant la route pour regagner son domicile, situé à Enquin, il avait aperçu la lueur de l'incendie. Il était alors allé immédiatement réveiller le garde-champêtre Soyez dont la maison est située sur le bord de la route ; et qu'ensuite il s'était rendu sur le lieu du sinistre pour porter secours.

L'information a établi que l'accusé n'était sorti de chez le sieur Carnel qu'à onze heures dix minutes au plus tard ; la distance entre le cabaret Carnel et Enquin étant de deux kilomètres seulement, il est impossible d'admettre qu'il soit rentré directement chez lui, puisqu'il n'est allé prévenir le garde-champêtre qu'à minuit.

Le lendemain matin, on a relevé des empreintes de pas se dirigeant à travers une pâture et un champ de blé, de la ferme de M. Mahieu à la maison du garde-champêtre. Or, au moment même de l'incendie, deux témoins ont remarqué que Delépine avait son pantalon mouillé jusqu'aux genoux et ses souliers chargés de terre. De plus, à l'endroit d'où Joseph Delépine prétend avoir aperçu les flammes et reconnu que c'était la ferme de M. Mahieu ou une maison voisine qui brûlait, un mouvement de terrain empêche d'apercevoir la ferme incendiée. Enfin il résulte de l'information que peu de temps auparavant, l'accusé avait proféré des menaces contre les frères Mahieu. Sa culpabilité ne semble donc pas douteuse. L'accusé est mal noté, il a déjà subi deux condamnations.

Reconnu non coupable, Delépine est acquitté.

30 SEPTEMBRE

La foire de Saint-Michel est cette année très importante, bien que la baisse se soit accentuée. Voici d'ailleurs le résultat du marché en quantité et genre d'animaux et prix de vente :

265 chevaux de 25 fr. à 700 fr., baisse 20 0/0 ; 335 poulains de 150 fr à 650 fr, baisse 25 0/0 ; 33 baudets de 25 fr. à 250 fr., baisse 10 0/0 ; 7 mulets de 150 fr. à 200 fr., baisse 5 0/0 ; 380 vaches de 250 fr. à 500 fr., baisse 15 0/0 ; 44 taureaux de 115 fr. à 350 fr., baisse 10 0/0 ; 232 génisses de 135 fr. à 450 fr., baisse 15 0/0 ; 171 porcs de 15 fr. à 50 fr., hausse 19 0/0.

×

L'audience de la Cour d'assises d'aujourd'hui comprend deux affaires.

1re AFFAIRE : *Vols qualifiés et tentative de vol qualifié.*

Accusé : Etienne Dhersin, 49 ans, journalier à Courrières.

Ministère public : M. Saint-Aubin, procureur.

Défenseur : Me ARNAUD.

L'accusé Dhersin est sorti le 16 juin 1886 de la maison centrale de Loos où il venait de subir une peine de deux années d'emprisonnement prononcée le 16 juin 1884 par la Cour d'assises du Pas-de-Calais pour vol qualifié. Il s'est aussitôt rendu à Annay où il a couché chez un sieur Desprez. Le 17 juin, après s'être procuré dans la journée du savon noir, Dhersin s'est rendu vers dix heures du soir à Courrières où il a enduit de savon une des vitres de la devanture du magasin occupé par le sieur Bontry, épicier. Il a brisé ensuite cette vitre, a ouvert la fenêtre, étendu le bras sans entrer dans le magasin, et s'est emparé de deux bocaux remplis de bonbons, d'une corbeille de noix, de jouets d'enfants et de jeux de cartes. Il a donné une partie de ces objets à des enfants qui l'ont formellement reconnu.

Dans la nuit du 18 au 19 juin, l'accusé a brisé un carreau de la porte du cabaret Boulinguez, à Vendin-le-Vieil, après l'avoir enduit de savon et a réussi à ouvrir la porte. Entendant venir les gens de la maison, il s'est enfui. Dans la même nuit, et à l'aide des mêmes procédés, Dhersin a pénétré dans la maison du sieur Dablin, charcutier à Meurchin, a fouillé sans résultat les tiroirs, et a emporté un jambon, du lard, du papier et de la graisse qu'il a donnés aux femmes Delsaint et Dubuisson demeurant à Annay.

A Lillers, dans la nuit du 26 au 27 juin, l'accusé a brisé un carreau à la devanture du magasin d'un sieur Biette et passant la main par l'ouverture qu'il avait ainsi pratiquée, s'est emparé de plusieurs chapeaux et de plusieurs casquettes qu'il a vendus le lendemain dans les environs.

Dhersin avoue les faits dont il est accusé ; sur ses indications plusieurs des objets volés ont été retrouvés.

Les plus mauvais renseignements sont fournis sur son compte. Tout le monde le signale comme un voleur de profession. Il a déjà subi huit condamnations.

Reconnu coupable, Dhersin est condamné à dix ans de travaux forcés, à la relégation et à l'interdiction du port de la médaille du Mexique.

×

2ᵉ Affaire : *Coups et blessures ayant occasionné la mort.*
Accusé : Jules Gatto, 19 ans, journalier à Baincthun.
Défenseur : Mᵉ Michaux, du barreau de Boulogne,

Le dimanche 6 juin 1886, vers dix heures du soir, dans la commune de Baincthun, trois jeunes gens, les nommés Bourgois Charlemagne, Lemaire et Butel sortaient du cabaret Milon situé sur le chemin de Boulogne à Desvres.

En ce moment passait sur la route avec d'autres jeunes gens l'accusé Catto qui apostropha Bourgois et ses camarades, les traitant de fainéants et de lâches. On ne lui répondit pas et il continua à suivre sa route jusqu'au chemin dit : « Chemin rural du Courgain » à gauche de la route : il prit ce chemin qui devait le conduire chez son père dont la maison est située sur un sentier impasse qui aboutit à ce chemin.

Bourgois, Lemaire et Butel avaient suivi la même route. Le sentier qui débouche sur le chemin du Courgain est bordé par une haie ; quand Bourgois et ses amis furent arrivés au commencement de ce sentier, ils aperçurent Catto qui paraissait embusqué à cet endroit. Bourgois cria : « Qui vive ! » Catto répondit : « C'est Catto qui délace ses bottines et qui va se coucher là. » Bourgois l'engagea à retourner chez lui. Alors Catto porta un coup de couteau à Bourgois qu'il atteignit dans l'abdomen. Bourgois cria au secours.

Lemaire s'empressa de venir vers lui ; il reçut aussi un coup de couteau à la hauteur de la troisième côte, dans la région thoracique, et deux autres sur les bras. Lemaire néanmoins avait saisi Catto et criait : « Il me tue ! » Butel accourut à son tour ; il vit Lemaire et Catto renversés et reçut un coup de couteau sur les doigts. Quand Lemaire et Catto se furent lâchés. Catto rentra chez lui.

Les blessures de Lemaire et de Butel n'étaient pas graves, mais celle reçue par Bourgois ne lui permettait pas de retourner chez lui, on dut le mettre sur une brouette pour le reconduire à sa demeure ; les intestins avaient été perforés. Il mourut le lendemain.

Catto prétend qu'après qu'il eût traité de lâches et de fainéants Bourgois et ses compagnons, ceux-ci le poursuivirent, qu'il s'était caché derrière une haie où il fut découvert et frappé ; qu'il parvint à gagner le haut du sentier près de sa demeure ; que là il fut encore l'objet de violences et que c'est alors qu'en se défendant il a fait usage de son couteau.

Bourgois et ses compagnons ont déclaré au contraire que Catto les avait attaqués au commencement du sentier à un endroit qu'ils ont montré, où l'herbe en effet était foulée, et où on constatait la présence de gouttes de sang, tandis qu'à l'endroit indiqué par l'accusé, il n'y a aucune trace de lutte.

Le jury ayant admis des circonstances atténuantes, Catto est condamné à 5 ans d'emprisonnement.

$\times$

FAUQUEMBERGUES. — Par décision du Conseil de préfecture du Pas-de-Calais en date de ce jour, l'élection de M. **Bonnière**, Constantin, comme adjoint, est annulée pour vice de forme.

MOIS D'OCTOBRE

1ᵉʳ OCTOBRE

Une seule affaire est inscrite au rôle de l'audience de la Cour d'assises de ce jour, c'est l'affaire de la Société Générale d'Arras.

Abus de confiance et faux.

Accusé : Albert Thumerel, 25 ans, employé de banque à Arras.

Ministère public : M. Bouillon, substitut.

Défenseur : Mᵉ HATTU, du barreau de Douai.

En janvier 1881, l'accusé Thumerel est entré comme employé dans le bureau de la Société générale à Arras aux appointements de 900 francs par année.

Au mois de novembre suivant, il quitta la Société générale pour contracter un engagement conditionnel d'un an dans l'armée. Il revint ensuite à la Société générale, avec une augmentation d'appointements. Il se montra intelligent, actif, et sut se concilier la confiance de son directeur et du public.

Mais Thumerel était débauché et vaniteux. Il se livrait à des dépenses exagérées et son mariage survenu en 1884 ne changea ni ses mœurs ni son genre de vie.

Peu de temps après son mariage, l'accusé s'installa d'une façon luxueuse, bien qu'il n'ait reçu de sa femme qu'une dot

très faible. Il acheta trois chevaux de course qu'il plaça
dans une petite maison de campagne sise à Saint-Laurent-
Blangy, près d'Arras, pour laquelle il payait un loyer de
250 francs par an, et à ce moment ses appointements étaient
de 1500 francs par an.

Pour satisfaire à ses goûts immodérés de dépense, Thumerel engagea, par l'intermédiaire de Debailleul et Louf,
banquiers à Arras, des opérations de bourse qui, heureuses
au début, se soldèrent ensuite presque toujours par des dif-
férences considérables à son débit. Lorsque le résultat de la
liquidation menaçait d'être défavorable à Thumerel, les
banquiers lui réclamaient une couverture et celui-ci n'hésita
pas à détourner d'abord des coupons, puis des titres appartenant aux clients de la Société générale.

Au 26 juillet, jour de son arrestation, Thumerel avait détourné : coupons 24,659 fr. 26 ; titres 191,596 fr. 25. —
Total : 216,926 fr. 51.

Cette somme, augmentée de la plus-value des titres dé-
tournés, de la valeur des coupons des mêmes titres, des
intérêts bonifiés, donne pour la Société générale un préjudice de 226,926 fr. 50.

Il résulte des comptes fournis par Debailleul et Louf que
Thumerel a perdu, en jouant à la Bourse de 1884 jusqu'au
1er juillet 1886, la somme de 135,336 fr. 05.

Il aurait employé à ses besoins et à ses plaisirs la différence entre cette dernière somme et le montant total de ses
détournements, soit 80,859 fr. 46, dont l'emploi n'a été établi que pour moitié environ.

Ces agissements duraient depuis longtemps déjà, lorsque
le 25 juillet dernier, un sieur Hautecœur réclama au directeur de la Société générale des titres de l'emprunt Argentin

dont les écritures de la Banque constataient faussement la remise.

Le lendemain, le directeur, après des constatations sommaires, prévint le commissaire central qui fit venir immédiatement Thumerel, l'interrogea et le mit en état d'arrestation.

L'instruction ouverte a révélé que les détournements de Thumerel remontent au premier semestre de l'année 1884. Ils portèrent d'abord sur les coupons dont il avait le maniement, s'étendirent aux titres dont il avait le classement dès le premier semestre de 1885 et se continuèrent jusqu'au mois de juillet 1886.

En ce qui concerne les coupons, un certain nombre de clients apportent leurs coupons au guichet de la Société générale pour en faire créditer leur compte. Thumerel recevait ces coupons, en donnait récépissé, puis les détournait et falsifiait ensuite les écritures qu'il était chargé de tenir pour empêcher les vérifications.

En ce qui concerne les titres, Thumerel les recevait après un achat ou une inscription ou par suite de la remise faite par le client pour remboursement ou pour addition de feuilles de coupons. Il s'emparait de ces titres et passait ensuite de fausses écritures, intercalant après coup dans certains récépissés les décharges relatives aux titres qu'il s'était appropriés, pour faire concorder les livres avec les documents qu'il avait falsifiés, et rendant ainsi illusoires les vérifications du directeur et des inspecteurs de la société.

Le jury ayant accordé des circonstances atténuantes à Thumerel, celui-ci est condamné à cinq ans de prison.

2 OCTOBRE

L'audience d'aujourd'hui est consacrée à l'affaire de la bande Carpentier.

Accusés : Louis Carpentier, dit *Reine*, 37 ans, mineur, sans domicile.

Charles Gossart, dit *Davion*, 26 ans, mineur à Auchy-le-Bois.

Christian Delpierre, 27 ans, mineur à Loos-en-Gohelle.

Xavier Picavet, 35 ans, mineur à Labuissière, contumax.

Ministère public : M. Saint-Aubin, procureur.

Défenseurs : Mᵉ CANDELIER, du barreau de Béthune pour Carpentier.

Mᵉ LEFÉBURE, pour Gossart.

Mᵉ DELPIERRE, pour Delpierre.

Voici les faits relevés à la charge des accusés :

I — Dans la matinée du 29 août 1885, l'accusé Carpentier partit avec Picavet au village de Lapugnoy. Ils y rencontrèrent dans un cabaret, le garde-champêtre de Lozinghem, le sieur Deneux. Ils l'entendirent annoncer à la cabaretière qu'il allait voir sa fille à Bruay. Quelques instants après, ils se rendirent chez le garde. Picavet, à l'aide d'une fausse clef, ouvrit une porte dans la haie qui clot l'habitation et tous deux, cassant les carreaux d'une fenêtre, l'ouvrirent et escaladant le mur pénétrèrent dans la maison. Ils fouillèrent les meubles et dérobèrent des draps de lit et des effets d'habillement pour une valeur d'environ 200 francs.

Le 22 septembre 1885, Carpentier et Picavet étaient arrêtés à Bruay, mais ils parvinrent à s'échapper et Picavet put gagner l'Amérique. Quant à Carpentier, il ne fut arrêté que le 29 juin 1886. Pendant ce laps de temps, il commit de nombreux vols soit avec Delpierre et Gossart, soit avec Gossart seul.

Le 31 décembre 1885, les accusés Delpierre et Gossart rejoignirent, dans la soirée, Carpentier à La Buissière et tous trois se rendirent à Auchy pour y commettre des vols chez les sieurs Bullet et Bazin. Passant vers minuit devant le cabaret tenu, à Marles, par le sieur Morieux, Delpierre cassa un carreau d'une fenêtre donnant sur la route et l'ouvrit, puis il s'introduisit dans l'estaminet avec Gossart pendant que Carpentier faisait le guet et y dérobèrent plusieurs litres de liqueur et un pâté. Ils continuèrent leur route vers Auchel et tentèrent de pénétrer chez le sieur Desoin, cabaretier, en enlevant un carreau. Entendant du bruit, Desoin se cacha derrière la fenêtre, attendant les malfaiteurs ; il lança un tisonnier qui atteignit Gossart à la poitrine, mais tous trois purent prendre la fuite.

Continuant leur route, ils se rendirent alors chez un sieur Bullet, débitant à Auchy-au-Bois ; celui-ci les entendit arriver, tira un coup de fusil et les empêcha de réaliser leur projet.

Ils arrivèrent le 1er janvier 1886, à cinq heures du matin, chez un sieur Bazin, épicier à Auchy-au-Bois, et se cachèrent dans la grange. Vers sept heures, ils entendirent le propriétaire quitter sa demeure : ils allèrent à la porte d'entrée de la maison qu'ils firent sauter par une violente poussée, et pendant que Delpierre faisait le guet, Carpentier et Gossart pénétrèrent dans l'habitation, y prirent des comestibles, des liqueurs, un tricot de laine et une somme de huit francs.

A la suite de ce vol, Delpierre crut devoir se séparer de ses complices.

Quant à Carpentier et à Gossart, ils continuèrent à commettre de nombreux vols.

Le 11 février 1886, vers onze heures du soir, tous deux se trouvant à Lapugnoy, pénétrèrent en écartant les branches d'une haie dans la cour de la maison occupée par la veuve Bonte et y dérobèrent un lapin, puis gagnant Allouagne, ils entrèrent dans la cour de la demeure du sieur Denis et y prirent dans une étable non fermée à clé des poules, un coq et des pigeons.

Dans la nuit du 30 au 31 janvier 1886, ils volèrent chez le sieur Perrin, cabaretier à Amettes, six poules et un coq. Pour arriver dans l'habitation, ils avaient traversé une pâture close d'une haie en mauvais état.

Dans la nuit du 22 février 1886, les accusés Gossart et Carpentier se rendirent à Beaumetz-les-Aire et se cachèrent dans une grange proche de la demeure de la veuve Devincre ; à deux heures du matin ils sortirent de leur retraite, fracturèrent un soupirail de la maison et s'introduisirent dans la cave. Ils y dérobèrent une douzaine de bouteilles de vin et de cidre, de la graine, du beurre et du lard, puis sortirent en suivant le même chemin.

D'autres vols ont été établis à la charge de Carpentier seul.

Dans la nuit du 13 au 14 octobre 1885, vers deux heures du matin, Carpentier enleva un carreau d'une fenêtre de l'habitation du sieur Boucry, cabaretier à Hersin-Coupigny. Il escalada le soubassement et pénétra dans la salle d'estaminet où il prit dans le tiroir du comptoir une somme de 2 francs puis s'empara de deux clefs, de 5 litres de liqueur et d'un porte-monnaie contenant environ 7 francs. Passant dans le fournil, il y déroba des pains et un sac de farine.

Les litres et un morceau du sac ont été retrouvés lors d'une perquisition opérée chez Carpentier.

Dans la nuit du 12 au 13 novembre 1885, l'accusé Carpentier arriva à Barlin vers trois heures du matin, il pénétra chez le sieur Hay en escaladant le mur de clôture, tenta de démastiquer le carreau d'une fenêtre, mais ne put y parvenir. Il entra dans le fournil, y prit des pains, de la farine et cinq francs. En se retirant, il franchit de nouveau le mur, des traces de farine ont été retrouvées sur le faîte.

Le 17 novembre 1885, vers trois heures du matin, Carpentier descella un carreau d'une fenêtre de l'habitation du sieur Leprêtre, à Febvin-Palfart, ouvrit la fenêtre et pénétra dans la maison où il déroba des biscuits, des prunes, des figues et du sucre pour une valeur d'environ trente francs.

Un vol a été établi à la charge de Delpierre seul. Le 9 mai 1885, vers deux heures du matin, Delpierre passant devant le magasin du nommé Montuil, horloger à Bruay, glissa son bras sous le volet d'une fenêtre et parvint à l'ouvrir, puis brisant un carreau, il passa la main par l'ouverture et s'empara de sept montres en métal blanc et de cinq boîtiers en même métal. Une partie des montres fut vendue, les autres jetées ou brisées ainsi que les boîtiers.

Les accusés reconnaissent presque tous les faits qui leur sont reprochés. Les plus mauvais renseignements sont fournis sur tous les accusés qui ont subi de nombreuses condamnations pour vols. L'accusé Delpierre a été condamné à sept années de travaux forcés pour des faits semblables.

II — Dans la nuit du 30 novembre au 1ᵉʳ décembre 1885, les époux Debomy, cabaretiers à Enguinegatte, furent réveillés par un bruit qui leur parut venir de la salle d'estaminet. Convaincu que des malfaiteurs s'étaient introduits dans sa maison, le mari se leva, s'arma d'une poële, et, ayant pénétré dans la salle, se trouva en face d'un individu qu'il parvint d'abord à terrasser, après lui avoir porté sur la tête un coup de sa poële. En même temps il criait : « Au voleur, à l'assassin. » Pour se dégager, le voleur porta la main gauche sur la figure de Debomy qui le mordit à un doigt ; le malfaiteur saisit alors dans sa poche un objet que la victime n'a pu distinguer ; il en porta violemment plusieurs coups au sieur Debomy qui dut lâcher prise, et parvint à s'échapper.

Quelques instants après, pendant que la dame Debomy, assistée de deux locataires accourus à ses cris, donnait des soins à son mari qui était grièvement blessé à la tête, des pierres furent jetées dans la fenêtre. La dame Debomy passa dans une pièce voisine et aperçut trois individus dans la cour de sa maison ; l'un d'eux étendit le bras dans sa direction et tira un coup de revolver ; la balle traversant un carreau vint frapper le mur à hauteur d'homme, sans atteindre personne.

On constata que le malfaiteur s'était introduit chez les époux Debomy en cassant un carreau d'une fenêtre qu'il avait ensuite escaladée, et qu'il avait dérobé une certaine quantité de figues sèches, de sucre, des boîtes d'allumettes et une somme de 70 centimes.

Le sieur Debomy, mis en présence de Carpentier quelques jours après l'arrestation de celui-ci, le reconnut formellement comme étant l'individu contre lequel il a lutté dans la nuit du 30 novembre au 1er décembre 1885.

Dans la soirée du 18 octobre 1885, un malfaiteur s'introduisit par escalade dans la maison des époux Coupet, à Enquin, en arrachant une feuille de zinc qui servait de carreau à une fenêtre ; il déroba une certaine quantité de vêtements dont une partie a été retrouvée depuis en la possession de la femme Carpentier, et formellement reconnue par la femme Coupet.

Malgré les charges relevées contre lui, l'accusé proteste de son innocence. Il n'exerce plus depuis longtemps son métier de mineur et vit exclusivement de rapines et de brigandage. Après avoir échappé pendant plusieurs mois aux recherches de la gendarmerie, il a été mis en état d'arrestation le 29 juin 1886. Il a déjà subi sept condamnations pour vol dont une à trois années d'emprisonnement.

Pendant la lecture de ces longs documents, Carpentier, la tête haute, les yeux baissés sur le banc de son défenseur, se tient aussi immobile qu'un vieux soldat à la parade.

Sur vingt-cinq témoins cités par l'accusation, vingt-quatre témoins répondent ; un seul fait défaut et est excusé pour cause de maladie.

En outre la défense a demandé à citer comme témoin à décharge la femme de Carpentier, une petite brunette qui ne paraît pas bien attristée de sa situation.

M. le président ordonne lecture de la déposition d'un témoin, le nommé Deneux, garde-champêtre de Lozinghem. (Voir le deuxième acte d'accusation et suivre les faits qui y sont relatés pour ne pas nous exposer à des redites.)

D. — Carpentier, vous reconnaissez ce vol ?

R. — Oui, monsieur.

D. — C'est Picavet qui a ouvert la porte ?

R. — Avec la clef de sa propre porte.

D. — Vous avez pris toutes les clefs, cela sert, et

vous avez partagé avec Picavet le produit du vol ?

R. — Moi, je n'ai pas eu grand'chose.

M. le président informe les jurés que Picavet est en fuite et sera jugé par contumace.

Le gendarme Delepienne, témoin, dit ce qu'il a trouvé chez Picavet et Carpentier. Le lendemain, les deux individus arrêtés se sont évadés d'entre les mains des gendarmes en se rendant à Béthune et Picavet est passé en Amérique, Carpentier n'a été arrêté que plus tard.

Le sieur Morieux a été volé comme il est dit dans l'acte d'accusation.

D. — Carpentier, vous reconnaissez ce vol là ?

R. — Oui.

D. — Vous faisiez le guet, Gossart a cassé le carreau et ils sont entrés.

R. — Oui, monsieur.

D. — Delpierre, vous reconnaissez le vol ?

R. — Oui, mais nous n'avons volé que deux bouteilles de liqueur et pas trois.

Il y avait une bouteille de sirop et une de kirsch.

M. le président rappelle à Delpierre que depuis l'âge de onze ans, il a déjà subi de nombreuses condamnations, entre autres celle de sept années de travaux forcés, il y a trois mois.

A ce sujet M. le président explique aux jurés la relation de cette condamnation avec l'affaire actuelle.

M. le président énumère aussi la série très longue des condamnations de Carpentier.

Même chose pour Gossart qui, paraît-il, a pris l'initiative dans les vols de cette affaire, comme s'il avait **voulu d'emblée gagner ses galons.**

On aborde un troisième vol.

Le nommé Lesoin, dont il est question dans l'acte d'accusation, raconte les faits qui y sont relatés.

Les trois accusés reconnaissent que tout cela est vrai.

La série des témoins continue ainsi rapidement ; les faits étant avoués.

Vient le témoin Bazin, épicier à Auchy-au-Bois ; rien de particulier.

D. — Gossart, vous avez voulu aller chez Butel, qui vous a envoyé un coup de fusil ?

R. — Je n'ai pas été chez Butel, et je n'ai pas entendu de coup de fusil.

D. — Mais, c'est vous qui l'avez dit à l'instruction.

R. — Je n'ai jamais dit cela.

D. — Comment avez-vous forcé la porte ?

R. — En poussant avec une barre de fer.

Les trois accusés reconnaissent tous ces faits.

La femme Bonte de Lapugnoy dépose du vol rapporté plus haut.

Gossart et Carpentier avouent.

D. — Quelle heure était-il Carpentier ?

R. — Il n'était pas bien tard, vers dix heures ou dix heures et demie.

Denis d'Allouagne dépose du vol de ses poules et de ses pigeons.

Il a constaté chez ses pigeons qu'on lui en avait pris six, et qu'on lui avait laissé un mâle d'un couple et une femelle de l'autre.

Cela fait rire Gossart qui du reste reconnaît de bonne grâce tout ce qu'on lui reproche.

Carpentier aussi.

De même pour le vol Perrin, le vol Devincre, dont les victimes avaient déjà subi en novembre un vol beaucoup plus important dont on n'a pas trouvé les auteurs. — Gossart nie avoir pris du jambon.

Le vol Boucry à Hersin-Coupigny n'est pas avoué par Carpentier.

Boucry répète ce qui est dit dans l'acte d'accusation.

Le témoin avait déclaré le contenu de ses cinq bouteilles, les marques de son sac ; et dans une perquisition chez Carpentier on a retrouvé le sac et dans un litre de l'absinthe.

Carpentier nie.

D. — Où avez-vous eu ce sac ?

R. — Il ne vient pas d'Hersin-Coupigny, mais d'Aumerval.

D. — Comment l'avez-vous eu ?

R. — Un jour avec Gossart, comme il pleuvait, nous sommes entré dans une grange, et nous avons pris chacun un sac.

D. — Alors, vous ne l'avez pas volé à Hersin, mais ailleurs ?

R. — Oui, monsieur.

La femme Boucry reconnaît son sac aux marques du meunier.

Aveu du vol chez Hay à Barbin, commis par Carpentier avec un complice contre lequel on a relevé trop peu de charges pour poursuivre ; quant au vol à Febvin-Palfart, c'est le gendarme Bonnart qui vient en déposer, Carpentier ne l'avoue pas ; il dit qu'étant couché dans une grange de Febvin-Palfart, vers quatre heures du matin, il partait quand il a vu un nommé D .. F... qui sortait de la maison Leprêtre.

D. — Qu'est-ce qui s'est passé ?

R. — Il m'a dit : Tiens, c'est toi, Carpentier, je lui dis : oui ; il me demande de ne rien révéler et me donne des figues et quelques autres choses ; il a même ajouté quel malheur qu'il est si tard, nous aurions pu faire un joli coup par ici cette nuit.

Le vol de Bruay est avoué par Delpierre.

Les deux vols qui suivent, imputés à Carpentier, sont niés.

D'abord l'affaire d'Enguinegatte.

Le brigadier de gendarmerie de Fauquembergues dépose des faits connus, tels qui sont rapportés au premier acte d'accusation.

Le témoin rappelle la déclaration d'un gamin qui aujourd'hui ne veut rien dire mais qui a dit au garde que Carpentier était venu chez lui et avait dit que si les gendarmes venaient on tirerait dessus.

D. — Carpentier, avouez-vous ce vol ?

R. — Non, monsieur le président, ce n'est pas moi, je le jure. S'il y a un Dieu... il ..

D. — Oh ! Je ne comprends pas cette protestation quand vous en avez déjà avoué onze, du reste voici le témoin principal, nous verrons s'il vous reconnaît.

R. — Quand même, il est bien sûr qu'il me reconnaîtra, il me connaît depuis longtemps.

Debomy raconte les faits connus ; comment il a entendu le bruit et s'est battu avec le voleur ; jusqu'à ce que celui-ci tirant de sa poche un outil, l'en ait frappé plusieurs fois violemment à la tête. Il porte

encore les traces des coups, a été malade pendant
deux mois et n'est pas encore guéri.

Le témoin déclare que c'est Carpentier et qu'il le
reconnaît.

D. — Qu'en dites-vous Carpentier ?

R. — Il doit bien me reconnaître, puisque j'allais à
son estaminet, il m'a rasé et m'a coupé les cheveux
souvent. Il devait donc me connaître.

Quelques jurés demandent au témoin s'il a pu bien
voir le voleur avant de le frapper et s'il le connaissait.

Il dit qu'il a bien eu le temps de le voir avant de
frapper, mais dès le premier coup il a laissé tomber
sa bougie et a engagé la lutte. Seulement il ne connaissait pas Carpentier ; il a donné le signalement du
voleur ; et sa femme lui a dit : Ça doit être Carpentier.

La femme Debomy confirme la déposition de son
mari et répète les faits. (Voir l'acte d'accusation.)

Sur interpellation, elle déclare qu'elle connaissait
très bien Carpentier qui a été son beau-frère *du temps
passé*. Elle n'en paraît guère attristée.

Une femme qui avait vu passer trois individus a été
interrogée par les gendarmes Sur ses déclarations on
avait arrêté un Obœuf. Mais on sait qu'il y a eu ordonnance de non-lieu au sujet des Obœuf, beaux-
frères de Carpentier. Nous n'insistons donc pas.

Une petite fille de onze ans vient faire une déposition de peu d'importance. Elle avait vu entrer un
homme chez Obœuf ; elle est venue dire à sa mère
que c'était Carpentier. Sa mère a prévenu le garde,
qui a averti télégraphiquement les gendarmes ; mais
ceux-ci sont arrivés trop tard.

Debomy d'Erny rencontre dans un cabaret Carpentier et lui dit : N'êtes-vous pas Carpentier ? Et Carpentier lui aurait dit : Je ne voudrais pas pour dix ou douze mille francs être dans sa peau, jamais tranquille, toujours traqué, surtout depuis ce qui s'est passé à Enguinegatte.

Carpentier nie avoir tenu ce dernier propos.

M. Delarozière, maire d'Enguinegatte, est celui qui, avec le concours des gardes, a arrêté Carpentier ; il ajoute que Carpentier n'a pas opposé grande résistance ; il a donné une simple secousse à la suite de laquelle ses vêtements se sont déchirés.

L'autre et dernier vol est également nié par Carpentier. Le gendarme et la dame qui a été volée à Enquin viennent déposer. Cette femme, qui est couturière, a plus tard reconnu une jupe noire sur la femme Carpentier, et quand on a fait la perquisition, elle a reconnu un caraco en flanelle.

D. — Carpentier, reconnaissez-vous ce vol ?

R. — Non, monsieur.

D. — Comment ce caraco était-il chez votre femme ?

R. — Je ne sais même pas s'il y était, puisque je n'y rentrais jamais.

La femme Carpentier, figure sombre, cheveux noirs, est habillée de gris.

L'avocat demande à la femme Carpentier d'où vient ce caraco.

Le témoin répond qu'elle le tenait d'une femme belge, comme une autre femme lui avait donné un autre caraco.

Quant aux bouteilles elle les tenait de ses parents

qui lui apportaient du lait. Pour l'absinthe, elle l'avait achetée elle même.

Enfin elle dépose que c'est Picavet, Delpierre et Gossart, que ce sont eux qui ont entraîné son mari dans le vol.

Interrogé sur l'origine de sa blessure à l'oreille, Carpentier dit qu'un jour, en se battant, comme il était ivre, il est tombé sur le rebord d'une serrure et s'est fait ainsi cette blessure.

Après réquisitoire et plaidoiries, le jury se retire pour délibérer sur les 81 questions qui lui sont posées. Il revient une heure plus tard avec un verdict affirmatif sur toutes les questions, sans admission de circonstances atténuantes. Carpentier est condamné aux travaux forcés à perpétuité, Gossart à cinq ans et Delpierre à dix ans de la même peine.

4 OCTOBRE

Trois affaires sont inscrites au rôle de la Cour d'assises de ce jour.

Iʳ AFFAIRE : *Vols qualifiés.*

Accusés : Boidin, Louis, 19 ans, journalier à Boulogne.

Boidin, Georges, 16 ans, journalier à Boulogne.

Ministère public : M. Bouillon, substitut

Défenseurs : Mᵉ DELPIERRE, pour Boidin, Louis.

Mᵉ DUQUENOY, pour Boidin, Georges.

Dans la nuit du 19 au 20 juillet dernier, des malfaiteurs s'introduisirent dans l'entrepôt des tabacs situé à Boulogne, rue Basse-des-Tintelleries et dépendant de la maison habitée par M. Lachambre, receveur principal. Pour y parvenir ils commencèrent par fracturer une porte donnant sur une clôture vitrée qu'ils n'osèrent pas forcer, puis ils ouvrirent au moyen d'une pesée opérée entre les deux battants une autre porte donnant directement accès de la rue dans les magasins. Ils s'emparèrent de 8 kilogrammes de cigares, de 57 kilogrammes de tabac à fumer du prix de 4 fr. 40, de 2 kilogrammes de tabac du prix de 11 fr. 50 et d'une certaine quantité de tabac à priser. La valeur totale de ces objets s'élevait à 518 francs.

Les auteurs de ce vol restèrent pendant quelques jours inconnus, mais la justice ne tarda pas à être informée qu'une partie du tabac volé devait se trouver rue Tivoli, 43, chez la dame Dumont et ses fils. Quatre paquets de tabac furent saisis chez eux, les frères Dumont déclarèrent que ce tabac leur avait été vendu par Louis Boidin, demeurant rue de la Tour d'Ordre. Une perquisition faite à son domicile fit découvrir, caché dans le grenier de la maison, la plus grande partie du tabac soustrait à la régie. Les sieurs François Dumont et Albert Boidin déclarent que Boidin Louis et son frère Georges leur ont avoué que le tabac vendu provenait d'un vol commis au préjudice de la régie. La perquisition opérée chez les accusés permit de constater qu'ils étaient les auteurs d'autres vols qualifiés commis récemment.

On trouva chez eux une grande cage contenant une vingtaine d'oiseaux, deux casquettes, deux jupons, un corsage et du linge provenant d'un vol accompli à l'hôtel Britannia, rue Porlo-Wallotto, 2, à Boulogne. Les voleurs avaient fracturé pendant la nuit du 31 juillet au 1er août 1886 la porte d'une cave et s'étaient introduits de là dans la cuisine et dans la salle à manger, emportant tout ce qu'ils avaient trouvé à leur convenance. Tous ces objets sont formellement reconnus par leurs propriétaires.

Enfin, on découvrit chez les inculpés un paletot, un gilet et une quinzaine de coupons ou morceaux de velours provenant d'un vol commis dans la nuit du 3 au 4 avril dernier, dans un magasin de rouenneries, Grande Rue, 18, à Boulogne. Les malfaiteurs avaient brisé les carreaux placés au-dessus de la porte et étaient sortis par une fenêtre donnant sur la rue. Ils avaient dérobé des marchandises évaluées à trois ou quatre cents francs. Il paraît probable que pour accomplir ce méfait, on a fait passer un jeune garçon, sans doute un des enfants Boidin, moins âgé que les accusés au dessus de la porte par l'ouverture pratiquée dans le carreau.

Malgré toutes ces charges, les frères Boidin n'ont voulu avouer leur participation directe à aucun des vols qui leur sont imputés.

Ils prétendent avoir acheté le tabac et les cigares à un fraudeur inconnu, quant aux objets volés à l'hôtel Britannia, ils auraient été ramassés sur la voie publique, par Georges Boidin au moment où ils venaient d'être abandonnés par des inconnus. Louis Boidin dit avoir acheté à un marchand ambulant les vêtements et les étoffes volées dans le magasin de la Grande Rue. Ces explications sont inadmissibles et le poids et la nature des objets volés nécessitent la présence de deux personnes.

La réputation des accusés est des plus mauvaises. Louis Boidin a subi six condamnations dont quatre pour vol. Georges Boidin a été convaincu deux fois de ce même délit.

Le jury, après délibération, rapporte un verdict

affirmatif quant au vol de vêtements, négatif quant au vol de tabac et au vol de l'hôtel Britannia, et mitigé par des circonstances atténuantes. Boidin Louis est condamné à 3 ans de prison, son frère à 2 ans de correction.

✕

2ᵉ AFFAIRE. — *Attentats à la pudeur.*

Accusé : Hubert Menu, 55 ans, cantonnier à Bénifontaine.

Défenseur : Mᵉ LEFÉBURE.

Menu est condamné à un an de prison.

✕

3ᵉ AFFAIRE. — *Attentat à la pudeur.*

Accusé : Louis Lamarre, 38 ans, journalier à Guines.

Défenseur : Mᵉ ARNAUD.

Lamarre est condamné à quinze ans de travaux forcés.

5 OCTOBRE

L'audience de la Cour d'assises de ce jour comprend deux affaires.

1ʳᵉ AFFAIRE. — *Attentat à la pudeur.*

Accusé : Fleury, Charles-Pierre, 32 ans, marin à Calais.

Ministère public : M. Bouillon, substitut.

Défenseur : Mᵉ POILLION.

Fleury est condamné à deux ans de prison.

✕

2ᵉ AFFAIRE. — *Assassinat et vols qualifiés.*

Accusé : Lamour, Victor, 37 ans, couvreur en tuiles à Vendin-le-Vieil.

Ministère public : M. Saint-Aubin, procureur.

Défenseur : M· TIBLE.

La nommée Marquilly, Marie, veuve Dubois, plus généralement connue sous le nom de « Marie Mon'chnid » habitait seule à Wingles une petite maison lui appartenant. Depuis deux ans environ, elle se livrait chaque jour à la mendicité dans les communes de Wingles, d'Hulluch, de Vendin-le-Vieil, de Bénifontaine, d'Annay et de Billy-Berclau. On la recevait volontiers et on l'assistait, bien qu'on n'ignorât pas qu'elle possédait quelques ressources.

Le 27 novembre 1885, à neuf heures du matin, une voisine de la veuve Dubois, la nommée Delvalle, Florentine, veuve Hecquet, voulut, suivant son habitude, traverser le couloir qui sépare en deux parties à peu près égales la maison de la veuve Dubois, pour aller chercher de l'eau à une pompe dans sa cour. Etonnée de trouver la porte fermée, elle regarda par la fenêtre de la cuisine qui était ouverte. Un carreau était brisé et à l'extérieur des livres et plusieurs objets étaient par terre. Courant aussitôt à la fenêtre de la chambre à coucher, la nommée Delvalle réussit à l'entrouvrir et aperçut la veuve Dubois étendue en travers de son lit, gisant dans une mare de sang. A ses cris, plusieurs témoins arrivèrent et pénétrèrent dans la maison, la veuve Dubois avait été assassinée pendant la nuit. On s'était introduit d'abord dans la cuisine par la croisée, puis dans la chambre en traversant le couloir. On avait tout fouillé, les armoires, les tiroirs, les coffres. La tête de la victime avait été pour ainsi dire broyée à l'aide d'un instrument contondant. Aux termes du rapport médical, la mort est due à une fracture comminutive du crâne avec contusion du cerveau. Les plaies sont dues à des coups violents. La veuve Dubois a été frappée très violemment à l'aide d'un corps contondant très lourd. La mort a été instantanée et est intervenue pendant la digestion.

Dès le lendemain du crime, la nommée Marcy, Constance, femme Clarisse, déclara que le jeudi 12 novembre, la veuve Dubois s'était arrêtée chez elle et avait longtemps causé. Elle avait raconté qu'elle allait mendier à Vendin-le-Vieil dans une maison où on la recevait fort bien, qu'on lui avait demandé où elle demeurait et si elle demeurait seule, et qu'elle avait répondu à toutes les questions. « Comment, s'était alors écriée la femme Clarisse, vous avez dit tout cela ! mais, malheureuse, vous serez tuée ! » La veuve Dubois n'avait pas nommé la maison de Vendin, mais la femme Clarisse et son ouvrier Léon Lecouffe qui avait entendu la conversation, avaient l'un et l'autre parfaitement compris qu'il s'agissait de la maison du nommé Lamour, Victor, contrebandier à Vendin. La justice se rendit dans ce village et ramena l'individu soupçonné qui subit un premier interrogatoire. Aussitôt confronté avec la victime, Lamour ne put, un instant, supporter la vue du cadavre, détourna obstinément la tête, cherchant à faire croire qu'il pleurait et se cachant les yeux.

Appelé à justifier de l'emploi de son temps dans la nuit du 16 au 17 novembre, l'accusé fournit des explications en contradiction flagrante avec celles de sa femme et de sa fille Zélie, âgée de seize ans. Il fut donc mis en état d'arrestation et l'information suivie contre lui révéla les charges suivantes :

Au commencement de novembre Lamour était sans argent. Le lendemain du crime, la gendarmerie découvrait chez lui une somme de 45 fr. 50 et il a été établi qu'il avait acquitté plusieurs dettes. Or la veuve Dubois, peu avant le crime, avait fait vendre par un sieur Dutilleux deux hectolitres de blé au marché de La Bassée pour le prix de 34 francs ; en outre elle devait avoir quelques revenus. Tout a disparu. Interrogé sur la provenance de l'argent trouvé chez lui, Lamour déclare avoir remis à sa femme une somme de 51 francs composée de dix pièces de cinq francs et d'une pièce de un franc en argent, le mercredi 25 novembre, à trois heures de l'après-midi, en rentrant d'un voyage de fraude qu'il venait d'effectuer. La femme Lamour prétend que son mari, rentré de son voyage le mercredi 25 novembre, à une heure du matin, lui a remis 35 francs, le tout en pièces de cinq francs en argent. Zélie Lamour, fille de l'accusé, a donné une troisième explication.

Lorsque le 27 novembre les gendarmes vinrent chercher l'accusé à Vendin-le-Vieil, ils le trouvèrent occupé au marais. Il ne leur posa aucune question et se laissa conduire à Wingles, sans s'enquérir du motif pour lequel il était appelé. A Wingles, il soutint n'avoir eu connaissance du crime qu'en entrant dans la maison de la veuve Dubois. Or sa fille déclare avoir raconté chez elle devant tout le monde, notamment devant lui, les circonstances de l'assassinat de Marie Mon'chnil qu'elle venait d'apprendre, et qu'il s'est écrié : « C'est un grand malheur. »

Le même jour 27 novembre, Lamour indiqua quels vêtements il portait la veille, à savoir un pantalon, un gilet et un veston de velours marron passé. Il avait, dit-il, encore sur lui les mêmes vêtements, sauf un paletot en toile qu'il avait substitué au veston en velours. La chemise qu'il portait, il l'avait mise, disait-il, le 23 novembre et ne l'avait pas quittée depuis. Or la chemise de Lamour était presque blanche, et il était évident qu'il l'avait mise récemment.

En vertu d'une ordonnance de monsieur le juge d'instruction, la gendarmerie de Lens se rendit à Vendin-le-Vieil le 28 novembre et opéra au domicile de Lamour la saisie d'un pantalon en drap portant une tache de sang très apparente et d'une chemise avec des taches suspectes, que la femme Lamour s'était empressée de mettre tremper avec d'autre linge dans une cuve. Il fut impossible de découvrir alors le veston en velours décrit par l'accusé. Mais le 17 janvier, au cours d'une nouvelle perquisition le veston fut trouvé dans une armoire où on l'avait replacé, pensant qu'on ne reviendrait pas. Des magistrats assistant aux recherches demandèrent à la femme Lamour si c'était bien là le seul et unique veston en velours de son mari, celui qu'il avait le 25 novembre. Elle répondit affirmativement, et sur l'observation qu'il était couvert de sang même à l'intérieur à hauteur des poches, elle se mit à sangloter et tous les enfants furent en proie à une profonde désolation.

Les conclusions des rapports de l'expert sont des plus formelles : le pantalon et le gilet avaient chacun une tache de sang, le veston en velours en avait plusieurs au dos, à hauteur de la fesse gauche, à la poche droite intérieure, à la poche gauche à hauteur de la poitrine. La chemise en portait aussi de nombreuses qu'un lavage avait incomplètement enlevées. Sans pouvoir affirmer que le sang qu'il a analysé soit du sang humain l'expert lui a reconnu tous les caractères du sang de mammifère. Lamour prétend avoir été blessé par son barbier, hypothèse qui n'expliquerait pas le sang à la chemise et surtout à la poche intérieure.

Enfin quand il était détenu à Béthune, l'accusé a cherché à faire parvenir à sa femme par l'entremise des prisonniers libérés, plusieurs lettres qu'il lui a écrites et qui contiennent des déclarations significatives. Il recommande à sa femme de ne pas « en dire trop » et il insiste pour qu'elle affirme comme lui qu'il ne s'est pas levé pendant la nuit du 26 au 27 novembre.

Telles étaient les charges graves recueillies par la procédure, quand de nouvelles révélations furent faites à la justice par la fille et la femme de l'accusé, qui jusque-là avaient fait tous leurs efforts pour le disculper. Zélie Lamour raconta, la première, que dans la soirée du 26 novembre, son père était parti sans souper vers neuf heures ; il emportait de la suie, une bougie et une barre de fer d'environ 50 cent. de long. Rentré vers onze heures, il avait la figure toute noircie par la suie, et il était comme perdu. Il avait dit alors à sa femme qu'il aurait voulu n'avoir pas fait un coup pareil, qu'il n'y avait pas beaucoup d'argent, que la femme s'était levée pendant qu'il cherchait dans la chambre, il l'avait prise à bras-le-corps, l'avait jetée sur son lit et l'avait tuée.

Ce récit a été confirmé par la femme Lamour qui a ajouté que son mari lui a remis une somme de quarante-cinq francs, deux draps de lit et une serviette. Elle fit également connaître que Lamour avait été jeter dans une mare la barre de fer qu'il avait rapportée. Cette barre a en effet été retrouvée au lieu indiqué, les deux draps de lit et l'essuie-mains ont aussi été reconnus pour avoir appartenu à la veuve Dubois.

Malgré ces preuves décisives, l'accusé a persisté à nier sa culpabilité. L'information suivie à sa charge a établi qu'il était également l'auteur d'un vol qualifié commis à Wing'es dans la nuit du 25 au 26 juillet 1885, au préjudice du sieur Menu, cabaretier et marchand de chaussures. Le

malfaiteur avait eu soin d'attacher avec une corde la poignée
de la porte à un anneau fixé dans le mur ; certain ainsi de
n'être pas surpris, il avait cassé deux carreaux à la devanture d'un magasin et il avait dérobé 25 ou 30 paires de
pantoufles

Quelques jours plus tard, des pantoufles semblables
étaient offertes en vente par Lamour aux époux Boudois. Ces
derniers le reconnaissent sans hésitation, bien qu'il sou-
tienne ne les avoir jamais vus et n'avoir pas commis le vol
qui lui est imputé.

Depuis plusieurs années l'accusé Lamour ne se livrait à
aucun travail, et il était impossible d'expliquer comment il
pouvait subvenir aux besoins de sa nombreuse famille. Des
révélations produites au cours de l'information suivie contre
lui du chef d'assassinat ont démontré qu'il trouvait dans le
vol les ressources nécessaires à son existence et à celle des
siens. De nombreux faits ont été relevés contre Lamour.

Le 12 février 1882, il se rendit à Vendin-le-Vieil avec sa
femme, pénétra, en passant dans la trouée d'une haie, dans
la propriété du sieur Blanchant, s'assura de son absence,
puis, poussant une fenêtre mal fermée et escaladant le soubassement, entra dans la maison. Il fractura, avec un tisonnier, la porte d'une garde-robe et y prit une somme de
80 francs en numéraire, deux paires de draps de lit, puis
se retira en emportant des œufs qui se trouvaient sur la
cheminée.

Dans la soirée du 3 février 1885, l'accusé Lamour pénétra
dans le jardin du sieur Duclermortier, à Vendin-le-Vieil, en
escaladant un mur de clôture et en pratiquant un trou dans
le mur de la grange. Arrivé dans le jardin il brisa un volet,
cassa un carreau et entra dans la chambre à coucher. Il

fractura tous les meubles de la maison et s'empara de tout l'argent qu'il put trouver, c'est-à-dire d'environ quatre à cinq cents francs.

Le 27 mars 1885, il pénétra chez le sieur Lenglemetz à Vendin-le-Vieil en faisant une ouverture dans le mur de la grange, puis dans celui de la maison. Il fouilla tous les meubles et ne trouva qu'une somme de trente francs cachée sur un sommier. Alors qu'il se rendait chez le sieur Lenglemetz, l'accusé fut rencontré à peu de distance de la demeure de ce dernier par un sieur Coudin qui l'a parfaitement reconnu.

Le 25 juillet 1885, dans la matinée, il entra chez la veuve Bliquennois qui était absente, il alla d'abord dans le jardin et à l'aide d'un clou souleva la porte de la maison fermée par un loquet, s'armant d'un tisonnier, il fit sauter la serrure d'une garde-robe, y déroba une montre en argent et la chaîne en acier, puis s'empara d'une somme de 610 francs cachée sous ce meuble. Il fouilla ensuite le pantalon du fils Bliquennois et enleva un porte-monnaie contenant 4 à 5 francs qui se trouvait dans l'une des poches, puis sortit par le même chemin.

Dans la soirée du 27 septembre 1885, profitant de l'absence du sieur Decarnin, de Vendin-le-Vieil, Lamour pénétra dans la maison et tenta, sans y réussir, de forcer plusieurs meubles ; il s'empara seulement d'une somme de 40 centimes trouvée sur la cheminée. L'accusé pour commettre ce vol, avait d'abord suivi une ruelle déserte, traversé plusieurs jardins séparés par des haies, puis escaladant, à l'aide de deux arbres, le mur de clôture haut de deux mètres, était entré dans la maison. Une râpe trouvée sur les lieux a été reconnue par la famille de Lamour pour lui appartenir.

Le 19 octobre 1885, vers trois heures et demie de l'après-midi, il pénétra en escaladant une clôture, dans la cour du sieur Houdart à Hulluch. La porte de la maison n'étant pas fermée, il entra et déroba dans une garde-robe une somme de 40 francs en numéraire et un porte-monnaie. Il sortit par la porte donnant sur la rue et fut aperçu par la fille Houdart qui habite presque en face de chez ses parents.

Enfin dans les premiers jours du mois de novembre 1885, Lamour quitta son domicile vers trois heures du matin, passa par une trouée pratiquée dans une haie longeant un sentier écarté, pénétra dans le jardin de la maison occupée, à Vendin-le-Vieil, par la dame Duquenne, veuve Ferron et se cacha dans une grange dépendant de cette habitation. Dès que la femme Duquenne fut partie à son travail, l'accusé ouvrit un volet, leva une fenêtre à guillotine et escaladant le soubassement, entra dans la maison où il fouilla tous les meubles. Il s'empara d'une somme de 40 francs qu'il découvrit cachée dans un four. La veuve Ferron avait quitté sa maison à cinq heures et demie du matin, il ne faisait pas clair. Au jour est arrivé un ouvrier pour battre des récoltes, le vol a dû être commis entre le départ de la veuve Ferron et l'arrivée de l'ouvrier.

A l'exception du vol commis chez le sieur Blanchant, l'accusé nie les faits qui lui sont reprochés, mais il est contredit par les affirmations énergiques de sa femme et de sa fille et par les témoins.

Les plus mauvais renseignements sont donnés sur Lamour, qui était considéré par tous comme un malfaiteur dangereux.

6 OCTOBRE

Les débats de l'affaire Lamour continuent, puis les

plaidoiries ont lieu. Le jury se retire enfin pour délibérer sur les 52 questions qui lui sont soumises et revient avec un verdict affirmatif sur tous les points, sauf sur les questions concernant les vols.

Lamour est condamné à la peine de mort et l'arrêt décide qu'il sera exécuté sur la place de Béthune.

7 OCTOBRE

Dans l'après-midi ont lieu les obsèques de Jean-Baptiste **Pelat**, doyen des pompiers. La Compagnie, officiers compris, s'y trouve tout entière.

8 OCTOBRE

AIRE. — La nouvelle se répand à Aire que Monseigneur **Scott,** le doyen vénéré, vient d'être élevé à la dignité de protonotaire apostolique par S. S. Léon XIII.

10 OCTOBRE

LUMBRES. — La Société d'instruction républicaine du canton procède sous la présidence de M. le Sous-Préfet de Saint-Omer à la distribution solennelle des prix qu'elle accorde chaque année aux lauréats du certificat d'études.

14 OCTOBRE

Une séance est donnée le soir à huit heures au Café Lefebvre par le jeune **Jacques Inaudi,** le célèbre et merveilleux calculateur.

16 OCTOBRE

Le bureau de poste créé à Blendecques commence à fonctionner. La commune d'Heuringhem précédemment desservie par le bureau de Saint-Omer est rattachée à celui de Blendecques.

✕

La rentrée du Tribunal se fait avec le cérémonial accoutumé. La messe du Saint-Esprit est célébrée à onze heures à la cathédrale par M. le Grand-Doyen. Le corps judiciaire assiste au complet à cette cérémonie.

✕

A la suite de l'audience de rentrée, l'ordre des avocats procède à l'élection de son Conseil de discipline. Sont élus : *Bâtonnier* : Mᵉ Fournier. — *Secrétaire :* Mᵉ Tible. — *Membres :* Mᵉˢ Arnaud, de la Gorce, Marion.

✕

Tournehem. — Une grange avec toutes ses récoltes et une batteuse mécanique appartenant à M. **Liné,** Alexandre, devient la proie des flammes. Les pertes s'élèvent à plus de dix mille francs et sont heureusement couvertes par une assurance.

18 OCTOBRE

M. **Cuvelier,** officier de santé, doyen du corps médical de St-Omer, décède dans sa quatre-vingt-dix-septième année. Ses funérailles ont eu lieu le 21 octobre.

La levée du corps a été faite par M. le doyen du Saint-Sépulcre ; un peloton du 8ᵉ de ligne commandé par un sous-lieutenant, rendait les honneurs militaires. La levée du corps s'est faite à la sonnerie lugubre de la trompette.

La croix était portée par M. le docteur Mantel, et les

décorations du défunt par M. Kosser M. le docteur
Bernard portait une magnifique couronne. Une autre
était portée par la Société de Saint Léonard.

Les coins du poêle étaient tenus par MM. les docteurs Poulain, Castier et Wintrebert, M. Duméril,
M. Marion, avocat, et M. Cordier, ancien médecin
militaire.

Dans le cortège on remarquait les pauvres des hospices, les notabilités audomaroises et nombre d'officiers de la garnison.

L'église était tendue de noir.

Le service solennel a duré jusqu'à midi et quelques
minutes et le cortège s'est ensuite dirigé vers le cimetière. Le deuil était conduit par M. Herménégilde.
neveu du défunt.

Sur la tombe, M. le docteur Castier a fait, en ces
termes, l'éloge du défunt.

Messieurs,

L'existence presque séculaire de l'homme de bien, auquel
je viens rendre un suprême hommage, ne compte que des
œuvres dignes et utiles.

Pendant plus de soixante ans M. Cuvelier a rendu d'émi-
nents services à son pays et aux nombreuses familles riches
et pauvres dont les membres formaient l'imposant cortège
qui tout à l'heure se déroulait à travers les rues de
notre cité.

Bien que depuis plusieurs années il eût renoncé à la pratique de son art, le souvenir de son dévouement et de son
désintéressement est resté vivace dans le cœur de tous ceux
qui l'ont connu.

Vers le mois d'août 1807, au moment de terminer ses

études littéraires et scientifiques, il fut requis, au nom du ministre de la guerre, par le commissaire ordonnateur comme chirurgien sous-aide et désigné successivement pour les hôpitaux de Calais et de Flessingue.

Quelques années après, il fut incorporé au 144° de ligne en qualité d'aide-major.

Il se fit remarquer par une activité et un zèle qui lui méritèrent l'honneur d'être cité plusieurs fois à l'ordre du jour, et notamment après la bataille de Lutzen dans laquelle il avait au péril de sa vie transporté dans ses bras, hors d'une grange en feu, plusieurs blessés de son régiment.

Rentré dans la vie civile, il s'installa bientôt au milieu des siens pour se consacrer définitivement à l'exercice de la profession médicale et il ne tarda pas à acquérir une situation importante.

A ses débuts il se chargea à titre gracieux du bureau de bienfaisance de la commune d'Arques, pour venir en aide au titulaire longtemps malade. C'est dans ce service qu'il se fractura la jambe en se précipitant d'une hauteur de plus de cinq mètres au secours d'un jeune enfant sur le point de se noyer.

En 1832, quand le choléra asiatique ravageait nos faubourgs, il se prodigua jour et nuit pour soigner les indigents ; n'écoutant que son zèle il prenait à peine le repos nécessaire pour ne pas succomber à la tâche. Les annales du temps relatent les témoignages de haute estime que lui décernèrent les autorités municipales.

L'administration hospitalière le nommait, vers la même époque, chirurgien de l'hospice Saint-Jean, de l'hôpital général et de Ste-Anne.

Dans l'accomplissement de ces diverses fonctions aussi

bien que dans sa clientèle privée, M. Cuvelier montra toujours une ponctualité remarquable, un zèle ardent, une excessive délicatesse de conscience et une abnégation sans bornes. Dans ce cœur noble et généreux toutes les infortunes rencontraient un écho sympathique, aussi n'hésita-t-il pas à solliciter son admission dans l'Association des médecins du Pas-de-Calais et à perpétuer par une somme importante sa cotisation annuelle.

Les faits glorieux de sa carrière déjà bien longue et surtout son dévouement pour les pauvres lui valurent la croix de la Légion d'honneur (1869).

En 1870 il offrit son précieux concours en faveur de nombreux blessés qui remplissaient nos hôpitaux. Il oubliait ses fatigues et son grand âge pour prodiguer les fruits de sa vaste expérience aux descendants de ses anciens compagnons d'armes.

Quand vint le moment de la retraite, il trouva dans ses goûts modestes et dans le bonheur du foyer domestique un remède contre l'ennui et l'inaction. Malgré le labeur incessant de trois quarts de siècle, les années n'avaient point marqué leur empreinte sur cette noble figure toujours douce et sereine.

Tout à coup une indisposition d'abord légère menaça cette belle existence.

Il vit approcher sans effroi l'heure dernière et demanda à la religion qu'il avait toujours aimée et pratiquée le courage et la force nécessaires pour supporter les angoisses de la séparation.

Puissent les témoignages d'estime et de reconnaissance donnés par cette foule recueillie, où l'on ne compte que des amis, alléger la douleur de sa fille bien aimée qui lui a prodigué constamment les soins les plus affectueux.

Adieu, cher et vénéré confrère, ou plutôt au revoir.

24 OCTOBRE

Les sapeurs-pompiers de Saint-Omer célèbrent leur fête annuelle. Après une messe en musique à l'église Notre-Dame, ils sont passés en revue, à midi, sur la Grande-Place, par M le général **Pierron**, accompagné de M. le Maire et de M. le Sous-Préfet. Un banquet réunit ensuite nos braves pompiers dont la fête se termine par un bal charmant et animé.

25 OCTOBRE

Représentation au Théâtre par la troupe de Dunkerque (Direction Merle et Moté) : *Paillasse,* drame ; *Le Maître de Chapelle.*

✕

Par décision ministérielle en date de ce jour, M. **Bonatous**, (Joseph-Léon), sous-ingénieur à la raffinerie nationale de Bordeaux est désigné pour passer avec son grade à la poudrerie nationale d'Esquerdes.

27 OCTOBRE

Séance du Conseil municipal.

Absents : MM. Brillaud, Minne, Devaux.

Avant d'aborder l'ordre du jour, M. le Maire avise le Conseil de la démission de M. Hanequier, receveur municipal Le Conseil renvoie l'examen des candidatures à ces fonctions à la Commission des finances

Le Conseil vote aussi une subvention de 1200 francs à la direction du théâtre de Dunkerque à la condition que les artistes qui desservent ce théâtre donnent à Saint Omer une représentation hebdomadaire.

On passe ensuite à l'ordre du jour.

1º Le Conseil donne un avis favorable sur un legs fait aux Petites Sœurs des pauvres par Mlle Truche, à la condition que ce legs ne profite jamais qu'à l'établissement de Saint-Omer.

2º Le Conseil vote une subvention de 200 francs pour l'Œuvre des Dames Patronnesses de l'asile des faubourgs.

3º Le Conseil approuve le cahier des charges pour l'adjudication du pesage, jeaugeage et mesurage.

4º Le Conseil approuve de même le cahier des charges des travaux du service d'entretien des propriétés communales.

5º Le Conseil renvoie à une commission spéciale l'examen du cahier des charges des droits de places aux divers marchés de la ville. Sont nommés membres de cette commission : MM. Cadet, Devin, Thibaut, Gilliers et Berteloot.

6º Le Conseil approuve des décomptes de travaux relatifs à la construction du marché couvert et vote un secours de 116 francs en faveur de la veuve du receveur de l'octroi de la porte de Lyzel.

Une discussion s'élève à la fin de la séance entre M. Cadet et M. le Maire à propos des heures d'ouverture de la Bibliothèque communale. Les observations de M. Cadet seront soumises à la Commission de la Bibliothèque.

31 OCTOBRE

M. l'abbé **Décrouille** est installé solennellement comme curé du Haut-Pont en remplacement de M. l'abbé **Bret.**

MOIS DE NOVEMBRE

4 NOVEMBRE

Le Comité de la Société de secours aux blessés fait célébrer en l'église Notre-Dame un **Service solennel** pour le repos de l'âme des officiers, sous-officiers et soldats des armées de terre et de mer **morts pour la patrie.**

5 NOVEMBRE

M. Henri **Platiau,** ancien maire de la commune d'Oye, meurt à Boulogne-sur-Mer. Ses funérailles ont lieu à Oye au milieu d'une affluence considérable. Deux discours sont prononcés : l'un par M. Bonvarlet, président de la Société des fêtes de bienfaisance de la commune d'Oye, l'autre par M. Caron, conseiller municipal.

6 NOVEMBRE

Grare, l'assassin de Blendecques, subit la dégradation militaire dans les mêmes formes et le même lieu que son complice **Petiau.** — Grare a vu la peine de mort prononcée contre lui commuée en celle des travaux forcés à perpétuité.

✕

Par décision épiscopale, M. l'abbé **Campagne,** vicaire du Haut-Pont est nommé curé à Bois-Bernard.

13

7 NOVEMBRE

Des élections ont lieu dans le canton de Fauquembergues pour la nomination d'un conseiller d'arrondissement en remplacement de M. **Ogier**. Deux candidats sont en présence : M. **Bonnière**, receveur d'enregistrement en retraite (républicain) et M **Senlecq**, banquier à Fauquembergues (conservateur). M. Bonnière est élu par 1,743 voix (Inscrits : 3,293. — Votants : 2,697).

Voici la répartition des résultats par commune :

COMMUNES	M. Bonnière	M. Senlecq
Audincthun.	72	117
Avroult	37	55
Beaumetz-les-Aire.	64	33
Bomy	103	91
Coyecques	118	50
Dennebrœucq.	34	49
Enguinegatte.	87	37
Enquin.	141	44
Erny-Saint-Julien.	31	78
Fauquembergues	82	139
Febvin-Palfart	117	61
Fléchin	131	33
Laires.	75	44
Merck-Saint-Liévin	95	83
Reclinghem	43	48
Renty	86	86
St-Martin-d'Hardinghem. . .	37	81
Thiembronne.	119	89

8 NOVEMBRE

BLENDECQUES. — Par décret en date de ce jour, M Arthur-Alfred **Picot** est nommé lieutenant des

Sapeurs-Pompiers de cette commune, et M. **Lambin** est nommé sous-lieutenant.

14 NOVEMBRE

La Fanfare des Sapeurs-Pompiers offre un **Bal** dans l'Hôtel de la Compagnie.

×

A midi a lieu dans le grand salon de l'Hôtel-de-Ville la réunion annuelle des anciens élèves du lycée de Saint-Omer. La séance est présidée par M. Ernest Fleury, vice-président, le compte de la situation financière est rendu par M. Battez, trésorier, et la réélection de MM. Battez, Bachelez et Albert Houzet, comme membres de la Commission, clot la séance. — Un banquet à l'hôtel du Commerce suit cette réunion et la journée se termine par un punch d'adieu dans le grand salon du Café de l'Harmonie.

18 NOVEMBRE

ARQUES. — La Société des Carabiniers d'Arques renouvelle sa commission.

Sont élus pour l'année 1887 :

M. F. Gottiniaux, président ; M. Alf. Decléty, vice-président ; M. A. Bisschop, secrétaire - trésorier ; L. Berquer, C. Castelain, D. Castelain, Luy-Matton, C. Chrétien, H. Sacepé, C. Guilbert, commissaires.

19 NOVEMBRE

Séance du Conseil municipal.

Sont absents : MM. Chifflart, Minne et Devaux.

1º Le Conseil procède par voie de scrutin à la nomination des répartiteurs pour l'année 1887, sont élus :

Répartiteurs. — MM. Martin-Evrard, Chifflart, Thibaut, Bommier, Lambert-Brunet, Devin, Gilliers Romain, Brunet, Lemoine, Arnaud.

Répartiteurs-suppléants. — MM. Cossart, Leurs, Nicolle, Cotel père, Deron, Hermant Charles, E. Dreyfus fils, Clay-Dantin, Blanquet Eugène, Berteloot-Monsterlet,

2° Le Conseil désigne comme délégués devant faire partie de la Commission chargée de réviser les listes électorales en 1887 : M. Cadet pour dresser la liste rectificative, MM. Thibaut et Bret pour juger les réclamations.

3° Le Conseil vote 400 francs destinés à permettre à la Supérieure des sœurs Clarisses du Haut-Pont de faire des distributions de soupe aux enfants pauvres qui fréquentent les écoles des faubourgs.

4° Le Conseil, après une grosse discussion sur les droits de place au marché, approuve le cahier des charges qui lui est présenté par la Commission nommée à la dernière séance pour la location des droits de places sur les marchés et qui fixe le minimum du prix des places au Marché aux poissons à 80, 40 et 25 francs, à 80 francs pour les étaux de bouchers et à 40 francs pour ceux des marchands de morue ou de denrées alimentaires.

5° Le Conseil se constitue en comité secret pour établir la liste des candidats aux fonctions de receveur municipal. Ont été désignés : MM. Legrand, employé de M. Loy, percepteur, Duriez et Ammeux.

20 NOVEMBRE

NIELLES-LEZ-BLÉQUIN. — Un incendie éclate dans la maison du sieur Jules **Thomas**, cultivateur ; sa femme et sa fille y trouvent la mort.

21 NOVEMBRE

La Musique communale fait célébrer une messe en l'église Saint-Denis, à l'occasion de la Sainte-Cécile.

Les morceaux suivants sont exécutés pendant la messe :

Hérodiade, de Massenet, fantaisie par Baron.
Morceau d'élévation (Douard).
Domine Salvam (O. Pley).
Pas redoublé (***).

×

Un sermon de charité est prêché dans la cathédrale par le R. P. **Delefortrie**, prieur des Dominicains de Nancy, au profit de l'Œuvre du Denier des Ecoles catholiques.

×

Aire. — Les Sapeurs-Pompiers de cette ville célèbrent leur fête annuelle, en même temps que la musique communale célèbre la Sainte-Cécile.

22 NOVEMBRE

Aujourd'hui ont lieu, à Montpellier, les obsèques de M. **Loy,** chef de musique au 2e génie, né à Saint-Omer, et décédé à l'âge de 44 ans.

Pendant la messe, l'excellente musique du régiment a exécuté plusieurs morceaux funèbres.

Dans le cortège, composé de tous les officiers du génie et de plusieurs officiers de la garnison, des sous-officiers du régiment, des musiciens du 122e de ligne, des caporaux et de militaires du 2e génie, trois draps d'honneur et de très belles couronnes étaient portés par des musiciens du 2e génie et du 122e de ligne,

ainsi que par des sous-lieutenants. En tête des officiers marchait M. Becker, général directeur du génie.

M. le baron Berge, a rejoint le convoi à la sortie de
l'église.

Le cercueil couvert de splendides couronnes de fleurs
naturelles, était porté par huit musiciens du génie.

Le fils du défunt, âgé de dix ans, conduisait le deuil,
accompagné de M. Riondel, colonel du 2ᵉ génie, et de
M. le major du régiment.

Au cimetière, M. Riondel a prononcé sur la tombe
le discours suivant que nous nous plaisons à repro-
duire :

Messieurs,

Le 2ᵉ régiment vient d'être encore une fois frappé bien
cruellement.

Il y a quelques mois, il perdait les capitaines Gueit et
Mathieu enlevés à la fleur de l'âge par de terribles maladies
gagnées, vous le savez, en accomplissant leur tâche ; aujourd'hui c'est notre excellent chef de musique, qui suc-
combe, victime du devoir lui aussi, car nous pouvons affirmer qu'il a contracté le germe du mal affreux qui vient de
l'emporter pendant les grandes manœuvres auxquelles il prit
part avec son ancien régiment.

M. Loy a consacré 23 ans de sa vie au service du pays.
Dans les différentes phases de sa carrière, il s'est toujours
fait remarquer par son amour du devoir et sa conduite
exemplaire, mais c'est surtout pendant qu'il était chef de
musique du 91ᵉ de ligne qu'il fut apprécié par ses chefs, et
en particulier par M. le général Baron Berge qui commandait à cette époque la division et qui depuis lors l'a toujours
honoré de son estime et de son affection.

Excellent musicien, chef de musique remarquable par son zèle et son habileté, officier d'une tenue et d'une honorabilité parfaites, telle était l'opinion qu'on avait de lui dans son ancien régiment et lorsque nous avons été appelés à le noter au moment de l'inspection générale, nous ajoutions après avoir confirmé cette appréciation si vraie qu'il avait le grand talent de tenir sa musique en main, non seulement au point de vue artistique, mais encore sous le rapport de la discipline, et nous le proposions pour la Croix de la Légion d'honneur.

Malgré son énergie, malgré les soins dévoués qui lui ont été prodigués par sa femme et sa fille et par le médecin éminent qui l'a traité avec une véritable affection, notre pauvre camarade n'a pu résister à la maladie qui le minait. Il s'est éteint en faisant preuve, au milieu de ses souffrances, d'un courage et d'une résignation chrétienne vraiment admirables.

Plaignons-le, Messieurs, car il a dû éprouver de cruelles angoisses en songeant au vide que sa mort laisse derrière lui ; plaignons surtout sa veuve inconsolable et ses enfants éplorés qui perdent en lui le plus parfait des chefs de famille.

Adieu, mon cher Loy, au nom de tout le Régiment, au nom aussi du général en chef qui est venu se joindre à nous dans cette triste circonstance. Nous n'oublierons pas, soyez-en certain, ceux que vous laissez, et nous reporterons sur eux toute la sympathie que nous avions pour vous.

×

WITTES. — La foire de Wittes, si renommée par ses poulains de race boulonnaise, a comme par le passé attiré beaucoup de marchands et d'acheteurs.

Une haússe de (5?) fr. s'est fait remarquer chez les poulains de 18 mois, surtout chez les mâles ; et de 100 fr. chez les laiterons.

Les poul·ins mâles de 18 mois coutent : 450 à 675 fr. — Pouliches du même âge, 380 à 500 fr. — Laiterons mâles, 200 à 325 fr. — Pouliches, 175 à 250 fr. — Vieux chevaux, 100 à 300 fr. — Jeunes mulets, 200 à 325 fr.

28 NOVEMBRE

Un grand **Bal** est offert à l'occasion de la Ste-Cécile par la Musique communale à ses membres honoraires et à ses invités, dans la Salle des Concerts.

29 NOVEMBRE

Représentation au théâtre (Direction de Rette).

Les Crochets du père Martin, drame en 3 actes ; *Bébé,* comédie en 4 actes.

MOIS DE DÉCEMBRE

1er DÉCEMBRE

M. **Alips**, receveur de l'Enregistrement à St-Omer (actes civils) est nommé receveur de l'Enregistrement à Paris.

2 DÉCEMBRE

DIFQUES. — Un incendie éclate dans un corps de bâtiment habité par les familles **Guelque** et **Caron**. Tout est dévoré par les flammes.

5 DÉCEMBRE

La Fanfare des Pompiers célèbre sa fête de Sainte-Cécile. Une messe en musique a lieu à St-Denis pendant laquelle la Fanfare exécute un morceau du *Trouvère* et un *Andante* religieux de Bousquier.

Le soir, un **Bal** est offert dans le salon de l'Hôtel des Pompiers.

✕

M. **Loy**, percepteur à St-Omer est nommé en la même qualité à Boulogne-sur-mer; M. **Potel**, percepteur à Oisy-le-Verger est appelé à le remplacer.

6 DÉCEMBRE

Représentation au Théâtre (2e de la direction de Rette) : La *Voleuse d'enfants*, drame. — La *Mascotte*, opéra-comique.

8 DÉCEMBRE

RUMINGHEM. — Un incendie dévore une grange dépendant de la ferme de M. Alphonse **Fasquel** et occupée par M. **Stoclin**. Les pertes s'élèvent : pour le bâtiment, à treize cents francs ; pour les récoltes et instruments aratoires, à quatre mille francs. Le bâtiment seul était assuré.

9 DÉCEMBRE

Une tempête violente se fait sentir accompagnée dans la soirée d'un orage et d'éclairs comme il s'en voit rarement dans cette saison.

La foudre produit de nombreux dégâts dans l'arrondissement : à Nielles-lez-Bléquin, elle fait au clocher de l'église une trouée d'au moins quatre mètres de hauteur, partant à deux mètres du sommet et mesurant plus de deux mètres de largeur à sa base. A Audincthun, la foudre tombe également sur le clocher de l'église et un incendie s'y déclare aussitôt ; les dégâts sont assez importants malgré les secours apportés de suite. A Coulomby, le moulin d'Harlettes est complètement détruit.

12 DÉCEMBRE

La Société des Fêtes publiques et de Bienfaisance donne, au profit des pauvres, dans l'Hôtel des Pompiers une **Soirée** dramatique et musicale dont voici le programme :

PREMIÈRE PARTIE

1° *La Fête du village voisin,* ouverture par l'orchestre. (Boïeldieu).

2° *La Charité,* romance par M. X... (Cresté).

3° *La Marche des Facteurs,* duo comique par MM. B. et P. (Deramart).

4° Chansonnette de genre, par M. E. L. (X...)

5° *Le veau d'or,* romance par M. W. (Lhuillier).

6° *Je n'sus pas préparé,* chansonnette par M. P... (Chassaigne).

7° *La fête des mitrons,* saynète travestie. (Duhem).

DEUXIÈME PARTIE

1° Grande marche, par l'orchestre (X...)

2° Chansonnette de genre, par M. E. L.., (X...)

3° *Les deux aveugles,* bouffonnerie musicale en un acte (Offenbach).

4° *Dors min p'tit quinquin,* chanson lilloise par M. W... (Desrousseaux).

5. *C'est m'n'affaire,* chansonnette comique par M. P... (Desormes).

6° Grande pantomime en 2 actes, par les artistes amateurs (X...)

12 DÉCEMBRE

Une **Soirée** dramatique et musicale est donnée dans la salle des fêtes du pensionnat St-Joseph au profit du Denier des Ecoles catholiques. On y représente notamment : *On demande des domestiques,* vaudeville.

13 DÉCEMBRE

Représentation au Théâtre (3ᵉ de la Direction de Rette : *Livre III Chapitre Iᵉʳ,* comédie en un acte. — *Faust,* grand opéra.

×

La quatrième session des assises du Pas-de-Calais s'ouvre aujourd'hui sous la présidence de M. **Des-**

ticker, conseiller à la Cour d'appel de Douai, ayant comme assesseurs MM. Lambert-Roode et Dufresne, juges au Tribunal civil de St-Omer.

Voici la liste des jurés appelés à rendre leur verdict dans les différentes affaires fixées au rôle de cette session :

JURÉS TITULAIRES

MM.

1 Charles Pruvost, capitaine commandant la Cie des Sapeurs-Pompiers à Saint-Omer.
2 Télesphore Petit, cultivateur à Loos-en-Gohelle.
3 Pierre Duquénoy, rentier à Calais.
4 Paul Lereuil, ex-notaire et maire à Hesdin.
5 Jean-Baptiste Courtecuisse, cultivateur et brasseur à Meurchin.
6 Pierre Farjon, fabricant de plumes à Boulogne.
7 Zéphirin Debeugny, propriétaire à Moyenneville.
8 Jules Monvoisin, propriétaire à Arras.
9 Charles Delattre, cultivateur à Moringhem.
10 François Pohier cultivateur à Auchel.
11 Henri Lefebvre, clerc de notaire à Ardres.
12 Louis Dufay, commandant en retraite, à Audruicq.
13 Auguste Houzet, propriétaire et maire à Blendecques.
14 Auguste Leroy, propriétaire à Orville.
15 Joseph Sorrieux, employé principal des Contributions Indirectes en retraite, à Bourecq.
16 Jean-Baptiste Delgorgue de Bosny, propriétaire à Isques.
17 Pierre Sauvet, comptable à Bruay.
18 Henri Herreng, avoué à Arras.
19 Etienne Legrand, rentier à St-Léonard.
20 François Quéhen, cultivateur aux Attaques.

21 Louis Patrice Huret, principal de collège à **Boulogne**.

22 Louis Lateux, propriétaire à Calais.

23 Jean Crouy-Jardon, négociant à Boulogne.

24 Adrien Francx, négociant à Calais.

25 Henri Noutour, propriétaire à Campagne-lès-Boulonnais.

26 Jules Godefroy, rentier à Lillers.

27 Georges Fourmentin, propriétaire à Brimeux.

28 Benjamin Courouble, propriétaire à Douvrin.

29 François Scaillerez, cultivateur à Warlus.

30 Frédéric Warnier de Wailly de Wandonne, propriétaire à Verchin.

31 Louis Pouillaude, cultivateur à Vaulx-Vraucourt.

32 Alfred Dusautiez-Cary, professeur à Boulogne.

33 Louis Watelain, propriétaire à Hébuterne.

34 Louis Dumont, propriétaire et maire à Lottinghem.

35 Auguste Bonvoisin, propriétaire-cultivateur à Lelinghem.

36 Charles Derguesse, cultivateur à Havrincourt.

JURÉS SUPPLÉMENTAIRES

1 Julien Pley, propriétaire à St-Omer.

2 Alexandre Legrand, receveur de l'enregistrement en retraite à St-Omer.

3 Emile Libersalie, architecte à St-Omer.

4 Louis Bertram, entrepreneur de transports à St-Omer.

Le rôle de ce jour comprend trois affaires.

1º *Vol qualifié.*

Accusé : **Augustin Martel**, 32 ans, sans domicile.

Ministère public : M. Saint-Aubin, procureur.

Défenseur : Mᵉ DERNIS.

A la date du 11 septembre 1886, le nommé Martel, Augustin, profitant de l'absence des époux Anse, s'introduisit dans la maison qu'ils occupent à Hermelinghem.

Après s'être frayé un passage à travers la haie du jardin, en coupant quelques pieds d'épine, il brisa une vitre de la porte de la cuisine et pénétra dans l'intérieur de l'habitation où il fit main basse sur tout ce qui se présentait. C'est ainsi qu'il s'empara d'un porte-monnaie contenant une vingtaine de francs, de divers vêtements et d'objets mobiliers. Il dut notamment fracturer une boîte fermée à clef, dans laquelle se trouvait deux bagues qu'il a également soustraites.

Au moment où il commettait ce vol, il fut surpris en flagrant délit par la femme Anse, qui rentrait chez elle ; il abandonna un paquet de vêtements qu'il avait préparé, il se sauva par le jardin en jetant au hasard les objets dont il était porteur. Ayant été rejoint par le sieur Caux, il chercha à se défendre en faisant usage d'un couteau dont il était porteur.

L'accusé est un repris de justice des plus dangereux, il se livre au vagabondage et à la mendicité. Il a d'ailleurs subi plusieurs condamnations dont une pour vol.

Reconnu coupable sans circonstances atténuantes, Martel est condamné à cinq ans de travaux forcés et dix ans d'interdiction de séjour.

×

2° *Vols et abus de confiance.*

Accusée : Louise Facquez, 28 ans, demoiselle de magasin à Auxi-le-Château.

Défenseur : Mᵉ DUQUÉNOY.

Louise Facquez était, depuis le mois de mai 1882, employée en qualité de demoiselle de magasin, chez le sieur Loir fils, marchand de rouenneries à Auxi-le-Château. Celui-ci étant décédé en 1884, sa veuve continua le commerce ;

mais elle devint malade et le magasin fut géré par son beau-père le sieur Loir.

Le sieur Loir père, qui s'était aperçu depuis quelque temps de la disparition de marchandises, trouva le panier de la fille Facquez placé sous le comptoir du magasin. Il l'ouvrit et y découvrit un coupon de toile enveloppé dans du papier. Interrogée, l'accusée reconnut l'avoir soustrait. Une perquisition fut aussitôt opérée au domicile de la fille Facquez, et amena la découverte d'une assez grande quantité de marchandises, évaluée à 600 francs environ, ainsi que d'une somme de 1560 francs, tant en numéraire qu'en titres constatant des placements à la Caisse d'épargne.

L'accusée avoua avoir soustrait la plus grande partie des marchandises trouvées en sa possession. Elle prétendit seulement que certaines dentelles lui avaient été données par le sieur Loir fils, avant son décès ; les renseignements recueillis par l'information ne permettent pas d'ajouter foi à cette allégation. Quant aux sommes découvertes chez elle, la fille Facquez a d'abord déclaré qu'elles provenaient de ses économies personnelles ou de celles des membres de sa famille. Plus tard elle a dû reconnaître que ces sommes provenaient de détournements commis par elle au préjudice de son patron, et représentaient la valeur des marchandises qu'elle avait vendues et dont elle avait conservé le prix au lieu de le verser dans la caisse. Elle a continué cependant à soutenir que sur cette somme totale de 1560 francs, il y a 350 francs qui proviennent de ses économies.

L'enquête a enfin révélé que la fille Facquez avait vendu en dehors du magasin ou donné une certaine quantité de marchandises.

Le sieur Loir évalue à 6000 francs environ le montant des détournements.

L'accusée prétend qu'il ne dépasse pas le chiffre établi par l'information. Elle fait remonter ses premiers vols à l'époque de la mort du sieur Loir fils, en novembre 1884.

La fille Facquez obtient des circonstances atténuantes et s'entend condamner à 18 mois de prison.

✕

3° Incendie volontaire.

Accusé : Lourdel Léandre, 42 ans, sans profession, domicilié à Blairville.

Défenseur : Mᵉ ARNAUD.

Dans la nuit du 23 au 24 octobre dernier, un incendie, paraissant dû à la malveillance, éclatait à Rivière et détruisait une grange pleine de récoltes, appartenant au sieur Delautre ; la perte s'élève à 4000 francs environ.

Les soupçons se portèrent sur le nommé Lourdel Léandre, dit *Carême,* individu mal famé, vagabond et mendiant, que la femme Delautre avait tout récemment et pour la troisième fois expulsé de sa grange.

Lourdel avait lui-même donné l'alarme, en passant auprès de la demeure des époux Beugnet ; ceux-ci étaient sortis et Lourdel avait profité de leur absence pour s'introduire chez eux en fracturant le carreau d'une fenêtre qu'il avait ensuite ouverte et escaladée. La femme Beugnet, revenant à l'improviste, le surprit au moment où il se disposait à emporter divers comestibles. Peu d'instants après son départ, elle constatait qu'un porte-monnaie placé dans une armoire laissée ouverte avait disparu. Elle se mit aussitôt à la poursuite de Lourdel qu'elle ne tarda pas à rejoindre, mais quand elle voulut le fouiller, l'accusé lui porta sur le haut du bras un violent coup de bâton qui l'obligea à lâcher prise.

Le lendemain, Lourdel se présentait volontairement au cabinet du juge d'instruction. Il déclarait à ce magistrat que, passant devant la grange des époux Delautre, l'idée d'y mettre le feu pour se venger lui était venue et qu'il l'avait aussitôt mise à exécution. Il reconnut aussi avoir soustrait au préjudice de la femme Beugnet un porte-monnaie contenant 5 fr. 45.

L'information a également établi que Lourdel était l'auteur d'un autre vol de comestibles commis à Rivière dans la nuit du 18 octobre, au préjudice d'un sieur Richebé. Pour s'introduire chez ce dernier, le malfaiteur avait brisé un carreau et escaladé la fenêtre. Les empreintes laissées par lui étaient identiquement les mêmes que celles constatées chez Beugnet. Or ces empreintes très caractéristiques ne peuvent se rapporter qu'à Lourdel, qui est amputé de la jambe gauche et marche à l'aide d'un bâton. Malgré ces preuves, Lourdel persiste à déclarer qu'il est étranger à ce dernier vol.

Les antécédents de l'accusé sont détestables. Il a subi plusieurs condamnations à des peines graves. Il a été notamment condamné par la Cour d'assises du Pas-de-Calais à cinq ans de prison pour vols qualifiés.

Reconnu coupable sans circonstances atténuantes, Lourdel est condamné aux travaux forcés à perpétuité.

14 DÉCEMBRE

Le rôle de l'audience de la Cour d'assises de ce jour comprend trois affaires.

1º *Attentats à la pudeur.*

Accusé : Henri Lebon, 17 ans, mineur à Auchel.

— 234 —

Ministère public : M. Bouillon, substitut.

Défenseur : M⸱ MARION.

Lebon, obtenant le bénéfice des circonstances atté‑
nuantes, est condamné à un an de prison.

✕

2⁰ *Attentats à la pudeur.*

Accusé : Ernest Sellier, 44 ans, paveur à Aire.

Défenseur : M⸱ BELLANGER.

Sellier est condamné à six ans de réclusion et dix
ans d'interdiction de séjour.

✕

3⁰ *Vols qualifiés.*

Accusé : Louis Laporte, 18 ans, domestique à Lozin‑
ghem.

Défenseur : M⸱ POILLION.

Le 26 septembre 1886, le sieur Cordier, charron à Lozin‑
ghem, prenait à son service, en qualité de domestique,
l'accusé Laporte qui lui était envoyé par le directeur de
l'Agence des enfants assistés de la Seine, à Béthune.

Dans la matinée du 9, les époux Cordier s'absentèrent
pendant quelques heures, après avoir fermé à clef la porte
de leur maison ; profitant de ce qu'il était seul, l'accusé
appliqua une échelle contre le mur qui sépare la grange
d'avec le grenier, pratiqua dans ce mur une ouverture avec
une pioche et put pénétrer ainsi à l'intérieur de la maison.
Dans le grenier il s'empara d'une chemise et d'un mouchoir
de poche. Il descendit ensuite au rez-de-chaussée et se ren‑
dit dans une chambre à coucher ; là, à l'aide d'un ciseau à
froid, il brisa la serrure d'une garde-robe fermée à clef et y
déroba une somme de 95 francs en pièces de cinq francs en
argent. Il prit encore dans la cuisine du pain, du beurre,

des œufs et un couteau, puis sortit de la maison par la porte qu'il ouvrit de l'intérieur. Lors de son arrestation, le 12 octobre, l'accusé ne possédait plus que 0,50 centimes sur les 95 francs qu'il avait dérobés.

Outre ce vol, l'information en a relevé deux autres à la charge de Laporte :

Le 19 septembre dernier, vers 6 heures du soir, en passant dans le hameau de l'Eclaismes, à Busnes, Laporte ayant remarqué qu'il n'y avait personne dans la maison du sieur Pruvost Antoine, résolut d'y pénétrer pour y commettre un vol ; à cet effet, il brisa un carreau d'une fenêtre, passa le bras par l'ouverture, ouvrit la fenêtre et s'introduisit dans la maison ; il y déroba un pantalon qui était accroché dans une chambre à coucher, et des comestibles.

Un peu plus tard, vers 8 heures du soir, le même jour, toujours au hameau de l'Eclaismes, se trouvant à proximité de l'habitation du sieur Pruvost, Alexis, et voyant que celui-ci qu'il savait habiter seul, venait de sortir de chez lui, Laporte pénétra dans sa maison en employant les mêmes moyens que ceux dont il s'était déjà servi pour entrer chez Pruvost, Antoine ; une fois à l'intérieur, il s'empara d'une somme de 0,85 centimes qui se trouvait dans la poche d'un gilet accroché à un porte-manteau.

Laporte a fait les aveux les plus complets au sujet des trois vols pour lesquels il est poursuivi. Bien que n'ayant jamais été condamné, l'accusé a une mauvaise réputation ; il s'est fait chasser pour vols de la plupart des maisons où il a été en service, et a déjà subi une peine de six mois de correction à l'asile St-Bernard.

Laporte est condamné à deux ans de prison.

✕

Un éboulement se produit sur la ligne de Saint-Omer à Boulogne un peu en deçà de la gare de Nielles-lez-Bléquin. On attribue cet accident aux dernières pluies.

15 DÉCEMBRE

Deux affaires sont inscrites pour l'audience de la Cour d'assises d'aujourd'hui.

1° *Attentat à la pudeur.*

Accusé : Pruvost Jacques, 44 ans, boulanger à Boulogne.

Cette affaire est remise à la prochaine session par suite de l'état de santé de la victime.

×

2° *Avortement et complicité.*

Accusées : Joséphine Liart, 32 ans, blanchisseuse à Lens.

Maria Hersin, veuve Vasseur, 35 ans, cabaretière à Grenay.

Ministère public : M. Saint-Aubin, procureur.

Défenseurs : MMes Landeau et Kremps, du barreau de Béthune.

Le jury ayant rapporté un verdict de non-culpabilité, les accusées sont acquittées.

×

Delettes. — Cette commune est le théâtre d'un assassinat. La victime est une vieille femme, Constantine Duchossois, veuve Happiette, âgée de 76 ans Elle a été frappée à la tête et au ventre où l'on remarque une horrible plaie béante d'où s'échappent les intestins et qui a dû être portée avec un couteau. On ne sait quel a pu être le mobile du crime.

15 DÉCEMBRE

A l'audience de la Cour d'assises, trois affaires sont soumises au jury.

1° *Attentat à la pudeur.*

Accusé : Dhallenne François, 36 ans, ex-instituteur à Hesdigneul.

Ministère public : M. Bouillon, substitut.

Défenseur : Mᵉ BILBOCQ, du barreau de Boulogne.

L'accusé est acquitté

✕

2° *Incendie volontaire.*

Accusé : Lagneau, Louis. 49 ans, cordonnier, sans domicile.

Défenseur : Mᵉ DUQUÉNOY.

Le 24 novembre 1886, vers onze heures du matin, un sieur Planquette, revenant de Zudausques en compagnie du nommé Lambert, aperçut à peu de distance de ce village un individu sortant d'un champ où se trouvaient plusieurs meules d'avoine. Au même instant, Lambert fit remarquer à son camarade que le feu venait de se déclarer à l'une des meules placée dans la direction d'où l'inconnu semblait venir. Ils se mirent à sa poursuite et le maintinrent jusqu'à l'arrivée des gendarmes qui avaient été informés du sinistre. Aussitôt interrogé, cet individu déclara se nommer Lagneau ; il fit connaître qu'étant sorti depuis peu de la maison d'arrêt du Mans avec une somme de quarante-quatre francs, il avait dépensé toutes ses ressources ; se trouvant alors sans travail et sans asile, au moment où l'hiver allait commencer, il avait mis le feu à l'aide d'une allumette chimique à une meule d'avoine, dont il ne connaissait pas le propriétaire, afin de se faire mettre en prison.

Le sieur Deremetz, propriétaire, éprouve une perte de trois cents francs ; il n'est pas assuré.

Lagneau a renouvelé à l'instruction les aveux par lui faits à la gendarmerie au moment de son arrestation.

Les plus mauvais renseignements sont fournis sur son compte ; il a déjà subi quinze condamnations dont huit pour vols ; il se trouve en état de relégation.

Lagneau est con lamné à sept ans de réclusion et à la relégation.

$$\times$$

3° *Coups et blessures.*

Accusé : Hu Fortuné, 37 ans, mineur à Douvrin,
Défenseur : Mᵉ DE LA GORCE.

Le 10 octobre 1886, dans la soirée, l'accusé Hu entra dans le cabaret du sieur Mouille, à Douvrin, où se trouvaient déjà un sieur Dézin et d'autres consommateurs. Il y était depuis peu, lorsque voulant s'asseoir sur un banc, il tomba à la renverse. Un instant après qu'il se fut relevé, Dézin qui était à ses côtés lui dit : « Ti, t'es un mieux de tercheux » (toi, tu es un mangeur de son). L'accusé, sans autre provocation, porta alors avec sa chope un violent coup à Dézin qui, blessé à l'œil gauche, tomba par terre. Il se jeta ensuite sur sa victime pour la frapper encore, mais le sieur Mouille parvint à dégager Dézin et mit l'accusé à la porte de son établissement.

L'accusé reconnaît les faits qui lui sont reprochés ; il les explique en disant qu'il était déjà contrarié de la chute qu'il avait faite et que Dézin avait achevé de le mettre en colère en l'appelant « mieux de tercheux. »

La blessure qu'a reçu Dézin a été suivi de la perte de l'œil gauche, et l'expert estime que les opérations auxquelles il faudra procéder pour éviter la perte de l'œil droit occasionneront une incapacité de travail de trois mois environ.

L'accusé n'a pas d'antécédents judiciaires, mais il est d'un caractère violent.

Le verdict du jury étant négatif sur toutes les questions, Hu bénéficie d'un verdict d'acquittement.

17 DÉCEMBRE

Deux affaires occupent l'audience de la Cour d'assises de ce jour.

1° Meurtre.

Accusé : Dupuis, Louis, 27 ans, mineur à Billy-Montigny.

Ministère public : M. Saint-Aubin, procureur.

Défenseur : Mᵉ FOURNIER.

Le nommé Dupuis Louis, dit Joseph, âgé de 27 ans, demeurant à Billy-Montigny, travaillait à la fosse Henriette des mines de Dourges, à Hénin-Liétard. Ses fonctions consistaient à faire descendre les berlines de charbon qu'il remplissait dans une taille voisine, le long d'un plan incliné, d'une longueur de 15 mètres, et ayant une pente assez inclinée. Au sommet de ce plan incliné s'enroule une chaîne qui passe sur une poulie et qui est munie de crochets à chacune de ses extrémités. Dupuis devait accrocher l'une des extrémités de cette chaîne à la berline pleine, tandis qu'un ouvrier stationnant au bas du plan incliné fixait l'autre extrémité à une berline vide. Au signal donné par l'ouvrier du bas, les deux berlines se mettent en mouvement sur deux voies ferrées parallèles posées à la surface du plan incliné : la berline pleine descend, et sa pesanteur fait remonter la berline vide, qui, en formant contre-poids, modère la vitesse de la descente. De plus, un système de frein permet d'arrêter la berline pleine à un moment quelconque de sa course. Enfin une barrière, située au haut du plan incliné retient la berline pleine et l'empêche de s'engager sur la voie ferrée avant que le double accrochage soit opéré et que l'ouvrier du bas ait donné le signal convenu.

Le 6 octobre dernier, vers une heure de l'après-midi, l'accusé Dupuis se trouvait à son poste, quand plusieurs ouvriers se présentèrent pour traverser le plan incliné, qui était la seule issue par laquelle ils pouvaient regagner l'accrochage pour remonter au jour. A ce moment une berline pleine était au haut du plan incliné et la barrière était fermée. Un des ouvriers ayant fait une observation à Dupuis pour l'engager à enlever plus rapidement le charbon qui venait d'être abattu, l'accusé en parut blessé et dit : « Détalez vite tous, ou je vous flanque ma berline au derrière pour vous esquinter tous. » Un autre ouvrier nommé Cadix, entendant cette menace et comprenant sa gravité, lui répliqua : « Si tu fais cela, et si je ne suis pas tué, je t'assomme. » Presque aussitôt Dupuis ouvrit la barrière, et sans accrocher la berline, la lança sur le plan incliné, qu'elle parcourut avec une extrême rapidité. Cadix fut atteint et projeté violemment sur la paroi verticale de la voie. On se porta à son secours, mais il avait reçu des blessures d'une telle gravité qu'il mourut quelques jours après.

L'accusé a cherché à expliquer par un accident le fait qui a amené la mort de Cadix : les déclarations des ouvriers et les constatations faites par les magistrats ne permettent pas d'admettre cette version et démontrent au contraire qu'exécutant sa menace, Dupuis a volontairement lancé sa berline pleine sur les ouvriers qui venaient de passer. Le résultat de cet acte de brutalité inouïe aurait pu entraîner la mort de tous les ouvriers, s'ils n'avaient pas, à l'exception de Cadix, déjà quitté le plan incliné.

Déclaré coupable, mais avec circonstances atténuantes, Dupuis est condamné à cinq ans de réclusion.

✕

2° Vols qualifiés.

Accusés : Eugène Dupéron, 29 ans, carrier à Boulogne.

Louis Clabaut, 25 ans, journalier au même lieu.

Léon Barbier, 20 ans, menuisier, aussi à Boulogne.

Défenseurs : Mᵉ DERNIS pour Dupéron.

Mᵉ DELPHIRRE pour les deux autres accusés.

Monsieur Siriez de Longeville, propriétaire habite à Boulogne, rue Saint-Jean n° 26, une vaste maison, composée de deux corps de logis principaux dont l'un donne sur la rue Saint-Jean, et l'autre va de cette rue aux anciens remparts. Le long de ce dernier et parallèlement au premier, sont situées des dépendances au-dessus desquelles se trouve une chambre de domestiques, éclairée par une lucarne qui ouvre sur un toit très incliné. Ces dépendances sont séparées des remparts par un mur haut de 3 mètres. Au milieu se trouve une assez grande cour.

Au mois d'août dernier, M. de Longeville était en Normandie ; personne n'occupait sa maison dont toutes les portes intérieures, notamment celles donnant sur la cour, avaient été laissées ouvertes. La femme Delrue qui habite en face de l'hôtel de M. de Longeville, avait été chargée de

14

garder la clef de la porte donnant sur la rue Saint-Jean ; mais elle n'entrait dans la maison qu'à d'assez rares intervalles.

Le 21 août elle s'y rendait pour exécuter des ordres qu'elle avait reçus la veille par lettre. La porte extérieure était fermée comme à l'ordinaire ; mais en visitant les pièces du rez-de-chaussée, la femme Delrue ne tarda pas à constater qu'il y régnait un grand désordre et que des voleurs s'étaient certainement introduits dans la maison.

La police fut prévenue : une visite complète de l'hôtel lui permit de s'assurer que les malfaiteurs avaient pénétré dans la cour en franchissant le mur donnant sur le rempart, sur lequel on constatait des traces d'éraflures ; quelques tuiles étaient brisées au haut de cette muraille, à l'endroit où, vraisemblablement, les voleurs avaient attaché la corde qui leur avait servi à opérer cette escalade : une fois rendus sur le toit, ils avaient pu facilement pénétrer dans la chambre des domestiques en soulevant la lucarne qui n'était jamais fermée. Descendus dans la cour ils avaient pu, sans fracturer aucune porte, entrer dans le corps de logis principal. Là ils avaient parcouru toutes les chambres du rez-de-chaussée et du premier étage en brisant tous les meubles pouvant contenir des valeurs quelconques. Ils ne trouvèrent que 400 francs en pièces d'or, mais dérobèrent un très grand nombre de bijoux précieux appartenant depuis longtemps à la famille de M. de Longeville ou de sa femme, née de Lanterie ; sur beaucoup de ces bijoux étaient gravés les noms de Longeville ou de Lanterie. Ils s'approprièrent divers titres d'ailleurs nominatifs ou sans grande valeur. Ils emportèrent aussi divers vêtements. A l'office on trouva trois verres dans lesquels les voleurs avaient bu deux bouteilles de vins fins, après avoir mangé le contenu de quelques boites de conserves.

Les bijoux dérobés étaient pour la plupart d'un grand prix. M. de Longeville estime la valeur totale des objets volés à 30.000 francs.

La dame de Guillebon qui habite une maison voisine de celle de M. de Longeville, déclare que son chien a aboyé d'une manière anormale pendant les nuits du 18 au 19 et du 19 au 20 août. C'est donc vraisemblablement à ces dates que le crime a été commis.

Pendant quelques jours les auteurs de ce crime restèrent complètement inconnus ; mais le 25 août la police de Bruxelles, qui avait reçu le signalement des bijoux, arrêta le nommé Dupéron qui était descendu depuis trois jours dans une chambre garnie en compagnie de Clabaut et de Barbier ; l'un de ces derniers, qui s'était présenté sous le nom de Dufour, avait offert l'avant-veille à un marchand d'antiquités une montre volée chez M. de Longeville ; on découvrit dans la chambre des accusés la plupart des objets dérobés à Boulogne. Dupéron, qui avait pris le faux nom de Ducrot, s'obstina pendant plusieurs jours à dissimuler son identité et n'avoua son vrai nom que lorsqu'il se vit signalé et reconnu à Boulogne. Quant à ses deux compagnons ils prirent la fuite et furent arrêtés ensuite à Boulogne. Dupéron prétend que c'est Clabaut et Barbier qui lui ont confié les objets volés et qu'il les a accompagnés à Bruxelles pour les aider à les vendre. Barbier et Clabaut qui sont, ainsi que Dupéron, des repris de justice dangereux ayant été condamnés pour vol, adonnés à la débauche et ne travaillant jamais, ont nié leur culpabilité. Ils soutiennent qu'ils sont restés à Boulogne et n'ont pas été à Bruxelles. Mais l'information a établi que Clabaut, qui était encore vu à Boulogne le 18 août, a disparu de cette ville à partir de ce moment et n'y est revenu que le 25, jour où son complice était écroué en Belgique.

Il est également impossible à Barbier de justifier de sa présence à Boulogne ou ailleurs pendant le temps employé par les auteurs du vol à leur voyage à l'étranger. De plus, il est établi que dans la seconde quinzaine d'août les trois accusés ont pris à Boulogne, vers onze heures du soir, une voiture de place et se sont fait conduire chez le sieur Mamelin, cabaretier au hameau d'Audisques, commune de Condette, où ils sont arrivés vers quatre ou cinq heures du matin ; là ils ont renvoyé leur voiture et ont pris un repas chez Mamelin, qui les reconnut parfaitement tous les trois. Cette excursion suspecte est en quelque sorte confirmée par les dires des accusés. Dupéron avoue avoir fait ce voyage en compagnie de ses deux complices après le vol. Clabaut, reconnu à la fois par le cabaretier et par le cocher Marestte, n'ose nier complètement ce voyage : il prétend seulement l'avoir fait quelques jours plus tôt en compagnie de deux individus qu'il ne connaît pas.

Barbier se contente de nier avoir été à Audisques. Ce voyage a été accompli par les accusés pour aller chercher les produits de leur vol cachés par eux à la campagne. Enfin la photographie des trois accusés a été mise sous les yeux de diverses personnes de Bruxelles chez lesquelles ils s'étaient présentés. La dame Vanderborcht reconnaît Clabaut comme étant l'individu qui l'a priée de lui acheter une montre.

Le boulanger Vandenberghen déclare que ce sont bien Dupéron et Clabaut qui lui ont loué une chambre. Enfin le sieur Cantinian affirme que ce sont bien les trois accusés qui ont pris leurs repas chez lui pendant trois jours. Il les a vus fréquemment et a eu de nombreuses occasions de les bien remarquer.

Barbier est en outre accusé d'avoir commis un vol avec effraction dans les circonstances suivantes :

Le sieur Hermant, rentier, âgé de 70 ans, habite seul une maison située commune de Saint-Martin, dans la rue de Wicardenne qui est un faubourg de Boulogne. Il part tous les jours de chez lui vers midi et revient chaque soir vers sept heures. Lorsqu'il rentra chez lui le 19 août dernier, il constata que des malfaiteurs avaient pénétré chez lui en franchissant la clôture en planches de son jardin, ce qui leur avait permis de fracturer ensuite un carreau de la fenêtre du rez-de-chaussée ; cette ouverture avait permis aux malfaiteurs de passer le bras et de faire jouer l'espagnolette de la fenêtre.

Les voleurs avaient visité toute la maison, brisé complétement la porte d'une des chambres, forcé plusieurs placards et plusieurs malles, et emporté une grande quantité d'objets évalués à 6,000 fr. environ, notamment des objets d'art et des antiquités de toutes sortes. Il a été difficile à Hermant de préciser ce qui lui avait été volé, mais il a désigné :

Une pipe d'une grande valeur ornée d'une tête de cerf, un revolver, un grand nombre d'anciennes monnaies et médailles.

Les malfaiteurs étaient sortis de la maison Hermant à 3 heures de l'après-midi en passant par une fenêtre du rez-de-chaussée donnant sur la rue de Wicardenne. Ils ont été vus à ce moment par des ouvrières qui travaillaient en cet endroit et par plusieurs voisines.

Malgré les signalements donnés, les recherches étaient restées infructueuses, lorsque le 2 septembre, aussitôt après l'arrestation de Dupéron à Bruxelles et de Barbier à Boulogne, un sieur Decroix, commis chez un sieur Cotte, marchand d'antiquités, à Boulogne, tua son patron à coups de revolver et se tira ensuite un coup de cette arme, se faisant ainsi une blessure dont il mourut 3 jours après. On reconnut que le revolver avec lequel il avait commis le meurtre était celui qui avait été volé chez Hermant ; on trouva aussi chez Decroix la pipe dérobée à Wicardenne, Decroix prétendit avoir trouvé ces objets sur la voie publique, mais il fut formellement reconnu comme étant l'un de ceux qu'on avait vu sortir de la maison Hermant. Barbier fut aussi présenté à ces témoins. Les sieurs Bodart déclarèrent au brigadier de gendarmerie Blankaert qu'ils reconnaissaient Barbier comme étant l'un de ceux qu'ils avaient vu franchir la fenêtre au moment où ils travaillaient devant la maison Hermant.

A l'instruction ils ont été moins affirmatifs ; mais un autre témoin le reconnaît sans hésitation.

Barbier a voulu établir un alibi, il n'a pu produire que les déclarations contradictoires de deux repris de justice.

Dupéron a subi 8 condamnations dont 3 pour vol.

Clabaut a été poursuivi deux fois devant le Tribunal correctionnel avant sa 16ᵉ année et a depuis subi 5 condamnations ; il a été convaincu 6 fois de vol.

Barbier a subi une condamnation pour vol en 1883.

Dupéron et Clabaut sont condamnés chacun à huit ans de travaux forcés et à la relégation ; Barbier est condamné à cinq de réclusion et dix ans d'interdiction de séjour.

18 DÉCEMBRE

Deux affaires inscrites au rôle de l'audience de la Cour d'assises de ce jour terminent la quatrième et dernière session de cette année.

1° *Attentat à la pudeur.*

Accusé : Delplace Louis, 31 ans, mineur à Lens.

Ministère public : M. Saint-Aubin, procureur.

Défenseur : Me TIBLE.

Delplace s'entend condamner à cinq ans de réclusion.

×.

2° *Vols qualifiés.*

Accusés : Louis Ranson, 34 ans, peintre aux Attaques.

Jacques Piedbois, 29 ans, journalier à Calais.

Défenseurs : MMes DELPIERRE et LEFÉBURE.

La demoiselle Louise Caron, couturière à Calais, ayant été malade au mois de septembre dernier, eut recours aux soins de la femme du nommé Victor Piedbois. Ce dernier vint lui-même chez elle à plusieurs reprises ; ses visites parurent coïncider avec la disparition d'un billet de banque de cent francs et d'une pièce de deux francs que la demoiselle Caron ne put pas retrouver.

Le 25 octobre, elle sortit vers dix heures du soir pour aller chez une amie. Lorsqu'elle rentra vers minuit, elle vit qu'on avait forcé la serrure de la porte de sa chambre et qu'on avait emporté une boîte cachée sous son matelas et contenant 400 francs en billets de banque de 100 francs.

Les soupçons de la demoiselle Caron se portèrent de suite sur le nommé Victor Piedbois, qui savait qu'elle avait reçu mille francs un mois auparavant. En sortant de chez elle, le soir du vol, elle l'avait aperçu faisant le guet dans la rue en face de sa maison et elle avait remarqué qu'il n'avait pas son costume ordinaire. Piedbois avait feint de ne pas l'apercevoir. L'avant-veille un témoin avait également constaté que l'accusé faisait le guet dans la soirée, en face de la maison Caron, accompagné d'un autre individu.

Le soir même du vol, Piedbois et son co-accusé Louis Ranson entraient dans une maison de tolérance située à Calais, rue des Cinq-Boulets. Ranson payait la dépense avec un billet de banque de 100 francs. Vers minuit, Piedbois et Ranson prenaient à la gare de Calais le train partant à une heure du matin pour Saint-Omer. Ranson payait les places au distributeur de billets, le sieur Vasseur, avec un billet de banque de 50 francs qu'on lui avait rendu à la maison de prostitution en échange de celui de 100 francs. Les accusés se rendirent à Saint-Omer où ils restèrent jusqu'au 27 octobre, jour où le sieur Machart, employé à la station du Pont-d'Ardres, vit descendre du train de une heure du soir Piedbois un peu pris de boisson ; au train de neuf heures, Machart vit Ranson qui descendit aussi à Bois-en-Ardres, bien que son billet fut à destination de Calais.

Les accusés, interpellés, n'ont fait que des réponses mensongères ou sans portée.

Piedbois reconnaît s'être trouvé le 23 octobre au soir auprès de la maison Caron, mais il assure qu'il se promenait avec un inconnu. Il nie avoir fait le guet le 25, à dix heures du soir, bien que deux témoins confirment formellement sur ce point la déclaration de la demoiselle Caron. Il avoue sa visite à la maison de tolérance et se contente de prétendre que c'est un voyageur inconnu qui a soldé les dépenses. Le même voyageur lui aurait payé son voyage à Saint-Omer.

Ranson donne également des démentis à tous les témoins; il dit n'être pas allé rue des Cinq-Boulets, quoiqu'il soit reconnu par de nombreux témoins. Il place son voyage à Saint-Omer du 23 au 25 et non du 25 au 27, malgré la déclaration des employés du chemin de fer. Il ne méconnaît pas avoir changé un billet de 50 francs, mais prétend que c'est le 23, et, comme Piedbois, il dit qu'il a voyagé avec un inconnu qui lui a payé ses frais de route.

La veille du vol, Ranson en était réduit à emprunter cinquante centimes à une femme Bernard en lui laissant en gage son diamant de vitrier. Il ne conteste pas ce fait. Piedbois a subi cinq condamnations et Ranson deux. Ces accusés sont débauchés et paresseux ; Piedbois ne vient pas au secours de sa famille et Ranson a abandonné sa femme et ses enfants.

Les accusés obtiennent des circonstances atténuantes et sont condamnés. savoir : Ranson à cinq ans de travaux forcés et dix ans d'interdiction ; Piedbois à cinq ans de prison et dix ans d'interdiction.

✕

M. **Legay**, receveur de l'enregistrement à Lillers, est nommé en la même qualité à Saint-Omer au bureau des actes judiciaires, en remplacement de M. **Varinot** qui passe au bureau des actes civils à St-Omer.

19 DÉCEMBRE

Une **Fête** de bienfaisance est donnée dans la Salle des Concerts au profit des pauvres de la ville, des inondés du Midi et des naufragés de Wimereux par la Société de gymnastique et d'armes et la musique communale.

PREMIÈRE PARTIE

1° *L'Ombre*, ouverture (Flotow).

2° Mouvements d'ensemble, mains libres par les pupilles.

3° Corde lisse par les pupilles (polka).

4° Exercices d'ensemble avec armes par les gymnastes.

5° Barres parallèles (mazurka).

DEUXIÈME PARTIE

6° *Les Noces de Jeannette* (Massé).

7° Barre fixe (valse).

8° Sortie des gymnastes.

La fête se termine par un bal.

×

Aujourd'hui a lieu le second tour de scrutin pour l'élection des magistrats consulaires. Sont élus :

Juges pour deux ans : MM. Dumetz et Deleplace.

Juges-suppléants pour deux ans : MM. Lizot et Devulder.

Juge-suppléant pour un an : M. Eugène Blanquet.

20 DÉCEMBRE

Représentation au théâtre (4e de la direction de Rette): *les Domestiques,* comédie en trois actes ; *les Dragons de Villars,* opéra-comique.

22 DÉCEMBRE

Séance du Conseil municipal. Etaient absents : MM. Duméril, Fiévé, Minne et Devaux.

1° Le Conseil donne acte à la municipalité du dépôt fait par elle du relevé constatant l'emploi des dépenses imprévues dont le montant s'élève à 1301 fr. 45.

2° Le Conseil émet un avis favorable aux délibérations de la fabrique de Saint-Denis et du conseil d'administration des Petites-Sœurs des Pauvres refusant les legs faits à ces établissements par Mlle Leducq.

3° Le Conseil autorise les entrepreneurs des travaux du Minck à rentrer en possession de leurs cautionnements

4° Le Conseil ratifie la convention intervenue entre la municipalité et M. de Rette, aux termes de laquelle celui-ci s'engage à donner au théâtre de Saint-Omer douze représentations moyennant une subvention de cent francs pour chacune d'elles.

5° Le Conseil adopte un amendement de M. Lormier tendant à constituer une commission de dix membres dont cinq conseillers municipaux chargés d'élaborer un règlement pour le théâtre.

6° Après lecture et dépôt de son rapport, par M. Pierret, rapporteur de la commission du budget, le Conseil passe à la discussion du budget des recettes de 1887 qui est voté sans autre observation qu'un vœu déposé par M. Lormier à propos de la taxe d'abattage et tendant à renvoyer à une commission l'étude de la construction à bref délai d'un nouvel abattoir. Cet amendement est renvoyé à la commission des travaux.

23 DÉCEMBRE

Séance du Conseil municipal.

Absents : MM. Minne et Devaux.

L'ordre du jour appelle la suite de la discussion du budget pour 1887. Tout le budget des dépenses ordinaires est voté sans discussion, sauf sur quelques points qui ont donné lieu aux délibérations suivantes :

1° Le Conseil renvoie en comité secret l'examen du maintien de M. Desenclos qui a atteint la limite d'âge.

2º Il renvoie à la Commission des Finances la proposition d'augmentation de 300 francs des appointements du préposé en chef de l'octroi.

3º Il renvoie à la même Commission pour qu'il soit autrement libellé le crédit de 25,000 francs pour les travaux d'entretien non spécifiés.

4 Il adopte un vœu de M. Cadet tendant au remplacement de M. Hancquier comme receveur du Bureau de Bienfaisance.

5º Il adopte un autre vœu de M. Cadet tendant à ce que l'Administration s'occupe au plus tôt de l'installation des nouvelles écoles laïques et des asiles et tout particulièrement de l'école de filles de la rue des Tribunaux.

6º Le Conseil vote un crédit supplémentaire de 400 fr. pour le remplacement du directeur actuel des cours secondaires de jeunes filles par une directrice.

7º Le Conseil vote un crédit de 1500 francs pour la création d'une caisse des écoles communales.

8º Le Conseil réduit à 500 francs le crédit destiné à l'achat d'objets d'art et d'histoire naturelle pour le musée

9º Le Conseil constitué en comité secret maintient M. Desenclos comme secrétaire de la mairie.

×

Un **Concert** est offert à huit heures du soir, dans la Salle des Concerts, par la Société philharmonique. Voici le programme des morceaux exécutés.

PREMIÈRE PARTIE

1º Prélude et Mazurka, de Coppelia, par l'orchestre (Léo Delibes).

2b *Si j'étais Roi,* air chanté par M. Marcel (Adam).

3° Fantaisie caractéristique pour violoncelle, exécutée par M. Godenne (Servais).

4° *Arioso de Hamlet,* chanté par Mlle Bouré (Amb. Thomas).

5° Grande valse de *Faust,* exécutée par M. Vandenbrouck (Lizst).

6° Duo de *Mireille,* chanté par Mlle Bouré et M. J. Marcel (Gounod).

DEUXIÈME PARTIE

7° Valse de la *Poupée et Czardas,* de Coppelia, par l'orchestre (Léo Delibes).

8° Stances avec accompagnement de violoncelle, par Mlle Bouré (Flegier).

9° *Scherzo,* pour piano.

10° Romance de *Mignon,* par M. Jules Marcel (A. Thomas).

11° A. Romance andante (Servais) ; — B. Chanson napolitaine (Cassela) ; — c. Caprice hongrois, par M. Godenne (Dunkler).

12° *Les Enfants,* mélodie (Massenet) ; — *Aubade familière,* (Lacome) par Mlle Bouré.

24 DÉCEMBRE

L'adjudication des places du marché couvert a lieu à l'Hôtel-de-Ville. Les places destinées aux marchands de poissons se sont louées 3076 francs, celles des bouchers ont atteint 643 francs, celles des marchands de morue 489 francs, enfin les divers ont produit 91 fr. 50.

×

Séance du Conseil municipal. Absents : MM. Lambert, Lormier, Minne et Devaux.

On continue la discussion du budget.

15

1º Le Conseil vote à M. Deperrois, préposé en chef de l'octroi, une augmentation de traitement de 300 fr.

2º Le Conseil adopte la proposition de la commission des finances tendant à ce que tous les travaux d'entretien dépassant 2000 francs ne soient entrepris que sur devis de l'architecte et après approbation de la commission des travaux.

3º Le Conseil vote une somme de 4000 francs pour la part contributive de la ville dans le curage de la Haute-Meldyck.

4º Il vote une première annuité de 600 francs pour le renouvellement des instruments de la musique communale.

5º Il vote le crédit nécessaire pour une quatrième bourse au Conservatoire de musique de Paris.

6º Il vote un crédit de six cents francs pour le logement des prêtres de la paroisse Saint-Denis et repousse le crédit de quatre cents francs demandé pour le même objet par l'administration en faveur de la fabrique de l'église du Haut-Pont, et un amendement de M. Hochart tendant au rétablissement des six cents francs supprimés depuis deux ans à la fabrique du Saint-Sépulcre.

×

La Société d'agriculture de l'arrondissement de St-Omer procède comme suit au renouvellement de son bureau pour l'exercice 1886-1887. Sont nommés :

Président : M. E. Porion, chevalier de la Légion d'honneur.

Vice-Président : M. Albert Le Sergeant de Monnecove.

Secrétaires : MM. E. Goeneutte et Dickson.

Trésorier : M. J. Deneuville.

25 DÉCEMBRE

SENINGHEM. — Un incendie détruit complètement l'habitation de M. Joseph **Ducrocq**, cultivateur. Les pertes s'élèvent à cinq ou six mille francs et ne sont couvertes par aucune assurance.

26 DÉCEMBRE

M. Célestin **Jonnart,** chef du bureau de l'Algérie au ministère de l'intérieur, est nommé chef du bureau des Affaires politiques.

27 DÉCEMBRE

Représentation au théâtre (5e de la direction de Rette) : *Don César de Bazan,* drame ; *la Favorite,* grand opéra.

30 DÉCEMBRE

L'adjudication des travaux d'entretien à lieu à la mairie Sont déclarés adjudicataires :

1er *lot.* — Terrassements, maçonnerie de briques, charpente, menuiserie et quincaillerie. — M. Delpierre Léon, avec 5 fr. 0/0 de rabais.

2e *lot.* — Maçonnerie de pierres dures ou tendres, dallage et marbrerie. — M. Leclercq Alfred, avec 8,50 p. 0/0.

3e *lot.* — Fers, fonte, tolerie, grillage et serrurerie. — M. Gouillart, avec 20 p. 0/0

4e *lot.* — Couverture en tuiles, ardoises et zinc, plomberie. — M. Pichon André, avec 22 0/0.

5e *lot.* — Pompes publiques, plomberie et tuyaux pour canalisation d'eau et de gaz. — M. Dussaux Victor, avec 25 0/0.

6° lot. — Peinture, vitrerie, tentures. — M. Gaymay Rémy, avec 16,10 p. 0/0.

7° lot. — Entretien des chaussées pavées et empierrées et trottoirs dépendant de la voirie urbaine. — M. Lepez Alexandre, avec 17 0/0.

31 DÉCEMBRE

M. **Loy**, percepteur à Saint-Omer, est nommé en la même qualité à Boulogne; M. **Potel**, percepteur à Oisy, est nommé à la **perception** de Saint-Omer.

RENSEIGNEMENTS ADMINISTRATIFS, STATISTIQUES ET HISTORIQUES

Le département du Pas-de-Calais fut formé, en 1790, de territoires appartenant à deux des provinces qui constituaient alors la France. L'une de ces deux provinces, l'*Artois*, qui avait pour capitale *Arras*, le chef-lieu du département actuel, fournit à lui seul près des sept dixièmes du Pas de-Calais ; le reste fut pris à trois petits pays qui dépendaient de la *Picardie :* au *Calaisis*, au *Boulonnais,* au *Ponthieu.*

Le département du Pas-de-Calais forme le diocèse d'Arras (suffragant de Cambrai), la 2e subdivision de la 3e division militaire (Lille) du 2e corps d'armée (Lille) Il ressortit : à la Cour d'appel de Douai, à l'Académie de Douai, à la 24e légion de gendarmerie (Arras), à la 2e inspection des ponts et chaussées, à la 7e conservation des forêts (Amiens), à l'arrondissement minéralogique de Valenciennes (Division du Nord-Ouest), à la 2e région agricole (Nord) Il comprend six arrondissements : Arras, Béthune, Boulogne, Montreuil, Saint-Pol et Saint-Omer.

L'arrondissement de Saint Omer compte 115.363 habitants, 27.684 ménages, 24.568 maisons, et 113.179 hectares ; il est lui-même divisé en sept cantons et cent dix huit communes. Les sept cantons sont : *Saint-Omer-Nord, Saint-Omer-Sud, Aire-sur-la-Lys, Ardres, Audruick, Fauquembergues* et *Lumbres.*

I. — CANTONS DE SAINT-OMER-NORD ET SAINT-OMER-SUD

Le canton de Saint-Omer-Nord a 17.647 habitants (17.667 en 1881) et comprend 8 communes rurales et 8.820 hectares. Le canton de Saint-Omer-Sud a 22.584 habitants (22.255 en 1881) et comprend 7 communes rurales et 5.921 hectares.

Le territoire de la ville de Saint-Omer est divisé en deux cantons : Nord et Sud.

La ligne séparative des deux cantons part des remparts, traverse les rues St-Venant et des Deux-Cantons, la Place V. Hugo, les rues du Commandant, de l'Arbalète, de Cassel et remonte le quai des Salines jusqu'à la porte du Haut-Pont.

Canton Nord. — La partie située entre cette ligne et les remparts du Nord et de l'Ouest, compose le canton Nord, — c'est-à-dire depuis la porte du Haut-Pont jusqu'à la rue Saint-Venant et le côté gauche du canal du Haut-Pont.

Canton Sud. — La partie située entre cette ligne et les remparts du Sud et de l'Est, compose le canton Sud, — c'est-à-dire depuis la porte du Haut-Pont jusqu'à la rue Saint-Venant, le faubourg de Lyzel et tout le côté droit du canal du Haut-Pont.

Les communes rurales faisant partie du canton Nord sont : *Clairmarais, Houlle, Moringhem, Moulle, St-Martin-au-Laërt, Salperwick, Serques et Tilques.*

Les communes rurales faisant partie du canton Sud sont : *Arques, Blendecques, Campagne-les-Wardrecques, Helfaut, Longuenesse, Tatinghem, et Wizernes.*

Saint-Omer

La ville de Saint-Omer (appelée Sithiu jusque vers

le milieu du IXe siècle) est située par 50° 44' 53" de lati-
tude et 0° 5' 3" de longitude Ouest, à 71 kilomètres
d'Arras et 285 kilomètres de Paris par le chemin de fer.

La population normale est pour le canton Nord de
8.662 habitants et pour 'e canton Sud de 9.457 habitants, soit au total 18.119 habitants.

La population flottante (garnison. pensions. etc.) est
pour le canton Nord de 1.909 âmes et pour le canton
Sud de 1.342, soit au total de 3.251. '

Les électeurs sont pour le canton Nord ville : 1.895,
faubourg : 357 ; Sud ville : 1.697. faubourg : 637.

ADMINISTRATION MUNICIPALE. — MM. F. Ringot,
maire ; Vasseur et Brillaud, adjoints.

CONSEIL MUNICIPAL. — MM. Emile Duméril, Bret,
Gilliers Alfred, Fauvel-Carpentier, Cadet, Pierret-
Nicolle, Fiévé-Gisquière, Devaux, Derbesse, Clay-
Baroux, Kosser, Chifflart, Houzet Emile, Minne,
Lecointe Paul, Thibaut-Royer, Lemoine, Devin, Lor-
mier, Lambert-Brunet, Tillie, Berteloot, Guilbert et
Hochart.

SECRÉTAIRE DE LA MAIRIE. — M. Emile Desenclcs.

MONUMENTS. — Saint-Omer, entourée d'une enceinte
fortifiée et de fossés d'un développement total de 4 200
mètres, est une place forte de 1re classe. Au Sud et surtout à l'Est, les fortifications occupent une grande
étendue de terrain et offrent la réunion de tous les ouvrages défensifs adoptés par l'art moderne. Au Nord-
Est. au Nord et au Nord-Ouest, de vastes marais, cou-
pés de canaux et de fossés, protègent la ville, défendue
en outre par deux forts : le fort à Vaches isolé à l'Est,
sur la rive gauche du canal de Neuffossé, et le fort de
Notre-Dame de Grâce au Sud-Est, rattaché à la place
par une chaussée fortifiée. Le faubourg du Haut-Pont
au Nord et le faubourg de Lyzel au Nord-Est sont spé-
cialement protégés par des ouvrages à cornes élevés à

leur extrémité. Quatre portes d'eau servent à la rentrée et à la sortie de l'Aa : celle qui s'ouvre du côté de la porte de Dunkerque est surmontée d'un pavillon renfermant une horloge dont les heures sont sonnées par une figure mobile appelée *Mathurin*.

Deux monuments sont surtout remarquables : la Cathédrale sous le vocable de Notre-Dame, et les ruines de l'abbaye de Saint-Bertin, d'ailleurs rangés parmi les monuments historiques.

L'église Notre-Dame est l'ancienne cathédrale du siège épiscopal érigé en 1559, à Saint-Omer, par Philippe II, roi d'Espagne, et supprimé en 1801. Cette église (100 mètres 55 de longueur ; 50 mèt. de larg au transsept ; 22 mèt. 34 cent. de haut. sous voûte), la plus curieuse de l'Artois, date presque entièrement des XIIIe, XIVe et XVe siècles. Elle a quatre portails dont le plus remarquable, celui du Sud, date des XIIIe et XIVe s. La porte est divisée par un trumeau supportant la statue de la Vierge (XVe s.) ; sur le tympan qui surmonte ce trumeau est sculpté le Jugement dernier. Les voussures du porche, s'appuyant à d'élégantes colonnettes, encadrent des statuettes qui, malheureusement, ont été mutilées en grande partie pendant la Révolution. La tour de Notre-Dame, bâtie sur le portail de l'O. (50 mèt. 75 cent. de hauteur), est ornée d'arcatures et couronnée par une terrasse qui ne fut achevée qu'en 1499 (la cloche principale, fondue en 1174, pèse 9 000 kilog). Au centre de l'église s'élevait autrefois une flèche qui fut renversée en 1606 par un ouragan.

Nous signalerons à l'intérieur : dans les bas côtés, onze *chapelles*, fermées aux XVIIe et XVIIIe s. par des clôtures à jour, en marbre, en pierre et en bois ; — dans la *chapelle de l'Immaculée-Conception*, trois statues du XVe s. (la *Vierge, saint Joachim* et *sainte Anne*) ; — la *chapelle de Notre-Dame des Miracles*

(croisillon S.) renfermant une admirable *Vierge* en bois
(XIIᵉ s.) Une toile de Van Opstal *(Jésus devant Pilate)*,
des pavés historiés du XVIᵉ s. et un tableau de Ziegler
(saint Georges terrassant le dragon) complètent la
décoration du transsept de dr. et de la chapelle. — Les
roses du bras méridional (XIVᵉ s.) et du bras septentrio-
nal (XVᵉ s.) sont garnies de beaux vitraux dus à M. Lus-
son. — Une horloge de 1555, un tableau de Van Dyck
(le Denier de César) et quelques pierres tumulaires se
voient dans le transsept de g. — Le *buffet d'orgues*
(1716, restauré en 1854) est dû à Baligand, qui a également sculpté les *statues du roi David*, *de saint
Pierre* et *de saint Paul*, décorant le buffet d'orgues et
la tribune. — Dans le collatéral de dr. est la statue
colossale du *Christ*, entre la Vierge et saint Jean age-
nouillés, sculpture remarquable provenant du porche de
la cathédrale de Thérouanne et désignée sous le nom de
Grand Dieu de Thérouanne.

Nous mentionnerons enfin : le *tombeau de saint
Omer*, cénotaphe du XIIIᵉ s., dans la nef principale ; le
tombeau de saint Erkembode, dans le déambulatoire,
bloc de grès fortement évidé, fermé d'un couvercle en
pierre (VIIᵉ et VIIIᵉ s.) ; le *monument* élevé à la mémoire
de M. le Grand-Doyen Duriez, près de la porte de la
sacristie, sculpture remarquable, œuvre de Louis Noël ;
le *tombeau* en marbre et albâtre, d'*Eustache de Croy*,
évêque d'Arras, mort en 1538 : la composition, le dessin
et le travail de la statue couchée ainsi que des ornements et figures accessoires, font de ce cénotaphe, dû à
Jacques Dubrœucq, une œuvre d'un grand mérite ; —
dans le collatéral de dr., une *Descente de croix* en
albâtre et des *bas-reliefs* en marbre ; — plusieurs *ex-
voto* décorant les murs de l'église et parmi lesquels on
distingue notamment ceux : de *Lallaing* (1533), en
albâtre et en pierre d'Avesnes, peint et doré en partie

(sculptures : les *Trois jeunes hommes dans la four-naise,* d'une exécution très délicate, par Georges Monnoyer, « tailleur d'images ») ; d'*Antoine de Tramecourt* (1478), en pierre sculptée et peinte *(Adoration des Mages)* ; de *Vincent Brejon* (1463), qui se signale par l'originalité de la composition (dans la chapelle des fonts) ; — le *maitre-autel* provenant en grande partie de l'église Saint-Bertin ; — la *chaire,* de 1714 ; — divers tableaux, entre autres, *Job sur son fumier,* par G. de Crayer, etc.

Saint-Bertin est l'ancienne église d'une célèbre abbaye bénédictine où Chilpéric III termina ses jours (752) et qui fut visitée par plusieurs personnages illustres. L'édifice, dont il ne reste plus aujourd'hui que des ruines, fut construit, de 1326 à 1520, sur l'emplacement d'églises antérieures. Une tour, une suite d'arcades de la nef et du transsept N. et quelques contre-forts sont les seuls restes de cette magnifique abbatiale. La tour (68 mèt. de hauteur), ornée d'arcatures et percée de fenêtres flamboyantes, fut élevée de 1431 à 1520, sur le portail de l'Ouest. Elle renferme une cloche de 7.500 kilog. fondue en 1470 et appelée *Bertine.* Sur l'emplacement de l'abbaye des fouilles pratiquées à diverses époques ont fait reconnaître les fondations des trois églises abbatiales successivement élevées sur le même emplacement, et découvrir des tombeaux, des objets antiques qui ont été déposés au musée de Saint-Omer.

Les autres églises de Saint-Omer sont : *l'église du Saint-Sépulcre* (1387) ; flèche de 52 mèt. de hauteur ; tableaux de G. de Crayer *(Ensevelissement du Christ)* et d'Arnould de Vuez *(Descente de croix)* ; — *l'église Saint-Denis* (xviiie s.) conservant une chapelle du xiie s. ; objets d'arts provenant de l'église Saint-Bertin ; — *l'église de l'Immaculée-Conception* (1854-1859), dans le style du XIIIᵉ s. ; les chapelles *du Lycée, des Carmes-Déchaussés*, etc.

Parmi les monuments civils de Saint Omer, tous de construction assez récente et d'un intérêt secondaire, nous nous bornerons à indiquer : l'*hôtel de ville* (1834-1841), renfermant une *salle de spectacle*, un *musée de tableaux*, composé d'un petit nombre de toiles sans valeur, et les *archives* (charte concédée en 1127, la plus ancienne de France) ; — le *palais de justice*, qui occupe l'ancien palais épiscopal bâti par Mansart (1680-1701 ; salle des Pas-Perdus et salle des Assises) ; — l'*hôpital général*, fondé en 1702 (façade en briques jaunes décorée de pilastres à chapiteaux corinthiens) ; — l'*hôpital militaire*, installé dans les bâtiments d'un ancien collège fondé en 1592 par les jésuites pour les enfants catholiques d'Angleterre, d'Ecosse et d'Irlande et où le célèbre agitateur D. O'Connell a fait ses premières études ; — l'*arsenal*, datant de 1782 (collection intéressante d'armes de toute espèce) ; — le *lycée*, renfermant la bibliothèque publique, etc., — et enfin quelques *maisons* des XVIᵉ et XVIIᵉ siècles.

Le musée, dans l'ancien *hôtel du Bailliage* (XVIIIᵉ s.), sur la Grand'Place, contient : au rez-de-chaussée, la statue en bronze du duc d'Orléans, par Raggi (cette statue, due à une souscription ouverte à la suite de la catastrophe du 13 juillet 1842, avait été érigée sur la Grande-Place, d'où la révolution de 1848 eut le tort de la faire disparaître pour la reléguer au musée) ; — entre autres sculptures : *Adam et Ève*, par Husson ; le *Jeune Narcisse*, par Bosio ; *bas-relief* (épi ode de l'histoire locale) ; — des *pierres tombales ;* — une *mosaïque* découverte dans l'église Saint-Bertin en 1831, etc. — au 1ᵉʳ étage, des *collections archéologiques :* momies, monnaies et médailles, ivoires sculptés ; *plan en relief* de l'abbaye de Saint-Bertin ; *zodiaque* datant de

.1109, etc. — au 2ᵉ étage : des *collections d'histoire naturelle*. Dans l'escalier, on remarque une *tapisserie* d'Arras, du xvᵉ s. *(Caïn et Abel)*.

La *bibliothèque publique* (rue Gambetta) possède 14.000 volumes et 852 manuscrits. On y remarque un *missel de saint Omer* (xɪvᵉ ou xvᵉ s.), orné de miniatures admirables ; une *Vie de saint Omer* (vɪɪɪᵉ ou ɪxᵉ s.) ; *bible* ornée de peintures curieuses.

HAMEAUX ET LIEUX DITS. — Le Doulac, le Pont-Saint-Momelin.

ANCIENNE MESURE. — La mesure de 100 verges, de 20 pieds, de 11 pouces, vaut 35 ares 46 centiares 67 milliares.

Arques

(Dist. de Saint-Omer : 3 kil. 500 m.)

Population : 4.567 hab — Electeurs inscrits : 1.109.
Superficie : 2.225 hect. — Kermesse : 1ᵉʳ dimanche de septembre.

MAIRE. — M. Edouard Deron.

ADJOINTS. — MM. Soutry et Canler.

CONSEIL MUNICIPAL — MM. Decléty, Laheyne, Ducrocq, Magère, Marc, Fardoux, Danel, Gottiniaux, Vast, Galamez, Detraux, Cousin, Bussy, Decléty (A.), Bouveur, Duclos, Bléchet, Gœusse.

ETYMOLOGIE. — Ce village paraît tirer son nom de ce qu'il est situé dans la vallée où l'Aa fait un *coude*, un *arc*, en tournant la pointe des bruyères. On prétend, d'autre part, que son nom dérive de ce que les Romains y avaient établi une citadelle, *Arx*.

MONUMENTS. — Les seuls monuments à citer dans cette commune sont : l'*église* avec flèche en pierre, bâtie en 1776, le *château* datant de 1664, les *sept écluses*, l'*ascenseur* des Fontinettes.

FASTES HISTORIQUES. — Les principaux événements historiques dont cette commune fut le théâtre sont les suivants : Le 26 mai 1638, les Français, commandés par le maréchal de Châtillon, campés à une demi-lieue de Saint-Omer, sur la montagne de Blendecques et sur les hauteurs des environs, allèrent, avec quatre pièces de canon, attaquer le château, et quoi qu'il fut bien fortifié et muni de bastions solides, ils l'emportèrent après une canonnade de quatre heures. Le maréchal de Châtillon en fit son quartier général. — Le 4 mars 1677, Louis XIV se rendit devant Valenciennes, en même temps que Monsieur parut devant Saint-Omer. Il vint jusqu'aux sentinelles et campa à Arques ; le 5, le château d'Arques fut attaqué et pris.

HAMEAUX ET LIEUX DITS. — Batavia, La Barue, le Fort rouge, les Fontinettes, la Garenne, Haut-Arques, Lobel, Malhove, Ophove, les Sept-Ecluses, le Stiennart, la Verrerie.

ANCIENNE MESURE. — La mesure de 100 verges de 20 pieds de 12 pouces, vaut 42 ares 20 centiares.

Blendecques

(Dist. de Saint-Omer : 4 kil.)

Population : 2.251 hab. — Electeurs inscrits : 604.
Superficie : 918 hect. 11 a. — Kermesse le 2e dimanche de juillet.

MAIRE. — M. Auguste Houzet.

ADJOINT. — M. Henri Peigne.

CONSEIL MUNICIPAL. — MM. Geudin-Houdin, Bouquillion, Gardien, Butor, Caron, Bultel, G. Houzet, Geudin-Pennequin, Lambin, Marcotte de Noyelles, Macquart de Terline, Avot.

MONUMENTS. — *Eglise* avec chœur du XIIe s. ; belle *tour romane* (1873) ; *bâtiments* d'une ancienne abbaye de filles de l'ordre de Citeaux, appelée l'*abbaye de Ste-Colombe*, où Mahaut de Bourgogne, femme de Baudouin III et mère d'Arnould le Jeune, fut enterrée en 1009.

FASTES HISTORIQUES. — Août 1436, l'armée du duc de Glocester pilla et dévasta le village. — En 1638, le maréchal de Châtillon, obligé de lever le siège de St-Omer, incendie en partant le village de Blendecques. — 5 mars 1677, le duc d'Orléans établit son quartier général à Blendecques et part de là gagner la bataille de Cassel

HAMEAUX ET LIEUX DITS. — La Bikorne, le Blancbourg, le Chat brûlé, la Creuse Villeron, la Croix, le Fort Mahon, l'Hermitage, le Hocquet, le Longpont, Montauban, Soyecques, Westhove, Wins.

Campagne-les-Wardrecques
(Dist. de Saint-Omer : 7 kil.)

Population : 499 hab. — Electeurs inscrits : 136.
Superficie : 473 hect. — Kermesse le 4ª dim. d'août.
MAIRE. — M. Omer Lefebvre.
ADJOINT. — M. Charles Baussart.
CONSEIL MUNICIPAL. — MM. Inglard, Sellier, Vanneuville, Hanon, de Vilmarest, Hermant, Hidden, Bouve, Gamblin, Groue.
MONUMENTS. — Dans l'église, *stalles* de l'époque de la renaissance au nombre de trois de chaque côté du chœur.
FASTES HISTORIQUES. — 3 septembre 1597, pillage de l'église par les soldats français. — Mai 1598, nouveau pillage par des maraudeurs allemands de la garnison de Saint-Omer.
HAMEAUX ET LIEUX DITS. — La Barne, Baudringhem, le Champ d'en bas, La Marlière, le Pont de Campagne.

Clairmarais
(Dist. de Saint-Omer : 3 kil.)

Population : 486 hab. — Electeurs inscrits : 104.

Superficie : 1443 hect. 57 a. 36 cent. — Kermesse le lundi de la Pentecôte.

MAIRE. — M. A Lucasse.

ADJOINT. — M. Vandembussche.

CONSEIL MUNICIPAL. — MM. Blot, Coubronne, Degraeve, Dubois, Duval, Laurent, Pottein, Woest.

ETYMOLOGIE. — Cette commune prit le nom de l'abbaye de l'ordre de Citeaux fondée par saint Bernard en 1142, sur un terrain concédé par Thierry d'Alsace, 18e comte de Flandre, et sa femme Sybille, fille de Foulques, roi de Jérusalem.

MONUMENTS. — *Eglise moderne* (1873 1875), bâtie dans le style de la fin du XIIIe s. Quelques *restes* de l'abbaye, notamment les *bâtiments de la ferme.*

FASTES HISTORIQUES. — 1477, incendie de l'abbaye par l'armée française. — 1638, dévastation du monastère par les Français venus sous la conduite de Châtillon assiéger Saint-Omer.

HAMEAUX ET LIEUX DITS. — L'Abbaye, la Bergerie, la Canarderie, la Cloquette, le Coin perdu, Crèvecœur, Dostyver, la Redoute, le Scoubroucq.

Helfaut
(Dist. de Saint-Omer : 7 kil)

Population : 862 hab. — Electeurs inscrits : 233.

Superficie : 872 hect — Kermesse le dernier dimanche d'août.

MAIRE. — M. Casimir Chavain.

ADJOINT. — M. Adolphe Vigny.

CONSEIL MUNICIPAL. — MM. Cadart, Risbourque,

Deldicque, Macrel, Decroître, Pruvost, D Eloy, F. Eloy, de Vidau, Obert.

ETYMOLOGIE. — Vers le milieu du 3ᵉ s., le pape Etienne envoya plusieurs saints personnages pour prêcher la foi dans les Gaules. Victoric et Fuscien vinrent à Helfaut, où ils construisirent, en l'an 275, une église qui passe pour la première érigée dans la Morinie. Ces deux apôtres rendirent la santé aux malades, l'ouïe aux sourds, la vue aux aveugles et firent un si grand nombre de prosélytes, que bientôt le vaisseau de ce temple se trouva trop petit pour les recevoir. Saint Fuscien, désirant se prêter à la piété de tout le monde, prêcha dans un champ qu'on a longtemps nommé en langue vulgaire flamande *Heylig-veld*, *Healle-falt* et *Helefaut*, ce qui signifie le *Champ saint*, le champ de l'église.

MONUMENTS. — *Eglise* bâtie en forme de citadelle surmontée d'un beau clocher, chœur paraissant être du XVIᵉ s. Le *Camp d'Helfaut* était composé d'innombrables *baraques* permanentes, construites en bois revêtu de torchis, qui y formaient de vastes quartiers percés de rues qui se coupaient à angle droit. *Colonne* érigée en 1842, à la mémoire du duc d'Orléans, par les régiments alors présents au camp, dont le prince se disposait à venir prendre le commandement lorsqu'il fut victime de l'accident qui lui coûta la vie.

FASTES HISTORIQUES — En 1677, pendant le siège de Saint-Omer, les Français brûlèrent ce village, et après la prise de cette ville, les habitants d'Helfaut ne trouvèrent d'asile, pendant trois ou quatre ans, qu'en appuyant contre les murs de l'église, des solives qu'ils avaient été mendier dans les villages voisins (Archives de St Omer).

HAMEAUX ET LIEUX DITS. — Bilques, le Camp, le Grand-Bois.

Houlle
(Dist. de Saint-Omer : 8 kil.)

Population : 556 hab. — Electeurs inscrits : 175.
Superficie : 652 hect. 17 a. 69 c. — Kermesse le 24 juin.

MAIRE. — M. Degrave-Bellanger.

ADJOINT. — M. Cyriaque-Devienne.

CONSEIL MUNICIPAL. — MM. Devin, Castel, Decocq, Lafoscade, Stopin, Fichaux, Fenet, Leclair, Dramecourt, Mesmacre.

ETYMOLOGIE. — Le nom de ce village paraît dériver du celtique *houl*, creux, bas ; en opposition avec Moulle.

MONUMENTS. — *Eglise* n'offrant rien de remarquable mais surmontée d'une tour semblant remonter, sauf la flèche, à la fin du XII⁰ siècle.

FASTES HISTORIQUES. — 1477. Houlle est incendié par les troupes de Louis XI. — 1522, les Français saccagent à nouveau son territoire. — 1664, le maréchal de Gassion se rend maître du village.

HAMEAUX ET LIEUX DITS — Assinghem, la Basse-Boulogne, les Marnières, Vincq, Warlaud.

Longuenesse
(Dist. de Saint-Omer : 3 kil)

Population : 1104 hab. — Electeurs inscrits : 259.
Superficie : 807 hect. 67 a. 60 c. — Kermesse le dimanche après le 2 mai.

MAIRE. — M. Félix Platiau.

ADJOINT. — M. Louis Platiau.

CONSEIL MUNICIPAL. — MM. Bocquet, Darques, Wintrebert, Canler, Deroo, Hurtevent, Roland, Turlutte.

ETYMOLOGIE. — Cette commune tire probablement son nom de ce qu'elle est située au pied de la montagne des bruyères qui s'étend, en forme de promontoire, depuis la croupe de Wisques jusqu'au château d'Arques, semblable à un *long nez.*

MONUMENTS. — *Eglise* dont plusieurs parties remontent aux XIIIe et XIVe siècles. — Il ne reste rien de l'ancien *couvent des Chartreux* que possédait cette commune et.qui a été complètement détruit en 1792.

FASTES HISTORIQUES. — Longuenesse fut dévasté en 1436 par le duc de Glocester et en 1477 par l'armée de Louis XI — 22 juin 1638, les Français, sous les ordres du maréchal de Châtillon, brûlent Longuenesse et coupent le tuyau de conduite des eaux qui se rendaient de ce point à Saint-Omer.

HAMEAUX ET LIEUX DITS. — Les Bruyères, les Chartreux, le Cœur-Joyeux, Fond-Cailloux, le Fort-de-Grâce, la Madeleine, la Malassise, Sainte-Aldegonde, Sainte Croix, la Verte-Ecuelle.

Moringhem-Difques
(Dist. de Saint-Omer : 10 kil)

Population : 585 hab. — Electeurs inscrits : 155.

Superficie : 993 hect. 27 a. 65 c. — Kermesse quinze jours après la Trinité.

MAIRE. — M. A. Ducamps.

ADJOINT. — M. F. Tétart.

CONSEIL MUNICIPAL. — MM. Boin, Bodart, Penet, Bée, Denis, Mesmacque, Marcotte, Boroux, Decroix (P.) Decroix (L).

MONUMENTS. — L'*église* de Moringhem n'offre aucun caractère. Dans le clocher de celle de Difques se trouve une cloche datée de 1781, époque où elle a été refondue, et porte sur son flanc les armoiries du seigneur de Difques.

FASTES HISTORIQUES. — En 1596 plusieurs habitants,

pour se mettre à l'abri du pillage des soldats français, se réfugient dans les carrières ouvertes sur le territoire de Difques, mais les Français mettent le feu aux broussailles qui se trouvent à l'entrée, et quatorze personnes y meurent asphyxiées.

HAMEAUX ET LIEUX DITS. — Barbinghem, Berlinghem, Grand-Difques, Guzelinghem, Lieuse, Petit-Difques, le Wasque.

Moulle

(Dist. de Saint-Omer : 7 kil.)

Population : 1482 hab. — Electeurs inscrits : 411.

Superficie : 544 hect. 67 a. 45 c — Kermesse 2ᵉ dimanche de juillet.

MAIRE. — M. Degrave.

ADJOINT. — M. Baroux.

CONSEIL MUNICIPAL. — MM. Colin, Denis, Bayard, Gastel, Guilbert, Hanscotte, Hermary, Schercousse, Vasseur.

ETYMOLOGIE. — Ce village a probablement pris le nom qu'il porte du mot celtique *mol* qui signifie colline, montagne.

MONUMENTS. — *Eglise* bâtie dans la première partie de ce siècle. Clocher carré en pierre.

FASTES HISTORIQUES. — 1346. Après la bataille de Crécy, le gros des troupes d'Edouard III se dirige sur Calais, un parti de soldats anglais maraudeurs se présente devant Moulle. Les confrères d'une société d'archers qui existait à ce moment dans cette commune, sous le vocable de Saint-Sébastien, se retirèrent dans l'église et se défendirent vaillamment contre l'ennemi qu'ils chassèrent. En récompense, Philippe-le-Bon, en 1450, accorda des privilèges à cette confrérie.

En 1644, Moulle tomba au pouvoir du maréchal de Gassion.

HAMEAUX ET LIEUX DITS. — Bas de Moulle, Boisque, Bouquelboise, Broquestrate, le Brouway, le Coudou, le Haut-Mont, la Motte, les Marnières.

ANCIENNE MESURE. — La mesure de 100 verges, de 20 pieds, de 11 pouces, vaut 35 ares 46 centiares 67 milliares.

St-Martin-au-Laërt

(Dist. de Saint-Omer : 1 kil.)

Population : 1206 hab. — Electeurs inscrits : 318.

Superficie : 493 hect. 93 a. 09 c. — Kermesse, le 3ᵉ dimanche de septembre.

MAIRE. — M. Duquénoy-Walleux.

ADJOINT — M. Etienne Pouilly.

CONSEIL MUNICIPAL. — MM. Drieux, Leblanc, Campagne, Mahieu, Costeux, Belin, Jude, Lemaire, Decroos.

ETYMOLOGIE — Cette commune est ainsi nommée du nom de l'église paroissiale dédiée de temps immémorial à *St-Martin,* et de l'endroit appelé communément *le Laer* où fut bâtie la troisième église au XVIᵉ siècle.

MONUMENTS. — *Eglise* moderne, style du XIIIᵉ siècle, surmontée d'une tour carrée en pierre, couronnée d'une flèche en charpente. — *Colonne* autrefois surmontée d'une croix *(croix pélérine)* élevée à l'endroit où Jean, bâtard de St-Pol, sire de Haubourdin, et cinq de ses compagnons, soutinrent, en 1449, une joûte contre tous venants, en présence de Philippe le Bon et du comte de Charolais.

HAMEAUX ET LIEUX DITS. — Le Bourg, le Long Jardin, le Marais, le Noir Cornet, Rouge-Clef, la Tour Blanche, Vallée des Beurkes.

Salperwick
(Dist. de Saint-Omer : 3 kil)

Population : 404 hab. — Electeurs inscrits : 120.
Superficie : 400 hect. 05 a 55 c. — Kermesse, le dimanche après le 15 août.
MAIRE. — M. Louis Baillon.
ADJOINT. — M. Constant Leblanc.
CONSEIL MUNICIPAL. — MM. Mièze, Delobel, de Coussemaker, Boitel, Caroulle, Dufour (H.) Pigouche, Dufour (C.).
MONUMENTS. — *Eglise* moderne, tour du XVIe siècle, surmontée d'une flèche en charpente. (Pélerinage de N.-D. de Bonne Fin.) *Fonts baptismaux* du XVIᵉ siècle. — *Château*, style Louis XV.
FASTES HISTORIQUES. — 1638. Salperwick est pillé et brûlé par les Français assiégeant St-Omer qui y construisent un fort. — 1755. Le prince de Soubise loge dans cette commune. — 1804. La maison appelée *cense des moines* (aujourd'hui détruite) sert au logement de Napoléon Iᵉʳ pendant deux jours. Elle servit encore pendant deux ans de quartier général pour la grande armée pendant le camp de Boulogne.
HAMEAUX ET LIEUX DITS. — Cense des moines.

Serques
(Dist. de Saint-Omer : 7 kil.)

Population : 1028 hab. — Electeurs : 291.
Superficie : 1000 hect. — Kermesse, 3ᵉ dimanche de septembre.
MAIRE. — M. Clay, Eugène.
ADJOINT. — M. Hielle, Aimé.
CONSEIL MUNICIPAL. — MM. Brocquet, Courquin, Guilbert, Hocquet, Leblond, Lelièvre, Mièze, Platiau, Senlecq, Dellefin.

ÉTYMOLOGIE. — Le nom de cette commune est formé probablement de deux mots flamands *see kerke,* église près de la mer.

MONUMENTS. — *Eglise* en forme de croix latine. Tour surmontée d'une flèche en charpente. Chaire sculptée intéressante.

FAITS HISTORIQUES. — 1597 et 1638, Serques est pillé et dévasté par les Français. — 1598, la commune est ravagée par les Espagnols.

HAMEAUX ET LIEUX DITS. — Bas-Cornet, Lowestel, Morquine, le Vert-Sifflé, Zudrove.

Tatinghem

(Dist. de Saint-Omer : 4 kil.)

Population : 780 hab. — Electeurs : 209.

Superficie : 560 hect. — Kermesse dernier dimanche de septembre.

MAIRE. — M. Martel-Houzet.

ADJOINT. — M. Th. Lardeur.

CONSEIL MUNICIPAL. — MM. Dausque, Canler, Duval, Chatelain, Bocquet, Wils, Picquet, Ghabé, Bart, Longain-Bloëme.

MONUMENTS. — *Eglise* reconstruite par parties à diverses époques : chœur moderne dans le style du XIVᵉ siècle, nef du siècle dernier, clocher du XVᵉ siècle renfermant une cloche datée de 1634.

FASTES HISTORIQUES. — Tatinghem fut : en août 1436 brûlé par le duc de Glocester, en 1477 ravagé par les troupes de Louis XI, en 1638 incendié par l'armée française.

Tilques

(Dist. de Saint-Omer : 4 kil.)

Population : 1158 hab. — Electeurs : 312.

Superficie : 727 hect. — Kermesse le 1ᵉʳ dimanche d'octobre.

MAIRE. — M. Legrand.

ADJOINT. — M. de Saint-Jean-Lebel.

CONSEIL MUNICIPAL — MM. Bédague, Thomas, Dassonneville-Colin, Lurette, Taffin de Tilques (Alfred), Taffin de Tilques (Agénor), Delattre, Castier, Bouvart, Dubuis.

MONUMENTS. — *Château* d'Ecout, au milieu des marais, dont il ne reste plus que l'entrée principale flanquée de deux tours. — *Eglise* moderne, style du XIVᵉ siècle ; copie du Christ de Van Dyck. — Antique chapelle de N.-D. des Sept-Douleurs.

BIOGRAPHIE. — Joseph-Marie-Benoît **de Lamoussaye,** né à Tilques le 21 mai 1786. — Blessé et décoré sur le champ de bataille de Friedland, étant sous-lieutenant au 2ᵉ léger ; capitaine à l'état-major du prince de Neufchâtel le 26 juin 1811 ; à la journée de Beylen, tua de sa main un colonel espagnol, après avoir reçu un coup de sabre à la tête ; fit la campagne de Russie où il se distingua à Witepsk ; officier de la Légion d'honneur à la victoire de Bautzen ; chevalier de Saint-Louis ; nommé colonel du 18ᵉ léger le 21 décembre 1825 ; créé comte le 6 octobre 1827 ; décédé à Angers où il était en garnison le 6 janvier 1829.

Wizernes

(Dist. de Saint-Omer : 5 kil.)

Population : 1997 hab. — Electeurs : 486.

Superficie : 624 hect. 04 a. 20 c. — Kermesse : le 3ᵉ dimanche de septembre.

MAIRE. — M. Aug. Dambricourt.

ADJOINT. — M. Obert.

CONSEIL MUNICIPAL. — MM. Geudin, Huchette, Hébant, Dufay, Wintrebert, Brogniart, Goût-Vospette, Delrue, Saison, Morainville, Libersart, Envain, Carraux, Hannebicque.

MONUMENTS. — *Eglise,* en grande partie moderne, construite dans le style du XIVᵉ siècle. La tour est de la fin du XVIᵉ siècle.

HAMEAUX ET LIEUX DITS. — Gondardenne, le Noir-Cornet, Pont-d'Ardennes.

II. — CANTON D'AIRE-SUR-LA-LYS

Le canton d'Aire-sur-la-Lys compte 17.357 habitants (17.196 en 1881); il comprend en superficie 11.152 hectares et est divisé en quatorze communes. Ces communes sont : Aire-sur-la-Lys, Clarques, Ecques, Herbelles, Heuringhem, Inghem, Mametz, Quiestède, Racquinghem, Rebecq, Roquetoire, Thérouanne, Wardrecques, Wittes-Cohem.

Aire-sur-la-Lys
(Dist. de Saint-Omer : 18 kil.)

Population : 8.395 hab. — Electeurs : 1960.

Superficie : 3.272 hect. — Kermesse le dernier dimanche d'août.

MAIRE. — M. Warenghem.

ADJOINTS. — MM. de Beugny d'Hagerue et Henri Wallart.

CONSEIL MUNICIPAL. — MM. le baron Dard, Dufait, Labitte, Salomé, Gozet, Roch, Lustre, Bart, Vasseur, Leroy, Desjardins, Allouart, Robichet, Sarrazin, Vanhoucke, Oudart, Bourdrel, Gressin, Allart.

ETYMOLOGIE. — Son nom fut d'abord *Aëria* ou *Heria.*

Monuments — Place de guerre de 2ᵉ classe, Aire est entourée d'un rempart bastionné percé de trois portes. — *Eglise Saint-Pierre* (mon. hist.), ancienne collégiale, reconstruite aux xvᵉ et xvıᵉ s. et remaniée au xvıııᵉ; très riche décoration à l'intérieur; l'église est dominée par une tour de 53 mètres de hauteur, datant des xvııᵉ et xvıııᵉ s. — Ancien hôtel du *Bailliage* (1600) décoré de figures allégoriques (mon. hist.). — *Chapelle du collège* (xvıııᵉ s.), ancienne église des jésuites. — *Hôtel de ville* du xvıııᵉ s. — *Arche ogivale* appuyée à deux tourelles, par laquelle la Lys pénètre dans la ville; c'est tout ce qui subsiste de l'ancien château dont l'emplacement est occupé par une *promenade*. — *Fontaines publiques*, dont l'une surmontée d'une pyramide. — *Bassin* à quatre faces où sont retenues les eaux de la Lys en dehors de la ville, pour être distribuées à l'aide d'écluses dans les trois canaux.

Fastes historiques. — 881, prise de la ville par les Normands; 1482, siège d'Aire par Louis XI; 1641, prise de la ville par la Meilleraie et par les Espagnols; 1676, prise par le maréchal d'Humières; 1713, cession d'Aire à la France, par le traité d'Utrecht.

Biographie — Baudens, chirurgien militaire (1804-1858); de Broide, jurisconsulte (15..-16..); Brouart, théologien (1582-1643); Coquelle, poète (xvıᵉ s); Couvreur, théologien (1580-1625); Daveroult, jésuite, professeur (xvıᵉ s.); Dallènes, dernier abbé de St-Bertin (17..-1804); Deron, grand doyen de Saint-Omer (1765-1832); Deschamps de Pas, jurisconsulte (1731-1815); Desmarquoy, médecin (1757-1845); Duval, jurisconsulte (1746-1818); Eulard, jésuite, aumônier des armées espagnoles, écrivain (1564-1637); Galland, écrivain, professeur (14. -1559); Gazet, historien (1555-1611); Ghison, fondateur du monastère de Blendecques (xııᵉ s.); Guiard des Moulins, écrivain, érudit (1251-

16

1320) ; Humetz, historien (XVIIᵉ s.) ; de la Forest, diplomate (1756-18..) ; François de Montmorency, théologien (1578-1610) ; Muchembled, jurisconsulte (1744-1810) ; Musart, théologien et prédicateur (1582-1653) ; du Ploich, évêque d'Arras (1555-1602) ; Vervoitte, compositeur de musique (1822-188).

HAMEAUX ET LIEUX DITS. — Bruvaut, Cense Duhamel, le Chemin du Fort, le Cornet d'enfer, Estracelle, le Fort St-François, Glominghem, Guarlinghem, le Hoquet, Houlleron, la Jumelle, la Lacque, Lenglet, St-Martin, Mississipi, Moulin-le-Comte, Neufpré, Pecqueur, St-Quentin, Rincq, le Widdebroucq.

ANCIENNE MESURE. — La mesure de 100 verges, de 20 pieds, de 11 pouces, vaut 35 ares 46 cent. 67 mill.

Clarques

(Dist. de Saint-Omer : 14 kil. — d'Aire : 10 kil.)

Population : 363 hab. — Electeurs : 101.
Superficie : 672 hect. — Kermesse le 3ᵉ dimanche de juillet.

MAIRE. — M. Titelouse de Gournay.

ADJOINT. — M. Louis Danthen.

CONSEIL MUNICIPAL — MM Eloy, Dufour, Buire, Saison, Leleu, F. Grébaut, Fertin, E. Grébaut.

MONUMENTS. — *Beau château* moderne. — *Statue de Saint-Martin* érigée sur l'emplacement de l'ancienne église. — Deux abbayes ont existé à Clarques : *l'abbaye de Saint-Augustin* et *l'abbaye de Saint Jean au Mont.*

FASTES HISTORIQUES. — 1553. Destruction de l'ancien village de Clarques en même temps que la ville de Thérouanne disparaît.

HAMEAUX ET LIEUX DITS. — Saint-Augustin, les faubourgs, Saint-Jean au Mont,

Ecques

(Dist. de Saint-Omer : 10 kil. — d'Aire : 11 kil.)

Population : 1381 hab. — Electeurs : 406.

Superficie : 1 18 hect 05 a. 78 c. — Kermesse à la St-Pierre et le 1er dimanche de septembre.

MAIRE. — M. H. Dubois.

ADJOINT. — M. Caron.

CONSEIL MUNICIPAL. — MM. Delhelle, Delohem, Jovenin, Bruges, Hermant, V. Bultel, A. Bultel, Bienaimé, Cocud, Pierre Dubois.

ETYMOLOGIE. — Son nom paraît provenir du Teuton *Eche* qui signifie *Bois de chêne.*

MONUMENTS. — *Tour de l'église*, de style roman.

FASTES HISTORIQUES. — De septembre 1710 à mars 1711, de nombreuses incursions des alliés faisant le siège d'Aire ont lieu dans Clarques et 140 habitants de cette commune trouvent la mort dans les engagements auxquels elles donnent lieu.

HAMEAUX ET LIEUX DITS. — Basse ville, Blamart, le Brulle, la Cauchie d'Ecques, Coubronne, Egles, la Flaque-Gillette, Islinghem, les Moulins, Mussem, Ront, Ronville, la Sablonnière, Westecques.

Herbelles

(Dist. de Saint-Omer : 12 kil. — d'Aire : 14 kil.)

Population : 335 hab. — Electeurs : 108.

Superficie : 440 hect. 60 a. — Kermesse le dimanche après le 11 juin et le 2e dimanche d'octobre.

MAIRE. — M. Lapouille.

ADJOINT. — M Allouchery.

CONSEIL MUNICIPAL. — MM. D. Contart, C. Contart, Bonnière, Caron, Ed. Delohem, B. Delohem, Palandre, Marcassin.

MONUMENTS. — L'église possède *un reliquaire* d'argent, provenant de la cathédrale de Thérouanne, contenant quelques ossements de St-Léger ; c'est un spécimen intéressant de l'orfèvrerie du XVᵉ siècle.

HAMEAUX ET LIEUX DITS. — Franc lieu, Mont Mette, la Place, rue des Saules, Upan.

Heuringhem

(Dist. de Saint-Omer : 7 kil. — d'Aire : 12 kil.)

Population : 559 hab. — Electeurs : 158.
Superficie : 563 hect. 75 a. 45 c. — Kermesse 1ᵉʳ dimanche de septembre.
MAIRE : M. Eloi Cainne.
ADJOINT. — M. Désiré Joly.
CONSEIL MUNICIPAL: — MM. Bayart, Crenleux, Chevalier, Debuisser, Desmaretz, Flament, Lefebvre, Risbourque, Pette, Tassart.
ETYMOLOGIE. — Nom d'origine celtique s'écrivant autrefois *Henrikinghem,* ce qui veut dire, maison du roi Henri.
MONUMENTS. — *Eglise* construite en 1627.
HAMEAUX ET LIEUX DITS. — Le Bibroud, l'Escoire, Leconoire.

Inghem

(Dist. de Saint-Omer : 11 kil. — d'Aire : 14 kil.)

Population : 337 hab. — Electeurs : 100.
Superficie : 320 hect. 73 a. 95 c. — Kermesses : 2ᵉ dimanche après Pâques, 2ᵉ dimanche de septembre.
MAIRE. — M. Leblond.
ADJOINT. — M. Coyecque.
CONSEIL MUNICIPAL — MM. Cainne, M. Leleu, A. Leleu, Briez, Delepouve, Martel, Demol.
BIOGRAPHIE. — Delvart, grammairien (1795-1871).

Mametz

(Dist. de Saint-Omer : 15 kil. — d'Aire : 6 kil.)

Population : 1282 hab. — Electeurs : 368.

Superficie : 929 hect. 67 a 35 c. — Kermesse 2e dimanche de septembre.

MAIRE. — M. Rollin.

ADJOINT. — M Faucon

CONSEIL MUNICIPAL. — MM. Delplace, Levecque, Delvart, Bourdrel, Scat, Massart, Becquart, Ch. Lemaître, A. Lemaître, Delru.

ETYMOLOGIE. — Le nom de cette commune viendrait d'une vierge anachorète *Mamezié,* qui en avait jeté les premières fondations en 640.

MONUMENTS. — *Eglise* sans caractère. Statue de *Notre-Dame de Bruchine* (confrérie érigée au XVIIe s. et confirmée par Bulle du Pape Clément VIII du 20 septembre 1802).

HAMEAUX ET LIEUX DITS. — Crecques, Marthes, Mont-Bu.

Quiestède

(Dist. de Saint-Omer : 12 kil. — d'Aire 8 kil 500)

Population : 383 hab. — Electeurs : 107.

Superficie : 882 hect. 93 a 76 c. — Kermesse 1er dimanche d'octobre.

MAIRE. — M. Arthur de Lencquesaing.

ADJOINT. — M Alfred Verley.

CONSEIL MUNICIPAL. — MM. Albéric de Lencquesaing, Mahieu, Thorel, Crépin, Bultel, Delvart, Dubois, Dalennes.

MONUMENTS. — *Eglise* en partie ancienne du XIII' s., en partie moderne du style gothique du XIVe s. ; boiseries, chaire et confessionnaux remarquables ; cloche provenant de l'église Sainte-Aldegonde de Saint-Omer;

reliques de saint Laurent. — Quelques *tourelles* et des *restes* de constructions féodales (seigneurie de La Prée) se voient encore dans la ferme de Rond.

HAMEAUX ET LIEUX DITS.— Cochendal, le Pont à Ham.

Racquinghem

(Dist. de Saint-Omer : 10 kil. — d'Aire : 7 kil.)

Population : 653 hab. — Electeurs : 196.

Superficie : 509 hect. — Kermesse le 2e dimanche de septembre.

MAIRE. — M. Van Zeller d'Oosthove.

ADJOINT. — M. Patinier.

CONSEIL MUNICIPAL. — MM. Desvignes, Macrez, Belval, Pavy, Judas, Guffray, Varlet, Ogez, Saison.

MONUMENTS. — *Eglise* style gothique.

HAMEAUX ET LIEUX DITS. — Le Bas-de-Rucq, Baumont, la Belle-Croix, la Brique-d'Or, la Bruyère, Château de Bambecq, Château de Coubronne, Dessus-du-Canal, le Hameau d'En-Bas, le Noir-Cornet, la Pierre, le Pont-Asquin.

Rebecq

(Dist. de Saint-Omer : 13 kil. — d'Aire : 8 kil.

Population : 369 hab. — Electeurs : 105.

Superficie : 484 hect. — Kermesse le 1er dimanche de septembre.

MAIRE. — M A Mantel.

ADJOINT. — M. Delvart.

CONSEIL MUNICIPAL. — MM. Gozé, Lemaître, Pavy, Herber, Prins, Boulin, F. Mantel, Tavernier.

MONUMENTS — *Tour de l'église* datant de 1784 ; *cloche* fondue en 1562.

HAMEAUX ET LIEUX DITS. — Le Choquet, Grimaretz, le Natoy, les Places, Saint-Winock.

Roquetoire
(Dist. de Saint-Omer : 13 kil. — d'Aire : 6 kil.)

Population : 1371 hab. — Electeurs : 382.
Superficie : 1067 hect. 97 a. 90 c. — Kermesse le
dim. le plus proche du 22 juillet et le 3ᵉ dim. d'octobre.
MAIRE. — M. le comte de Ranst de Saint-Brisson.
ADJOINT. — M. F. Caron.
CONSEIL MUNICIPAL — MM. Bruge, Barbier, Réant,
Darque, Foubert, May, Quétu, Lombart, Ledoux, Del-
bende.
MONUMENTS. — *Eglise* moderne de style ogival.
HAMEAUX ET LIEUX DITS. — Boguet, Camberny, Co-
chendal, Lignes, la Morande, la Sablonnière, Warnes.

Thérouanne
(Dist. de Saint-Omer : 14 kil. — d'Aire : 10 kil.)

Population : 1002 hab. — Electeurs : 284.
Superficie : 876 hect. 15 a. 85 c. — Kermesse le
4 juillet ou le dimanche suivant.
MAIRE. — M Juste Sagnier.
ADJOINT. — M. Louis Valois.
CONSEIL MUNICIPAL. — MM. Méquinion, Azelart,
Belquin, Binet, Faucon, Boulot, Gillocq, Dufour,
Faucon-Gournay.
ETYMOLOGIE. — Deux mots flamands semblent avoir
formé le nom de cette commune : *Tar-Woenne*, signi-
fiant *grande habitation* [1].

[1] Toutefois, les armes de la ville de Thérouanne qui
étaient « d'azur, à la gerbe d'avoine d'or, liée de même »
donneraient assez raison à ceux qui prétendent que le nom
de cette commune lui aurait été donné par allusion à la
nature du sol, reconnu fertile en avoine : *terra avenœ*, terre
à avoine.

Monuments. — *Eglise* modeste et élégante. — Quelques *restes* des anciens fossés.

Fastes historiques. — La ville de Thérouanne, capitale des anciens Morins, dont l'antiquité se perdait dans la nuit des temps et que les romains avaient bâtie avec magnificence, n'est plus maintenant qu'un village. Son église, depuis le septième siècle, a toujours joui d'une très grande célébrité puisqu'outre les soixante saints évêques qui l'ont gouvernée, elle a produit encore le pape Clément VII et huit cardinaux.

Thérouanne était entourée d'une enceinte flanquée de grosses tours ; six grandes voies y aboutissaient. La ville fut sous Néron le centre d'une révolte de la Belgique, révolte qui fut bientôt réprimée sur les ruines du temple renversé du dieu Mars. Le premier évêque de Thérouanne, Antimond (vers 500) éleva la cathédrale de St-Martin. Childéric fit de cette capitale son séjour de prédilection. Tour à tour envahie et dévastée par les Huns et les Normands dans le cours du IX\ :^e s. Thérouanne eut son enceinte rétablie par Arnoult le Grand, comte de Flandre, en 936, et fut réunie par lui à son domaine ; mais elle ne fut complètement restaurée que vers 998 par Robert I\ :^er, roi de France. Elle ne tarda pas à reprendre son importance ; car, au XII\ :^e s., lorsque saint Bernard la visita, elle s'étendait sur les deux rives de la Lys. En 1303, les Flamands, vainqueurs à Courtray, investirent Thérouanne, y pénétrèrent après un assaut de douze heures et y mirent tout à feu et à sang. En 1339, Robert d'Artois essaya, mais en vain, de s'en faire reconnaître seigneur. Après la bataille de Crécy, les Anglais s'emparèrent de la ville, puis la rendirent aux flamands. L'évêque de Thérouanne, Louis de Luxembourg, s'attacha définitivement, lors de la défaite d'Azincourt, au parti anglo-bourguignon, et l'on voit le nom de ce prélat figurer parmi ceux qui condamnèrent Jeanne d'Arc. En 1479, Thérouanne fut assiégée par l'archiduc Maximilien, mais celui-ci ne parvint à y entrer que sept ans plus tard, et encore en fut-il bientôt chassé. Les Anglais vinrent de nouveau, en 1513, assiéger Thérouanne ; Maximilien accourut à leur aide, et la diversion essayée par les troupes françaises du côté d'Enguinegatte n'aboutit qu'à la captivité de Bayard et du duc de Longueville. Maîtres de la ville, les Anglais en comblèrent les fossés et en renversèrent les murailles. François 1er les releva et fit de Thérouanne la principale forteresse contre les Pays-Bas. Surprise par les Impériaux en 1553 dépourvue de presque toute ressource, Thérouanne soutint à trois reprises les plus rudes assauts et fut enfin forcée de capituler. Elle fut détruite de fond en comble par l'armée de Charles-Quint dont la fureur n'épargna pas même les femmes et les enfants. L'ennemi avant de se retirer fit graver sur une pierre ce chronogramme : DeLeTI MoRInI. Thérouanne n'existait plus. Les villes voisines s'en disputèrent les dépouilles : son horloge échut à Cassel, le grand portail de la Basilique à Saint-Omer, etc.

En 1790, Thérouanne devint chef-lieu de canton, avec une justice de paix. Douze communes y ressortissaient : Clarques, Cléty, Crecques, Delettes, Dohem, Ecques, Herbelles, Mametz, Marthes, Nielles, Rebecques et Upen. En 1801, le canton de Thérouanne fut supprimé et incorporé à ceux d'Aire et de Lumbres.

Biographie. — Jean d'Ongoys, érudit, imprimeur, libraire (XVIe s.).

Hameaux et lieux dits. — L'Ancienne Ville, Nielles-lez Thérouanne.

Ancienne mesure. — La mesure de 100 verges, de 20 pieds, de 11 pouces, vaut 35 ares 46 cent. 67 mill.

Wardrecques

(Dist. de Saint-Omer : 8 kil. — d'Aire : 10 kil.)

Population : 445 hab. — Electeurs : 126.

Superficie : 357 hect. 46 a. 70 c. — Kermesse le dimanche après l'Ascension.

MAIRE. — M E. Porion.

ADJOINT — M. J. Varlet.

CONSEIL MUNICIPAL. — MM. Chermeux, Lefebvre, Deprey, Dannel, Delfly, Cte d'Argœuves, Blin, Larivière.

ETYMOLOGIE. — Ce village paraît tirer son nom de l endroit où il est situé, sur le canal de Neuffossé, là où l'ancienne chaussée de Thérouanne à Cassel traverse ce canal ; sa dénomination serait formée de deux mots flamands : *Vaert*, canal, et *Treck,* passage, *passage du canal*

MONUMENTS. — *L'église* est assez remarquable : le *chœur* est du XIIe siècle ; la *nef* date de 1542 ; la *tour* a été reconstruite en 1869. De jolies *boiseries* entourent la nef et le chœur.

HAMEAUX ET LIEUX DITS. — Baudringhem, la Belle-Croix, le Pont Asquin.

Wittes

(Dist. de Saint-Omer : 13 kil. — d'Aire : 4 kil.)

Population : 502 hab. — Electeurs : 151.

Superficie : 391 hect. 45 a. 10 c. — Kermesse le 2e dimanche de juin.

MAIRE. — M. Jules Mouflin.

ADJOINT. — M. Picavet.

CONSEIL MUNICIPAL. — MM. Réant, Locquay, Godwelle, Lefebvre, Hibon, Portemont, Mercier, Cresson

ETYMOLOGIE. — Son nom viendrait de *Wydt-Yke,*

canton du large, à cause de sa situation à l'endroit où commence la vallée considérable qu'arrose la Basse-Lys.

MONUMENTS. — *Eglise* la plus ancienne du pays.

HAMEAUX ET LIEUX DITS. — Cohem, le Cornet, le Grand Marais, le Mont du Pile, le parapet, le Petit Marais.

III — CANTON D'ARDRES

Le canton d'Ardres compte 14.300 habitants (14.350 en 1881) ; il comprend en superficie 14.108 hectares et est divisé en vingt-trois communes. Ces communes sont : Ardres, Audrehem, Autingues, Balinghem, Bayenghem-lez-Eperlecques, Bonningue-lez-Ardres, Brêmes, Clerques, Eperlecques, Guémy, Journy, Landrethun-lez-Ardres, Louches, Mentque-Nortbécourt, Muncq-Nieurlet, Nielles-lez-Ardres, Nordausques, Nortleulinghem, Rebergues, Recques, Rodelinghem, Tournehem et Zouafques.

Ardres

(Dist. de Saint-Omer : 24 kil.)

Population : 2274 hab. — Electeurs : 546.

Superficie : 292 hect. 79 a. 20 c. — Kermesse le dimanche qui suit le 9 septembre.

MAIRE. — M. Chevalier-Delattre.

ADJOINTS. - MM. Emile Clipet et Popieul-Clipet.

CONSEIL MUNICIPAL. — MM. Delacre, Trouille, Canu, de Saint-Just, J. Ranson, Chevalier, Quéval, Delattre, Richebourg, Thévenin, P. Ranson, Butor, Clipet, Gilliot, Tireux.

ETYMOLOGIE — Le nom de cette ville vient du mot teuton *ard*, terre ferme.

MONUMENTS. — *Eglise* à une nef du xvᵉ s. Le chœur a trois nefs et est du xiᵉ s. Les piliers qui soutiennent la voûte du chœur sont carrés et flanqués de colonnes ornées de chapiteaux sculptés. La voûte du chœur est ogivale ; ses nervures se terminent à leur point de jonction par des rosaces. La tour est carrée et occupe le centre de l'église. — *L'Hôtel-de-Ville* est en partie une ancienne église dépendant d'un couvent de Carmes qui existait à cet endroit avant la Révolution. — Ardres a été déclassée, comme place de guerre, par ordonnance du 6 décembre 1842 Les terrains des fortifications ont été vendus le 8 juin 1855. — A trois kilomètres d'Ardres, se trouve le *Pont-sans-Pareil* jeté en 1754 sur les canaux de Saint-Omer à Calais et d'Ardres à Gravelines.

FASTES HISTORIQUES. — Pendant la guerre de Cent-Ans, Ardres soutint plusieurs assauts, et fut, en 1520, le théâtre de la fameuse entrevue de François Iᵉʳ et de Henri VIII, connue sous le nom du *Camp du drap d'or.*

BIOGRAPHIE. — Saint-Amour, jurisconsulte et administrateur (1755-1823). — Parent-Réal, jurisconsulte et écrivain (1768-1834).

HAMEAUX ET LIEUX DITS. — La Basse-Boulogne, le Blanquart, le Bois-en-Ardres, la Cauchoise, l'Epinette, le Fort-Rouge, le Palentin, les Pellerins, le Pigeonnier, le Pont-sans-Pareil. le Pont-Troué, Rosinville, le Rossignol, les Tilleuls, le Vieux-Bac, Wort-Lahaye.

ANCIENNE MESURE. — La mesure de 100 verges de 20 pieds de 11 pouces vaut 35 ares 46 cent. 67 mill.

Audrehem

(Dist. de Saint-Omer : ?1 kil. — d'Ardres : 11 kil.)

Population : 484 hab. — Electeurs : 144.

Superficie : 919 hect. 44 a. 10 c. — Kermesse le dimanche après le 8 juin.

MAIRE. — M. Sauvage.

ADJOINT. — M. Desvignes.

CONSEIL MUNICIPAL. — MM. Carbonnier, Hochart, Callart, Lottilier, Desvignes-Sénécat, Houillier, Bodard, Brasseur, Coquerelle.

HAMEAUX ET LIEUX DITS. — Audenfort, le Bas-Loquin, le Catelet, Fertin, Fouxolles, la Motte, le Poirier, la Quingoye, Raminghem, Wisspcq.

Autingues

(Dist. de Saint-Omer : 23 kil. — d'Ardres : 2 kil)

Population : 239 hab. — Electeurs : 79.

Superficie : 147 hect. 39 a. — Kermesse le dimanche après la St-Martin.

MAIRE. — M. Charles de Saint-Just.

ADJOINT. — M. Henri Taufour.

CONSEIL MUNICIPAL. — MM. Tetart, Bigourd, Richebourg, E. Taufour, Evrard, Goudenove, Honoré, Wattez.

HAMEAUX ET LIEUX DITS. — Les Moulins, le Plat d'Or.

Balinghem

(Dist. de Saint-Omer : 27 kil. — d'Ardres : 3 kil.)

Population : 551 hab. — Electeurs : 165.

Superficie : 566 hect. — Kermesse le dimanche après l'Ascension.

MAIRE. — M. Morillion.

ADJOINT. — M. Ducloy.

CONSEIL MUNICIPAL. — MM. Poison, Lannoy, Bourel, Pierru, Coquart, Lefebvre, Cugny, Cocquet, Picquet.

MONUMENTS. — *Ruines* du *château fort* de Balin-ghem entre le village et la route de Guînes.

FASTES HISTORIQUES. — 1354. Les Anglais s'emparent du château fort ; en 1377, les Français le leur reprenrent. Malgré une trève signée par eux les Anglais s'en emparent à nouveau par surprise en 1412. Les Bourguignons sous les ordres de Jean de Croy le reprirent en 1436, mais il fut brûlé par les milices fiamandes venues mettre le siège devant Calais. — 1546, Des conférences pour la paix sont tenues à Balinghem entre François Ier et Henri VIII Peu de temps après, le château fut démantelé

HAMEAUX ET LIEUX DITS. — Basse commune, le Vieux Bac.

Bayenghem-les-Eperlecques
(Dist. de Saint-Omer : 12 kil. — d'Ardres : 12 kil)

Population : 505 habitants. — Electeurs : 151.
Superficie : 437 hect. 5 a. 60 c. — Kermesse le dimanche après le 22 juillet.
MAIRE : M. Gustave Delzoide.
ADJOINT. — M. Allan.
CONSEIL MUNICIPAL. — MM. Flajollet, Allés, David Delzoide, Albrun, Vercrusse, Decocq, Broussart, Zègre.

ETYMOLOGIE. — On n'est pas bien d'accord sur l'étymologie du nom de ce village. Selon toute probabilité, il serait composé des mots *Baïn*, nom d'homme et de *Hem* qui signifie en flamand *maison* ce qui ferait *maison de Baïn*, or l'église est dédiée à St-Vandrile qui est le même que St-Baïn, évêque de Thérouanne.

MONUMENTS. — Jolie *église* où se trouve un *bas-relief* du XIIIe siècle très remarquable.

FASTES HISTORIQUES. — En 1396, lors de la remise de la princesse Isabelle de France à Richard d'Angleterre, le duc de Berry logea au château de Bayenghem.

HAMEAUX ET LIEUX DITS. — La Commune, Elvelinghem, le Houstoucque, Monnecove. Northout, Voinstoncq.

Bonningues-les-Ardres

(Dist. de Saint-Omer : 20 kil. — d Ardres : 9 kil.)

Population : 624 hab — Electeurs : 165.
Superficie : 230 hect. — Kermesse 1er dimanche d'octobre.
MAIRE. — M. Duvivier.
ADJOINT. — M Taufour.
CONSEIL MUNICIPAL. — MM. Rappe, Boulanger, Saison-Fontaine, Lhomme, Débart, E. Carbonnier, J Carbonnier, Dusautois, Saison-Watebled, Dereuder.

HAMEAUX ET LIEUX DITS. — Beaupré, le Héricat, le Trou-Perdu, le Vert-Sifflet.

Brêmes

(Dist. de Saint-Omer : 26 kil. — d'Ardres : 2 kil.)

Population : 851 hab. — Electeurs : 251.
Superficie : 698 hect. 41 a. 40 c. — Kermesse le dimanche après le 11 novembre.
MAIRE. — M. Hamerel.
ADJOINT. — M. Lernout.
CONSEIL MUNICIPAL. — MM. Picquet, Lottilier, Rollet, Robache, Scotté, Senet, Cocquet, François, Maillot, Lefebvre.

ETYMOLOGIE. — Brêmes était séparé du château de Senesse, de fondation romaine, par un lac qui s'est changé en tourbes ; c'est de cette petite mer, de *brevis* et *mare* qu'est né *Brema* qui a engendré *Brêmes* — On pourrait croire aussi que le nom de ce village vient du flamand *Braem, Brem,* signifiant, *ronce, épine.*

HAMEAUX ET LIEUX DITS. — La Basse-Ville, Bavincourt, le Communal, Ferlinghem, les Fontinettes, le Fort, l'Hermitage, le Marais, le Palentin, la Riviérette de Balinghem, la Tournée.

Clerques

(Dist. de Saint-Omer : 22 kil. — d'Ardres : 10 kil.)

Population : 296 hab. — Electeurs : 93.
Superficie : 369 hect. 09 a. 80 c. — Kermesse le dimanche après le 24 août.
MAIRE. — M. Boulanger.
ADJOINT. — M. Wissocq.
CONSEIL MUNICIPAL. — MM. Ducrocq, Honoré, Hembert, Lenglet, Magniez, Poully, Salmon, Froye.
HAMEAUX ET LIEUX DITS. — Audenfort, Cambre, le Hamel, le Mont.

Eperlecques

(Dist. de Saint Omer : 10 kil. — d'Ardres : 15 kil)

Population : 2233 hab. — Electeurs : 570.
Superficie : 2556 hect. — Kermesse le 1er dimanche d'octobre.
MAIRE. — M. Colin.
ADJOINT. — M. Héban.
CONSEIL MUNICIPAL. — MM. Seigre, J.-B. Dereudre, I. Colin, L. Dereudre, Boutoille, Coquempot, Roëls-Roëls, Billain, Derain, Carré, Taffin de Givenchy, Billiet.
MONUMENTS. — *Eglise* à trois nefs construite du XIIe s. au XVIe s. — Belle tour du XIVe s.
FASTES HISTORIQUES. — En 879, le village d'Eperlecques fut envahi et détruit par les Normands. — Pendant les deux siècles que l'Angleterre occupa le Calaisis, Eperlecques vit souvent des rencontres entre les

soldats des deux nations qui se disputaient le pays. — En 1638, le 28 mai, Eperlecques fut vigoureusement assailli par les troupes du maréchal de Châtillon, et les 200 hommes qui y tenaient garnison furent forcés de se rendre au bout de deux jours malgré une énergique défense.

HAMEAUX ET LIEUX DITS. — La Balancè, la Bleue-Maison, Croislin, Culhem, l'Estabergue, le Ganspette, Helbroucq, la Meulmotte, le Mont, Westhrove.

Guémy
(Dist. de Saint-Omer : 19 kil. — d'Ardres : 8 kil.)

Population : 56 hab. — Electeurs : 15.
Superficie : 293 hect. 41 ares. Kermesse le 3e dimanche de septembre.
MAIRE. — M. Declémy-Roche.
ADJOINT. — M. Taufour-Dereuder.
CONSEIL MUNICIPAL. — MM. Duchâteau-Razé, I. Duchâteau, Denis, Sanier, Déjardin, Dereuder, Matte.
MONUMENTS. — *Ruines* d'une chapelle du XIVe s. où se trouvait avant la Révolution une statue de Saint Louis actuellement dans l'église de Zouafques.
FASTES HISTORIQUES. — On prétend que Louis IX établit son camp à Guémy, sur le plateau, lors de l'expédition projetée contre l'Angleterre.
HAMEAUX ET LIEUX DITS. — Le Palais-Royal.

Journy
(Dist. de Saint-Omer : 19 kil. — d'Ardres : 12 kil.)

Population : 277 hab. — Electeurs : 70.
Superficie : 322 hect. 60 a. 10 c. — Kermesse 2e dimanche de septembre.
MAIRE. — M. Lay, Elie.
ADJOINT. — M. Lay, Hubert.

Conseil municipal. — MM. Evrard-Dufay, Pierre Evrard, Cocquerel, Bourret, Lemaire. Martinot, Fosseux, Loyez.

Hameaux et lieux dits. — La Haute-Ville, Neuville, Warlet.

Landrethun-lez-Ardres

(Dist. de Saint-Omer : 25 kil. — d'Ardres : 3 kil)

Population : 558 hab. — Electeurs : 153.
Superficie : 518 hect. Kermesse le dimanche après le 11 novembre.
Maire. — M. Hembert.
Adjoint. — M. Pollet.
Conseil municipal. — MM. Berly, de St-Just, Dagbert, Hamerel, Caux, Ritiez, Bellanger, Declémy, Potez, Leroux.

Hameaux et lieux dits. — Cédule, Cense de tous les Diables, le Frêne, le Val, Westyeuse, Yeuse.

Louches

(Dist. de Saint-Omer : 21 kil. — d'Ardres : 4 kil.)

Population : 817 hab. — Electeurs : 226.
Superficie : 1254 hect. 20 a. 25 c. — Kermesse à la Saint Omer.
Maire — M. Brémart.
Adjoint. — M. Declémy-Trouille.
Conseil municipal. — MM. Emmery, de Septfontaines, Donjon de St-Martin, Delattre, Cocquet, Bancquart, Picquart, Dusautois, Clipet, Ritaux, Liné.
Etymologie. — Son nom viendrait du vieux mot français *Louche* qui signifie *Flambeau*, à cause de sa situation au pied de la montagne où se trouve la chapelle de St-Louis qui servait de phare pour éclairer les vaisseaux.

HAMEAUX ET LIEUX DITS. — Bertehem, le Bout de Louches, Crézecques, le Hacquembergue, Hondrecoutre, Lostebarne, Lostrat, le Petit Coin, St-Martin-en-Louches, Sept-Fontaines, la Targette.

Mentque-Nortbécourt
(Dist. de Saint-Omer : 14 kil. — d'Ardres : 12 kil.)

Population : 710 hab. — Electeurs : 209.
Superficie : 1059 hect. 15 a. 60 c. — Kermesse le 1er dim. de septembre.
MAIRE. — M. Liot de Nortbécourt.
ADJOINT. — M. Alluin Leroy.
CONSEIL MUNICIPAL. — MM. Guilbert, Charlemagne, Samez, Lenglet, L. Delattre, Collet, Lambert, Lecoustre, Magnier, P. Delattre.
HAMEAUX ET LIEUX DITS. — Le Château, la Coudrée, Culhem, Inglinghem, Merzoil, Nortbécourt, Vert-Gazon, la Wattine, le Windal.

Muncq-Nieurlet
(Dist. de Saint-Omer : 19 kil. — d'Ardres : 13 kil.)

Population : 487 hab. — Electeurs : 157.
Superficie : 1143 hect. — Kermesse le dernier dim. de septembre.
MAIRE. — M. Alexis Allan.
ADJOINT. — M. Raoult.
CONSEIL MUNICIPAL. — MM. Fétel, Brulin, Lemaire, Dereuder, Govart, Vasseur, Harlay, Douilly.
ETYMOLOGIE. — Son nom vient du flamand *Monck,* moine ; Nieurlet en flamand *Niewerlet* veut dire nouveau.
HAMEAUX ET LIEUX DITS. — La Commune, Elwinghem, le Mai, Nieurlet, la Panne, le Petit Hollande.

Nielles-les-Ardres

(Dist. de Saint-Omer : 21 kil. — d'Ardres : 3 kil.)

Population : 353 hab. — Electeurs : 108.
Superficie : 450 hect. — Kermesse à la St-Pierre.
MAIRE. — M. Auguste de Vilmarest.
ADJOINT. — M. Henri Haigniéré.
CONSEIL MUNICIPAL. — MM. Morenval, Franque, Cailliéret, Desmidt, Albert de Vilmarest, Minebois, Goudal.

ETYMOLOGIE. — Ce nom de Nielles ou *Noielles* indique que ce village fut fondé sur un terrain défriché ou conquis sur les eaux : *Novele, neuve*.

MONUMENTS. — *Eglise* du XIIe s. — *Château* de la Cressonnière et de la Montoire, bâti en 1808-1812 sur les fondations de l'ancien qui était flanqué de tourelles et entouré de fossés. — *Ruines* intéressantes de l'ancien château-fort.

FASTES HISTORIQUES. — En 1396, le duc de Bourgogne qui accompagnait le roi Charles VI à Ardres pour la remise de la princesse Isabelle à Richard II d'Angleterre, logea dans le château-fort de la Montoire pendant les conférences qui eurent lieu entre les deux monarques. — 1405, les Anglais occupent la Montoire. — 1436, Philippe-le-Bon chasse les Anglais. — En 1477, Philippe de Comines s'en empare après un long siège. — 1492, Henri VII le reprend et la paix de la même année le rend à la France. — En 154? le château de la Montoire est rasé par Antoine de Bourbon, duc de Vendôme, qui l'avait pris d'assaut.

HAMEAUX ET LIEUX DITS. — Le Courgain, la Cressonnière, Manègre, Méraville, la Montoire, la Motelette, les Pelerins, le Plat-d'Or, le Rossignol.

Nordausques

(Dist. de Saint-Omer : 15 kil. — d'Ardres : 8 kil.)

Population : 478 hab — Electeurs : 147.

Superficie : 594 hect. 69 a. 20 c. — Kermesse le dimanche de la Trinité.

MAIRE. — M. Henri Taffin de Givenchy.

ADJOINT. — M. Alfred Pelletier.

CONSEIL MUNICIPAL. — MM. Lossent, Loger, Fornette, Roussel, Bancquart, Brunet, Douilly.

ETYMOLOGIE. — *Ausques ?* du nord.

FASTES HISTORIQUES. — 1380, l'armée du duc de Buckingham loge à Nordausques. — 1396, le duc de Bretagne séjourne dans cette commune. — 1595, l'église est pillée et le village saccagé par les Français.

HAMEAUX ET LIEUX DITS. — La Commune, la Panne, le Plouy, Quimbergue, la Recousse, Wolle.

Nortleulinghem

(Dist. de Saint-Omer : 14 kil. — d'Ardres : 11 kil.)

Population : 207 hab. — Electeurs : 64

Superficie : 339 hect. — Kermesse le dernier dimanche de juin.

MAIRE. — M. Jean Dusautois.

ADJOINT. — M. Zègre.

CONSEIL MUNICIPAL. — MM. Cocquempot, Dusautois, Fichaux, Fontaine, Fouble, Noël, Tartarre.

HAMEAUX ET LIEUX DITS. — La Ronville.

Rebergues

(Dist. de Saint-Omer : 22 kil. — d'Ardres : 13 kil.)

Population : 205 hab. — Electeurs : 51.

Superficie : 464 hect. — Kermesse le 19 mai ou dimanche suivant.

Maire. — M. le baron d'Herbinghem.
Adjoint. — M. Hippolyte Lefebvre.
Conseil municipal. — MM. Guilbert, Clipet, Martinot, Delmotte, Seux, Léopold Lefebvre, Paquin, Bazin.
Hameaux et lieux dits. — Fouquexolles, la Quingoie, le Rougefort, le Rougemont.

Recques

(Dist. de Saint-Omer : 18 kil. — d'Ardres : 10 kil.)

Population : 368 hab. — Electeurs : 111.
Superficie : 520 hect. — Kermesse le 3ª dimanche de juillet.
Maire. — M. Payelleville.
Adjoint. — M. Léon Noël.
Conseil municipal. — MM. Delattre, le marquis de Coëtlogon, L. Réniez, E. Réniez, Ruffin, Popieul, Delannoy, Govart.
Etymologie. — Recques est le nom primitif de la branche droite de la rivière de Hem, communément appelée la Riviérette ou rivière de Nieurlet.
Monuments. — Le *chœur* de l église est l'un des plus anciens du pays ; l'une des *clefs* de voûte porte la date de 1061. Cette voûte est construite en pierres blanches sculptées et d'une belle ordonnance gothique. — *Château de Cocove.*
Fastes historiques. — Le château de Vroland s'élevait à l'endroit où est aujourd'hui le moulinage de Recques ; il fut longtemps l'objet des convoitises des armées qui parcoururent successivement le pays. En juillet 1380, le duc de Buckingham l'assaillit ; en 1595, ce château fut détruit par les Français.
Hameaux et lieux dits. — Cocove, Fordre, la Haute Planche, le Pléry ou Plouy, la Neufvrue, le Vroland.

Rodelinghem

(Dist. de Saint-Omer : 27 kil. — d'Ardres : 3 kil)

Population : 211 hab. — Electeurs : 71.
Superficie : 425 hect. — Kermesse le premier dimanche d'octobre.
MAIRE : M. Joseph Flament.
ADJOINT. — M. Adolphe Binaux.
CONSEIL MUNICIPAL. — MM. Jules Marquet, Ben, Brecville, Dufay, Caboche, Alexandre, Henri Marquet.
HAMEAUX ET LIEUX DITS. — Le Petit Pays, le moulin Merlen.

Tournehem

(Dist. de Saint-Omer : 15 kil. — d'Ardres : 8 kil.)

Population : 1044 hab. — Electeurs : 275.
Superficie : 1250 hect. 23 a. — Kermesse le 1er dimanche de septembre.
MAIRE. — M. Vandroy-Liné.
ADJOINT. — M. Liné-Lepoitevin.
CONSEIL MUNICIPAL. — MM. Vandroy, Saison, Bal, Liné, Leroy, Olivier, Guillummette, Crochez, Fouble, Soupé.
ETYMOLOGIE. — Le nom de cette commune est composé des deux mots flamands *Toorn*, tour, et *Hem*, maison, parce que Jules César qui y séjourna quelque temps y fit construire une forteresse garnie de tours.
MONUMENTS. — L'*Eglise* de Tournehem a trois nefs; celle du milieu est composée *d'arcades* romanes. On remarque au-dessus de leurs cintres d'anciennes fenêtres qui ressemblent à des meurtrières. Le *retable* du maître autel est une menuiserie remarquable et orné de statues de grandeur naturelle. La *chaire* et le *buffet d'orgues* sont aussi très richement sculptés ; ces objets d'art proviennent du prieuré de St-André-lez Aire et de

l'ancienne église de Ste-Aldegonde de St-Omer. — Au-dessus de l'autel, on remarque le *Père Éternel, deux anges,* l'un tenant les deux tables de la Loi, et l'autre le serpent d'airain. Entre les deux anges se trouve un *Delta* environnné d'une gloire. On voit sculpté sur les deux côtés du tabernacle *Abraham immolant Isaac et Melchisedech allant à la rencontre d'Abraham.* — *Ruines du château-fort* de Tournehem : il ne reste plus que la porte d'entrée du côté du marché, avec une partie d'une des tourelles dont elle était flanquée. Au-dessus de la porte du grand moulin à farine, on voit encore une *pierre* provenant du château où sont sculptées les armes des ducs de Bourgogne avec leur devise au-des-sous : *Nul ne s'y frotte.*

Fastes historiques. — En 1316. Les Anglais, après avoir pris Thérouanne, se présentèrent devant Saint-Omer ; Gui de Nesles qui s'y était enfermé pour la dé-fendre, sortit de cette place accompagné de la noblesse du Boulonnais et d'Aire, mit les ennemis en fuite, s'em-para de Tournehem et massacra six cents Anglais qui s'y étaient réfugiés. — En 1350, le roi Jean réunit Tour-nehem au domaine de sa couronne. — En 1352, les An-glais s'en emparèrent, mais en 1377 Charles V le reprit. — En 1529 (traité de Cambrai) Tournehem fut cédé à Charles-Quint par François I. — En 1542, le duc de Vendôme s'en empara après cinq jours de siège, mais en vertu du traité de Crépy (1544) les Espagnols ren-trèrent en possession de cette forteresse. — En 1595, le château fut définitivement détruit par le maréchal d'Hu-mières. — En 1790, Tournehem devint chef-lieu de can-ton avec 12 communes en dépendant : Audrehem, Cler-ques, Guémy, Herbinghem, Journy, Mentque, Nor-dausques, Nortleulinghem, Nortbécourt, Rebergues et Recques. En 1801, le canton d'Ardres fut incorporé à celui de Tournehem et cette commune devint le chef-lieu des deux cantons réunis, mais en 1803, les habitants d'Ardres sollicitèrent et obtinrent l'établissement de la justice de paix dans leur ville qui devint chef-lieu de canton au préjudice de Tournehem qui fut dépossédé.

BIOGRAPHIE. — Aimé Courtois, avocat, homme de lettres et historien (1811).

HAMEAUX ET LIEUX DITS. — Ecambres, le Faubourg-Malin, la Leulène, Nortfosses, la Ronville.

ANCIENNE MESURE. — La mesure de 100 verges de 20 pieds de 11 pouces vaut 35 ares 46 cent. 67 mill.

Zouafques
(Dist. de Saint-Omer : 17 kil. — d'Ardres : 8 kil.)

Population : 472 hab. — Electeurs : 131.
Superficie : 392 hect. 78 ares. — Kermesse le 11 novembre ou dimanche suivant.

MAIRE. — M. Pierre Fasquel.

ADJOINT. — M. Lossent-Sagot.

CONSEIL MUNICIPAL. — MM. Declémy, Lesage-Ledoux, Deneuville, Clipet, Doyer, Carton, Savary-Doyer, Bodelet-Doyer.

FASTES HISTORIQUES. — Pendant le siège de Saint-Omer en 1638, le maréchal de la Force établit à Zouafques un camp d'observation.

HAMEAUX ET LIEUX DITS. — La Capelette, la Pierre, la Recousse, Wolphus.

IV. — CANTON D'AUDRUICQ

Le canton d'Audruicq compte 15.586 habitants (15.384 en 1881) ; il comprend en superficie 29.149 hectares et est divisé en treize communes. Ces communes sont : Audruicq, Guemps, Nortkerque, Nouvelle-Eglise, Offekerque, Oye, Polincove, Ruminghem, Ste-Marie-Kerque , Saint-Folquin , Saint-Omer-Capelle , Vieille-Eglise, Zutkerque.

Audruicq

(Dist. de Saint-Omer : 23 kil.)

Population : 2703 hab — Electeurs : 757.
Superficie : 1381 hect. 19 a. 60 c. — Kermesse à la Pentecôte.

MAIRE. — M. Dubrœucq.

ADJOINTS. — MM. Lecouffe-Wasca et Boulloigne.

CONSEIL MUNICIPAL. — MM. J. Dubrœucq, L. Lecouffe, Ducattez, Dufay, Vanvincq, Dusautois, Loyer, G. Popieul, Rougemont, Dereudder, Tacquet, Dannequin, Bollart, R. Dubrœucq, Renard, Boo, B. Popieul, Lemaire, Dubois, Marotte.

ETYMOLOGIE. — *Alderwic* ou Audruicq voudrait dire le *Bourg des anciens.*

MONUMENTS. — L'*église* n'offre par elle-même rien de remarquable ; à l'intérieur, on peut citer : la *chaire* dont la cuve est d'une belle exécution. — *Tour* datant de l'époque de la Renaissance surmontée d'une flèche en bois.

FASTES HISTORIQUES — En 1352, les Anglais s'emparent d'Audruicq ; en 1377, Charles V les en chasse ; 1529, par le traité de Cambrai, Audruicq est cédé à Charles Quint par François Ier ; en 1595, les Français chassent les Espagnols de cette ville, mais ils en sont dépossédés l'année suivante par suite des victoires de l'archiduc Albert d'Autriche. Les Français n'en devinrent définitivement maîtres que par le traité de Nimègue (17 sept. 1678).

BIOGRAPHIE. — Guillaume-Louis-Joseph Piers, rhéteur (1722-1794).

HAMEAUX ET LIEUX DITS. — Le Blanc Bouillon, le Blanc Pignon, la Chapelle, la Commune, Fives, le Fort Bâtard, Hennuin, le Mont-Hullin, le Nostracten, le Pont neuf, le Pont de pierres, le Rébu, les Vives.

ANCIENNE MESURE. — La mesure de 300 verges de 14 pieds de 10 pouces vaut 43 ares 0 5 cent. 77 mill.

Guemps
(Dist. de Saint-Omer : 32 kil. — d'Audruicq : 11 kil.)

Population : 983 hab. — Electeurs : 257.
Superficie : 2000 hect. — Kermesse le dernier dim. d'août.
MAIRE. — M. Prosper Duflos.
ADJOINT. — M. François Barbotte.
CONSEIL MUNICIPAL. — MM. Brazy, Coolen, Danel, Dessaint, Drincbier, Limousin, Popieul, Rebier, Vampouille, Waquet.
FASTES HISTORIQUES. — Possédée d'abord par les Anglais, Guemps fut conquise par les Espagnols en 1643 et ceux-ci la perdirent la même année.
HAMEAUX ET LIEUX DITS. — Haut Guemps, le Pont-de-Guemps.

Nortkerque
(Dist. de Saint-Omer : 27 kil. — d'Audruicq : 4 kil.)

Population : 1096 hab. — Electeurs : 308.
Superficie : 1278 hect. 18 a. 90 c. — Kermesse le 1er dimanche de septembre.
MAIRE. — M. Vauxem-Hamy.
ADJOINT. — M. Bloume-Vercoutre.
CONSEIL MUNICIPAL. — MM. Coolen-Marquant, Minebois, Delobelle, Perdu, Boulloigne, Bouret, Rault, Yansse, Maeght.

ETYMOLOGIE. — Co nom vient de deux mots flamands qui veulent dire *Eglise du Nord*.

MONUMENTS. — *Eglise* nouvelle.

HAMEAUX ET LIEUX DITS. — Beaugrand, Bloum, Buscot, Forteville, Gunbert, le Marais Perdu, Mariel, Matte, Payelleviile, le Pont-de-Briques, le Pont-du-Rossignol, Rigoulet, le Rouge-Trou, Vercoutre.

Nouvelle-Eglise

(Dist. de Saint-Omer : 30 kil. — d'Audruicq : 6 kil.)

Population : 357 hab. — Electeurs : 93.

Superficie : 779 hect. — Kermesse le dimanche après le 16 juillet.

MAIRE. — M. Laurent-Way.

ADJOINT. — M. Lavoine-Bouclet.

CONSEIL MUNICIPAL. — MM Delmotte, Laurent, Gilliot, Noël-Lavoinne, Leurette, Vasseur, Monthuis, Marcotte.

FASTES HISTORIQUES. — Nouvelle-Eglise fut chef-lieu de canton de cinq communes de 1789 à 1801, année où il fut réuni à celui d'Audruicq.

HAMEAUX ET LIEUX DITS. — Le Fort-Bâtard, le Pont-d'Oye.

ANCIENNE MESURE. — La mesure de 100 verges de 20 pieds de 12 pouces vaut 42 ares 20 cent. 83 mill.

Offekerque

(Dist. de Saint-Omer : 35 kil. — d'Audruicq : 12 kil.)

Population : 606 hab. — Electeurs : 157.

Superficie : 1332 hect. 52 a. — Kermesse le dimanche après le 22 juillet.

MAIRE. — M. Becquet.

ADJOINT. — M. Marc-Gorain.

CONSEIL MUNICIPAL. — MM. Deldrève, Guilbert, Debrouwer, Mormentyn, Danel, Bloume-Deldrève, Braure, Parenty, Loël.

ETYMOLOGIE. — Nom formé de deux mots flamands : *off*, par altération de *hove*, ferme, métairie, et *kerke*, église : *église de la métairie.*

HAMEAUX ET LIEUX DITS. — Bisuel, 1er Courgain, 2e Courgain, La Haute-Rue, rue de Lambert.

Oye

(Dist. de Saint-Omer : 36 kil. — d'Audruicq : 12 kil.)

Population : 2067 hab. — Electeurs : 564.
Superficie : 3104 hect. 72 a. 10 c. — Kermesse le dimanche après le 8 juin.

MAIRE — M. Hubert Cocquillier.

ADJOINT. — M. Deldrève-Delattre.

CONSEIL MUNICIPAL. — MM. Durie, Gresset, Henri Deldrève, Polycarpe Hubert, Bonvarlet, Butez, Bayard, Muchery, Caron Butor, Caron-Admont, Dupuy, Boutoille.

ETYMOLOGIE. — Le nom de cette commune serait, paraît-il, traduit du mot latin *Ganza,* synonyme d'*Anser* qui signifie *Oie.* Il y avait autrefois dans le pays un grand nombre de ces oiseaux.

MONUMENTS. — *Eglise* à une seule nef étroite et peu élevée. *Tour* gothique avec flèche octogone hérissée de saillies. Dans l'intérieur de l'église se trouve un antique *baptistère* monolithe.

HAMEAUX ET LIEUX DITS. — Le Banc-des-Groseillers, les Cabanes, Descel. les Dix-Censes, les Dunes, l'Etoile, le Fort-Philippe, le Grand-Waldam, les Hemmes, les Huttes, le Petit-Moulin, les Petites-Hemmes, le Pont-d'Oye, le Tappe-Cul, le Waldam.

Polincove

(Dist. de Saint-Omer : 19 kil. — d'Audruicq, 4 kil.)

Population : 608 hab. — Electeurs : 180.

Superficie : 475 hect. — Kermesse le dimanche le plus proche du 2 octobre.

MAIRE. — M. Payelleville.

ADJOINT. — M. Vasseur.

CONSEIL MUNICIPAL. — MM. Delannoy, Leclercq, Grioche, Lagaisse, Allan, Matringhem, Bléront, Vacossin, Bouret.

ETYMOLOGIE. — Nom formé de trois mots saxons : *Poll-inga-hove* qui veulent dire : *Ferme des enfants de Poll.*

FASTES HISTORIQUES. — En 1595, l'église fut prise par les Français. — En 1638, un combat eut lieu dans ce village entre l'armée espagnole et l'armée française.

BIOGRAPHIE. — Michel-François Vasseur, jurisconsulte (1740-1833).

HAMEAUX ET LIEUX DITS. — Le Cupe, l'Eglise, le Fort-Saint-Jean, le Pont-d'Asquin.

Ruminghem

(Dist. de Saint-Omer : 17 kil. — d'Audruicq : 8 kil.)

Population : 1089 hab. — Electeurs : 294.

Superficie : 1343 hect. 4 a. 70 c. — Kermesses 1ᵉʳ dimanche de juillet, 3ᵉ dimanche d'octobre.

MAIRE. — M. Guéricy.

ADJOINT. — M. Aug. Canler.

CONSEIL MUNICIPAL. — MM. Decloye, Dereudre, Bacquet, Wallaere, Dubrœucq, Hieulle, Stoclin, Vétu, Roëls.

MONUMENTS. — *Eglise* moderne. Jolie *chapelle* érigée à l'entrée de la forêt.

FASTES HISTORIQUES. — Ruminghem tomba au pouvoir des Français le 27 mai 1487. Les Espagnols le reprirent le 11 février 1489. En 1595, les Français enlevèrent de l'église les cloches qui s'y trouvaient depuis 120 ans. Le 2 août 1639, le maréchal de la Meilleraye força le château de Ruminghem à capituler et le rasa dans le cours de la même année. L'armée française se reposa à Ruminghem dans la campagne de 1657, après la reddition de Mardyck. Turenne y séjourna six semaines.

BIOGRAPHIE. — Philippe-Jean-Baptiste Piers, théologien et historien (1743-1808).

HAMEAUX ET LIEUX DITS. — Le Coin-Perdu, le Ruth.

ANCIENNE MESURE. — La mesure de 300 verges de 14 pieds de 10 pouces vaut 43 ares 08 cent. 76 mill.

Sainte-Marie-Kerque

(Dist. de Saint-Omer : 23 kil. — d'Audruicq : 6 kil.)

Population : 1432 hab. — Electeurs : 412.
Superficie : 1771 hect. — Kermesse le dernier dimanche de juin.

MAIRE — M. Jean-Baptiste Stoclin.

ADJOINT. — M. Placide Everard.

CONSEIL MUNICIPAL. — MM. Boidin, de Saint-Omer, Coolen, Dubrœucq, Deprey, Stoclin (Juste), Manche, Hiesse, Laux, Blonde.

ETYMOLOGIE. — *Kerke, église,* église de Sainte-Marie.

HAMEAUX ET LIEUX DITS. — La Bistade, la Grise-Pierre, Hennuin, la Rue-Brûlée, Saint-Nicolas, le Wez.

Saint-Folquin

(Dist. de Saint-Omer : 26 kil. — d'Audruicq : 11 kil.)

Population : 1312 hab. — Electeurs : 388.

Superficie : 1683 hect. — Kermesse le 2ᵉ dimanche de juillet.

MAIRE. — M. Lambert-Dereudre.

ADJOINT. — M. Lambert-Everard.

CONSEIL MUNICIPAL. — MM. Stoclin, Bracq, Baron, Biscaras, Brazy, Hétru, Lefebvre, Caron, Verva, Vandewalle.

HAMEAUX ET LIEUX DITS. — Les Bajettes, le Courgain, Guindal, les Hauts-Arbres, Hennuin, le Marais-David, le Monnequebeure, le Pont-du-Hulot, la Scierie.

ANCIENNE MESURE. — Même mesure qu'à Ruminghem.

Saint-Omer-Capelle

(Dist. de Saint-Omer : 28 kil. — d'Audruicq : 7 kil.)

Population : 660 hab. — Electeurs : 188.

Superficie : 1036 hect. — Kermesse le 1ᵉʳ dimanche de juillet.

MAIRE. — M. Louis Dereudre.

ADJOINT. — M. Payelleville.

CONSEIL MUNICIPAL. — MM. Arnoult, Babelart (Casimir), Babelart (Optat), Dereudre (Jean), Guilbert, Marquis, Noël, Payelleville (Rémy), Vergriete, Verva.

ETYMOLOGIE. — *Capelle, chapelle,* chapelle de Saint-Omer.

HAMEAUX ET LIEUX DITS. — La Barrière-de-France, le Nord, le Rébut, le Tardavisé.

Vieille-Eglise

(Dist. de Saint-Omer : 27 kil. — d'Audruicq : 7 kil)

Population : 1024 hab. — Electeurs : 294.

Superficie : 2112 hect. 45 a. 10 c. — Kermesse le 3ᵉ dimanche de juin.

MAIRE. — M. Lambert.

ADJOINT. — M. Wissocq-Hoguet.

CONSEIL MUNICIPAL. — MM. Lheureux-Bourel, Del place (Edouard), Drincqbier-Coolen, Delplace (Jules), Basset, Vital, Calvert, Butez (Auguste), Butez (Irénée), Hameux, Wirquin-Caron.

FASTES HISTORIQUES. — Les Français avaient construit à Vieille-Eglise en 1643 deux forteresses qui s'appelaient la Lanterne et la Redoute de Saint-Louis. Il en reste actuellement peu de vestiges.

HAMEAUX ET LIEUX DITS. — Fort Bâtard, le Marais, le Pont-Neuf, le Pont-d'Oye, Rébut.

Zutkerque

(Dist. de Saint-Omer : 20 kil. — d'Audruicq : 3 kil.)

Population : 1619 hab. — Electeurs : 474.

Superficie : 1594 hect. 72 a. — Kermesse le 2e dimanche de juillet.

MAIRE. — M. Octave Bouret.

ADJOINT. — M. Lesage-Ledoux.

CONSEIL MUNICIPAL. — MM. Delcroix, Haeu, Allan, Minebois, Minebois-Trutenart, Darquer, Laleux-Derende, Popieul-Leverd, Popieul-Daniel, Meulenart, Meullemestre, Vanvincq-Annocque, Bouret-Ducrocq.

ETYMOLOGIE. — *Zut, sud, Kerke, église ;* église du sud, par opposition à Nortkerque.

MONUMENTS. — *Tour* de l'église, style de la Renaissance. — Dans le bois, belles *ruines* du château de la Montoire.

FASTES HISTORIQUES. — Les Romains avaient établi à Zutkerque un château-fort sous le nom de *Promontorium,* d'où est dérivé *Montoire*. — En 1317, Robert, comte de Beaumont le-Roger, mit garnison dans cette forteresse. — En 1396, le duc de Bourgogne logea dans ce château. — En 1488, Henri VII, roi d'Angleterre,

s'en empara ; et en 1542, Antoine de Bourbon, duc de Vendôme, en fit le siège, s'en rendit maître, et le rasa.
— Henri IV avait désigné ce château pour la course des chevaux, qui a eu lieu, jusqu'à la Révolution, le premier dimanche de mai. — En 1635, le 7 août, le comte de Fréchin vint investir l'église de Zutkerque à la tête d'un corps de troupes et força les assiégés qui s'y étaient réfugiés à capituler malgré leur courageuse résistance.

HAMEAUX ET LIEUX DITS. — Basse-Boulogne, Berthem, les Couples, la Grasse-Payelle, Listergaux, la Montoire, Ostove, le Petit-Coin, la Place, les Vivres.

V. — CANTON DE FAUQUEMBERGUES

Le canton de Fauquembergues compte 11.451 habitants (11.706 en 1881) ; il comprend en superficie 18.466 hectares et est divisé en dix-huit communes. Ce sont : Audincthun, Avroult, Beaumetz-les-Aire, Bomy, Coyecques, Dennebrœucq, Enguinegatte, Enquin, Erny-Saint-Julien, Fauquembergues, Febvin-Palfart, Fléchin, Laires, Merck-Saint-Liévin, Reclinghem, Renty, Saint-Martin-d'Hardinghem, Thiembronne.

Fauquembergues
(Dist. de Saint-Omer : 22 kil.)

Population : 992 hab. — Electeurs : 266.
Superficie : 694 hect. — Kermesse le 3e dimanche de septembre.
MAIRE. — M. Joly.
ADJOINT. — M. N...
CONSEIL MUNICIPAL. — MM. Monfet, Dégremont, Bonnière, Senlecq, Delacourt, Leroy, Alloy, Cache, Delique, Bret.

ETYMOLOGIE. — Nom germanique formé de deux mots : *Berg*, montagne, et *Falque* ou *Faulque*, nom d'homme, ou *faucon*.

MONUMENTS. — *Eglise* remarquable des XIIᵉ, XIIIᵉ et XIVᵉ s. ; belle *tour* criblée de projectiles ; *flèche* élevée. — *Château d'Hervarre* avec vieille *tour* bien conservée.

FASTES HISTORIQUES. — Après avoir été plusieurs fois dévasté par les Barbares, notamment au vᵉ et au xᵉ s., Fauquembergues toujours relevé de ses ruines fut, de nouveau, pillé et dévasté par les Anglais en 1355, puis encore en 1370. — En 1544, les Français mirent le feu à l'église et à la halle et emmenèrent vingt-huit habitants dont ils exigèrent une grosse rançon. Ils ravagèrent de nouveau Fauquembergues, en 1595, lorsque Henri IV déclara la guerre à l'Espagne et porta son armée en Artois. Fauquembergues ne se releva que péniblement de ses ruines.

BIOGRAPHIE. — Monsigny, compositeur de musique (1729-1817).

HAMEAUX ET LIEUX DITS. — Le Hamel, la Forêt.

ANCIENNE MESURE. — La mesure de 100 verges de 22 pieds de 11 pouces vaut 42 ares 91 cent. 47 mill.

Audincthun

(Dist. de St-Omer : 22 kil. — de Fauquembergues : 3 kil.)

Population : 747 hab. — Electeurs : 238.
Superficie : 1503 hect. — Kermesse le dim. ap. les Q. T. de septembre.

MAIRE. — M. Fasquel.

ADJOINT. — M. Depoix.

CONSEIL MUNICIPAL. — MM. Boulet, Bouchez, Darques, Davroult, Desgrousilliers, Frion, Ledoux, Debomy, Philippe, Titelouze de Gournay.

ETYMOLOGIE. — La première partie de ce nom doit

être un nom d'homme, la seconde partie *Thun* est un mot saxon qui signifie *habitation*. Audincthun voudrait donc dire : habitation d'Audin ou d'Aldin.

MONUMENTS. — *Tour* de l'église construite dans le style ogival du XIIIe s.

FASTES HISTORIQUES. — Le village fut complètement détruit en 1521 par les Français. — En 1523, le territoire d'Audincthun fut un moment le théâtre d'une bataille entre les armées de la France et de l'Autriche.

HAMEAUX ET LIEUX DITS. — Milfaut, Saint-Aubin, Wandonne, Wandonnelle.

Avroult

(Dist. de St-Omer : 17 kil.—de Fauquembergues : 5 kil.)

Population : 340 hab. — Electeurs : 106.
Superficie : 469 hect. — Kermesse le 2e dim. de juill.
MAIRE. — M. Pochol.
ADJOINT. — M. Amédée Drollez.
CONSEIL MUNICIPAL. — MM. Decroix, Duplouy, Dégremont, Zéphir Drollez, Pierre Drollez, Bertaux, Soudant.

ETYMOLOGIE. — La seconde partie du nom de cette commune dérive du flamand *hout, bois*, la première partie doit être un nom d'homme.

MONUMENTS. L'*église* renferme un ancien *bénitier* en grès, avec *figurines* en relief, et quelques *tableaux* provenant de la chapelle d'Hervarre.

FASTES HISTORIQUES. — Avroult fut saccagé en 1198 par Renaut de Dammartin, comte de Boulogne, puis en 1543 par la garnison de Thérouanne.

Beaumetz-les-Aire

(Dist. de St-Omer : 26 kil.—de Fauquembergues : 12 kil.)

Population : 368 hab. — Electeurs : 107.

Superficie : 435 hect. — Kermesse le dimanche de la Trinité.

MAIRE. — M. Savary.

ADJOINT. — M. Cleuet.

CONSEIL MUNICIPAL. — MM. Patout-Pauchet, C. Godefroy, Delvallé, Bernard, A. Godefroy, Barbier, H. Godefroy, Sailly, Longueval.

ETYMOLOGIE. — Deux mots romans forment le premier mot : *Bel, beau* et *Metz, manoir*, beau manoir ; la seconde partie vient du rapprochement de son voisin *Laires :* on devrait donc dire plutôt Beaumetz-les-Laires.

Bomy

(Dist. de St-Omer : 21 kil. - de Fauquembergues : 12 kil.)

Population : 796 hab. — Electeurs : 248.

Superficie : 1431 hect — Kermesse le dimanche le plus proche du 24 juin.

MAIRE. — M. de Vilmarest.

ADJOINT : M. Deligny-Evrard.

CONSEIL MUNICIPAL. — MM. Graux-Defebvin, J. Hurtevent, A. Hurtevent, Davroux, Richard, Leger, Davroux-Roche, Palfart-Dussaussoy, Hochart, Petit.

ETYMOLOGIE. — C'est probablement un nom d'homme que ce nom de Bomy.

MONUMENTS. — L'*église* est formée de plusieurs parties distinctes : le chœur date du XVIIe s , la nef a été reconstruite en 1870-1872

FASTES HISTORIQUES. — Un château-fort existait autrefois à Bomy ; il fut saccagé en 1542 par les Français. En 1537, une trève y fut conclue entre les plénipotentiaires de François Ier et ceux de Charles-Quint. —.Depuis 1789 jusqu'à son incorporation au canton de Fauquembergues (1801), Bomy fut chef-lieu d'un canton comprenant les communes suivantes : Beaumetz,

18

Boncourt, Cuhem, Enguinegatte, Enquin, Erny, Febvin, Fléchin, Fléchinelle, Laires, Livossart, Pipemont et Serny.

HAMEAUX ET LIEUX DITS. — Berquigny, Greuppe, Petigny, Rupigny.

ANCIENNE MESURE. — La mesure de 100 verges de 22 pieds de 11 pouces vaut 42 ares 91 cent. 47 mill.

Coyecques

(Dist. de St-Omer : 21 kil.—de Fauquembergues : 8 kil.)

Population : 640 hab. — Electeurs : 207.

Superficie : 1377 hect. — Kermesse le dimanche de la Pentecôte.

MAIRE. — M. Alexis Bonnière.

ADJOINT. — M. Alexandre.

CONSEIL MUNICIPAL. — MM. J.-C. Bonnière, Ch. Bonnière, Biallais, Labitte, Petitpré, Debomy, Boudry, Fayolle, Hurtevent, Clenet.

ETYMOLOGIE. — C'est encore d'un nom d'homme que l'appellation de cette commune doit tirer son origine.

FASTES HISTORIQUES. — En 1542, les Français pillèrent Coyecques ; ils y brûlèrent trois fermes en 1543. — En 1514, les Impériaux campèrent à Coyecques et y démolirent une quinzaine de maisons pour faire du feu.

HAMEAUX ET LIEUX DITS. — Capelle-sur-la-Lys, le Crocq, la Hégrie, le Marais, Nouveauville, Ponches le Wamel.

Dennebroeucq

(Dist de St-Omer : 25 kil.—de Fauquembergues : 8 kil.)

Population : 384 hab. — Electeurs : 99.

Superficie : 372 hect — Kermesse le 2e dimanche d'octobre.

MAIRE. - M. Henri Cousin.

ADJOINT. — M. J. Brocvielle.

CONSEIL MUNICIPAL — MM. Boudry, Delannoy, D. Cousin, Brousselle, Béhelle, F. Brocvielle, Gallet.

ETYMOLOGIE. — Deux mots d'origine germanique forment ce nom : *Den, le, Brücke, pont.*

HAMEAUX ET LIEUX DITS — Glein, le Rougemont.

Enguinegatte

(Dist. de St-Omer : 17 kil.—de Fauquembergues : 16 kil)

Population : 490 hab. — Electeurs : 151.

Superficie : 891 hect. — Kermesses le dimanche avant le 4 juillet et le 3ᵉ dimanche d'octobre.

MAIRE. — M. Delarozière.

ADJOINT. — M. Hanne.

CONSEIL MUNICIPAL. — MM. Caron, Thélier, Dupuis, Merlen, Dehurtevent, Chavain-Accart, Dufour, Delepierre.

ETYMOLOGIE. — Ce mot est formé de *Gate, porte,* et *Enguin, Enquin,* porte d'Enquin.

MONUMENTS. — *Tour* de l'église du style ogival du XVᵉ s surmontée d'un clocher.

FASTES HISTORIQUES. — Sur la fin du mois de juillet 1479, l'archiduc Maximilien avait mis le siège devant Thérouanne, il rencontra dans la plaine située à l'ouest d'Enguinegatte, l'armée des maréchaux d'Esquerdes et de Gié auxquels il livra combat. L'archiduc resta maître du champ de bataille, mais ses pertes s'élevèrent à neuf mille hommes. Cette première bataille reçut le nom de *Journée des démanchés,* grand nombre de gentilshommes autrichiens y ayant combattu à bras nus. — En 1531 une seconde bataille eut lieu dans la même plaine et reçut le nom de *Journée des éperons.* Bayard y fut fait prisonnier après s'être couvert de gloire. — En 1537, un troisième combat fut livré par quelques jeunes

Français aux Bourguignons qui y furent victorieux : cette bataille conserve le nom de *Journée des sacquelets* ou *des pourrettes*. — Enguinegatte fut pillé et brûlé la même année par les Impériaux. — En 1543, les habitants d'Enguinegatte quittèrent momentanément leur village pour échapper aux incursions continuelles de la garnison de Thérouanne ; ils ne trouvèrent que des ruines à leur retour ; trente-huit pères de famille étaient morts de misère ou de maladie.

HAMEAUX ET LIEUX DITS. — Basse-Boulogne.

Enquin

(Dist. de St-Omer : 20 kil. — de Fauquemb. : 17 kil.)

Population : 1002 hab. — Electeurs : 241.

Superficie : 1105 hect. — Kermesse le 3ᵉ dim. de septembre.

MAIRE. — M. Horace Mahieu.

ADJOINT. — M. Emile Mahieu.

CONSEIL MUNICIPAL. — MM. Pruvost, Régnier, Thiébaux, Saison, Théliez, Duflos, Ducatel, Cleuet, Vanvincq, Delgéry.

ETYMOLOGIE. — Il est probable que cette appellation vient d'un nom d'homme.

FASTES HISTORIQUES. — En 1536, le village d'Enquin fut pillé ; en 1537, toutes les maisons furent brûlées sauf quelques chaumières et le château du seigneur ; en août 1542, les Français campèrent à Enquin et y démolirent toutes les maisons, reconstruites récemment, pour faire des huttes ou du feu avec les matériaux en provenant.

HAMEAUX ET LIEUX DITS. — La Canroie, Fléchinelle, Serny.

Erny-Saint-Julien

(Dist. de St-Omer : 22 kil. — de Fauquemb. : 15 kil.)

Population : 497 hab. — Electeurs : 132
Superficie : 536 hect. — Kermesse le 7 juin.
MAIRE. — M. Cappe de Baillon.
ADJOINT. — M. Duwez.
CONSEIL MUNICIPAL. — MM. Victor Beaurain, Derollez, Cordonnier, Hurtevent, Dubuis, Henri Beaurain, Debomy, Broquet.
FASTES HISTORIQUES. — Il y avait autrefois à Erny un château-fort que les Français détruisirent en 1638, après la levée du siège de Saint-Omer.

Febvin-Palfart

(Dist. de St-Omer : 26 kil. — de Fauquemb. : 19 kil.)

Population : 830 hab. — Electeurs : 234.
Superficie : 1440 hect. — Kermesse le lundi de la Pentecôte.
MAIRE. — M. Grebaut.
ADJOINT. — M. Hurtevent.
CONSEIL MUNICIPAL. — MM. Lagache, Flajollet, Cadart, Bruyant, Martin, Crohem, Panet, Dorémus, Courbet, Pruvost.
MONUMENTS. — *Chœur* et *tour* de l'église datant de 1400 ; la *nef* a été bâtie en 1590.
FASTES HISTORIQUES. — En 1537, Febvin-Palfart fut pillé tantôt par les Français, tantôt par les Impériaux, et finalement abandonné par ses habitants qui se réfugièrent à Aire. En 1543 et 1544, ce village fut de nouveau pillé et incendié.
HAMEAUX ET LIEUX DITS. — Courouge, Honinghem, Hurtebise, Livossart, Mont Cornet, Moulinel, Palfart, Pippemont, le Plouy, Ramiéville.

Fléchin

(Dist. de St-Omer : 23 kil. — de Fauquemb. : 18 kil.)

Population : 668 hab. — Electeurs : 201.
Superficie : 1080 hect — Kermesse le 2e dim. de septembre.

MAIRE. — M. F. Jonnart.

ADJOINT. — M Poulet.

CONSEIL MUNICIPAL. — MM. Delacressonnière, Ansel, Palfart, Delbarre, Legrand, Hénin, Defrance, Berlot, Evrard, Lagache.

MONUMENTS. — *Eglise* construite en pierres blanches avec *soubassement* en grès ; *tour* en partie romane ; *stalles* en bois sculpté.

FASTES HISTORIQUES. — En 1537 et 1542, les habitants de Fléchin eurent fort à souffrir du passage des troupes françaises.

HAMEAUX ET LIEUX DITS. — Boncourt, Cuhem.

Laires

(Dist. de St-Omer : 26 kil.—de Fauquembergues : 14 kil.)

Population : 512 hab. — Electeurs : 149.
Superficie : 849 hect. — Kermesse le dim. ap. le 4 juillet.

MAIRE — M. François Pruvost.

ADJOINT — M. Alexandre Plée.

CONSEIL MUNICIPAL. — MM. Dubois, Tassart, Delcroix, Devaux, Duquénoy, Vasseur, Delvallé, Gurtebecque, Bouquillon, Vivient.

ETYMOLOGIE. — D'après Derheims ce nom viendrait du mot *Larris* qui signifie *lieu inculte.*

FASTES HISTORIQUES. — En 1537, après la Journée des Sacquelets, le territoire de cette commune fut complètement dévasté ; en 1542 et 1543, Laires fut pillé plusieurs fois et quatorze maisons y furent brûlées par les Français ; en 1544, la garnison de Thérouanne y brûla vingt-six maisons et les fermes ; les habitants ruinés se retirèrent à Aire et à Saint-Omer.

Merck-Saint-Liévin

(Dist. de St-Omer : 19 kil.—de Fauquembergues : 3 kil.)

Population : 693 hab. — Electeurs : 217.
Superficie : 1179 hect. — Kermesse le dim. le plus proche du 24 juin.
MAIRE — M. Elie Broutta.
ADJOINT. — M. Joseph Briche.
CONSEIL MUNICIPAL — MM. Paquez, Beugnet, Denis, Faucon, Dégremont, Denis, Saison, Delcroix, Vincent.
ETYMOLOGIE. — Merck paraît être un nom d'homme peu à peu altéré.
MONUMENTS. — *Eglise* des XVIe et XVIIe s.
FASTES HISTORIQUES. — En 1542, ce village fut, après la prise de Tournehem, pillé par les Français qui y détruisirent et enlevèrent tout, emmenant avec eux 23 habitants qu'ils rançonnèrent ; en 1543, des femmes furent tuées et des jeunes filles enlevées par les soldats de la garnison de Thérouanne ; en 1554, l'armée impériale, sous les ordres de Charles-Quint, campa à Merck avant la bataille de Renty ; en 1638, le château et l'église de Merck furent dévastés par les Français. Merck fut définitivement réuni à la France en vertu du traité de Nimègue en 1678.
HAMEAUX ET LIEUX DITS. — Le Hamelet, le Grand Manillet, le Petit Manillet, Piquendal, le Val, Warnecque.

Reclinghem

(Dist. de St-Omer : 24 kil.—de Fauquembergues : 7 kil)

Population : 356 hab. — Electeurs : 102.

Superficie : 600 hect. — Kermesse le dim. le plus proche du 25 septembre.

MAIRE. — M. Devincre.

ADJOINT. — M. Demarthe.

CONSEIL MUNICIPAL. — MM. Petit, Louchart, Richard, Rolin, Merlo, Laurent, Ogez, Devaux.

ETYMOLOGIE. — Ce nom est formé de *Recling,* dérivé de *Riculf,* nom d'homme, et de *hem, maison.*

FASTES HISTORIQUES. — En 1542 et 1544, les soldats de la garnison de Thérouanne dévastèrent cette commune.

HAMEAUX ET LIEUX DITS. — Lillette, Malfiance, la Riotte.

Renty

(Dist. de St-Omer : 25 kil.—de Fauquembergues : 3 kil.)

Population : 728 hab. — Electeurs : 208.

Superficie : 1548 hect. — Kermesse le 3e dimanche d'octobre.

MAIRE. — M. Alfred Martin.

ADJOINT. — M. Félix Decque.

CONSEIL MUNICIPAL. — MM. Depoix, Lourdel, Demagny, Carpentier, Bultel, Lament, Debout, Pruvost, Godart, Huguet.

ETYMOLOGIE. — Renty dérive très probablement d'un nom d'homme.

MONUMENTS. — *Ruines* du château-fort. Le *château* de Valtencheux.

FASTES HISTORIQUES. — Pendant les IXe et Xe s., Renty fut ravagé par les Normands. — En 1477, après la prise de Fauquembergues, les Français s'emparèrent du château-fort. — En 1521, ce château fut repris par le duc de Vendôme. — Réduit en cendres en 1540 par les Anglais, le château fut bientôt reconstruit. — En

1551, une grande bataille fut livrée entre les armées d'Henri II et de Charles-Quint sur le territoire de Renty ; les Français y furent victorieux. — En 1638, l'armée française mit le siège devant Renty qui dut capituler au bout de neuf jours — Cette commune fut réunie à la France en 1678.

HAMEAUX ET LIEUX DITS. — Assonval, le Cauroy, Rimeux, la Risquette, Saint-Laurent, Valtencheux.

Saint-Martin-d'Hardinghem

(Dist. de St-Omer : 21 kil.—de Fauquembergues : 1 kil.)

Population : 445 hab. — Electeurs : 135.
Superficie : 667 hect. — Kermesse le dimanche de la Pentecôte.
MAIRE. — M. Carpentier
ADJOINT. — M. Chasselin.
CONSEIL MUNICIPAL. — MM. Bernard, Delhay, Dégremont, Gallet, Garbe, Obin, Remont, Wilquin.
ETYMOLOGIE. — Nom formé de *Harding,* désignation patronymique, et de *hem,* demeure.
MONUMENTS. — *Eglise* ancienne renfermant une *dalle* tumulaire portant la figure couchée d'Anne de Vergelot, fille de Charles, seigneur de Norcamp, et datée de 1670.
HAMEAUX ET LIEUX DITS. — Le Bout-de-la-Ville, Hervarre, Willametz.

Thiembronne

(Dist. de St-Omer : 22 kil.—de Fauquembergues : 5 kil.)

Population : 963 hab. — Electeurs : 277.
Superficie : 2282 hect — Kermesse le 3e dimanche d'octobre
MAIRE. — M. Le Vasseur de Fernehem.
ADJOINT. — M. Dufay-Buron.
CONSEIL MUNICIPAL. — MM Tellier-Rémont, Ducrocq-

Riquiez, Buron, Desombre, Cache, Gouled, Mariette, Dubuisson, Gurlet, Fay.

ETYMOLOGIE. — La seconde partie du nom est un mot d'origine germanique *Brunn, fontaine ;* le premier mot n'est pas facilement déchiffrable.

MONUMENTS. — *Eglise* de style gothique du XVᵉ s. bâtie de 1863 à 1866. — Quelques *restes* de l'ancien château et de l'emplacement des fossés.

FASTES HISTORIQUES. — Ce village fut dévasté et son château pillé en 881 par les Normands. — En 1477, Thiembronne fut brûlé par les troupes du duc de Bourgogne. — En 1521, ce village fut mis au pillage et complètement détruit par les Français. — En 1554, avant la bataille de Renty, l'armée de Charles-Quint campa à Thiembronne. — En 1595, le château fut dévasté par les Français.

HAMEAUX ET LIEUX DITS. — Le Bourguet, la Bucaille, Cloquant, Drionville, Ecuire, le Fay, le Loquin, le Marais, le Pont-Gavelle, le Val-Restaut, Willametz

VI. — CANTON DE LUMBRES

Le canton de Lumbres compte 17.631 habitants (17.439 en 1881) ; il comprend en superficie 25 563 hectares et est divisé en trente-quatre communes. Ce sont : Acquin, Affringues, Alquines, Bayenghem-lez-Seninghem, Bléquin, Boisdinghem, Bouvelinghem, Cléty, Coulomby, Delettes, Dohem, Elnes, Escœuilles, Esquerdes, Hallines, Haut-Loquin, Ledinghem, Leulinghem, Lumbres, Nielles-lez-Bléquin, Ouve-Wirquin, Pihem, Quelmes, Surques, Vaudringhem, Wavrans, Westbécourt, Wismes, Wisques, Zudausques.

Lumbres
(Dist. de Saint-Omer : 12 kil.)

Population : 1374 hab. — Electeurs : 329.
Superficie : 990 hect. 37 a. — Kermesse le dim ap.
le 24 juin.

MAIRE. — M. Decroix.

ADJOINT. — M. Goidin.

CONSEIL MUNICIPAL. — MM. Gosselin, E. Dausque,
P. Dausque, Courbois, Hochart, Macaux, Avot, Fenet,
Delhelle.

ETYMOLOGIE. — Ancienne *Laurentia* des Romains,
Lumbres s'appela ensuite *Lumeres*, *Lumbras,* puis
Lumbres.

MONUMENTS. — *Eglise* du style du XIIIe s. bâtie de
1854 à 1859. La tour est surmontée d'une *flèche* à huit
côtés qui émerge du milieu de quatre clochetons.

HAMEAUX ET LIEUX DITS. — Acquembronne, Laby,
la Liauwette, Montbreux, Samette, le Val de Lumbres.

Acquin
(Dist. de Saint-Omer : 15 kil. — de Lumbres : 4 kil)

Population : 782 hab. — Electeurs : 216.
Superficie : 1285 hect. 90 a. — Kermesse le 3e dim.
de juillet.

MAIRE. — M. Louis Allan.

ADJOINT. — M. Deneuville.

CONSEIL MUNICIPAL. — MM. Cucheval, Delattre,
Hochart, Lardeur, Dusautoir, Lecoustre, Scoumaque,
Bournonville, Prince, Guillemant.

ETYMOLOGIE. — Acquin qui s'appela d'abord *Acqui-
cinium* vient probablement du latin *aqua,* eau.

MONUMENTS. — *Eglise* du XVIe s. — *Restes* d'un
ancien prieuré. — *Château* avec *donjon.*

HAMEAUX ET LIEUX DITS. — Beaurepaire, Loverdal, la Motte, Nordal, Noovre, Ophove, le Pooevre, le Val, la Wattine.

Affringues
(Dist. de Saint-Omer : 16 kil. — de Lumbres : 4 kil.)

Population : 148 hab. — Electeurs : 39.
Superficie : 292 hect. 98 a. 60 c. — Kermesse le dim. de la Trinité.
MAIRE. — M. Gustave Leprêtre.
ADJOINT. — M. Bauwin.
CONSEIL MUNICIPAL. — MM. Flament, Lambert, Decroix (Martial), Decroix (Cyriaque), Guilbert, Jacquot, Delannoy, Doyer.
HAMEAUX ET LIEUX DITS. — Cœurlu, Lannoy.

Alquines
(Dist. de Saint-Omer : 22 kil. — de Lumbres : 12 kil.)

Population : 744 hab. — Electeurs : 233.
Superficie : 1500 hect 50 a. 60 c. — Kermesse le dim. de la Pentecôte.
MAIRE. — M. Cucheval Baude.
ADJOINT. — M. Alfred Cucheval.
CONSEIL MUNICIPAL. — MM. Tétart, Coquerel, Cucheval-Carlu, Leuliot, Havard, Cucheval-Evrard, Fouble, Louchez, Denis.
HAMEAUX ET LIEUX DITS. — L'Alouette, le Buisson, les Bulescamps, le Fromentel, la Haute-Pannée, la Haute-Planque, Neuville, le Warlet.

Bayenghem-lez-Seninghem
(Dist. de Saint-Omer : 14 kil. — de Lumbres : 3 kil.)

Population : 221 hab. — Electeurs : 69.
Superficie : 323 hect. 74 a. 60 c. — Kermesse le di-

manche av. la St-Jean ou le dim. suivant si la St-Jean tombe un dimanche.

MAIRE. — M. Edouard Cocquempot.

ADJOINT. — M. Thullier.

CONSEIL MUNICIPAL. — MM. Biecque, Tellier (Augustin), Couvreur, Decroix, Tellier (Louis), Lhomel, Obin, Tellier (Hyacinthe).

ETYMOLOGIE. — Nous renvoyons nos lecteurs à ce que nous avons dit pour Bayenghem-les-Eperlecques et à ce que nous dirons pour Seninghem.

MONUMENTS. — Jolie *église* : on y remarque un *bas-relief* du XIII⁰ s. bien conservé.

FASTES HISTORIQUES. — En 1596, ce village fut brûlé par les troupes françaises.

HAMEAUX ET LIEUX DITS. — Le Bisuel, la Motte, le Val du bois.

Bléquin

(Dist. de Saint-Omer : 23 kil. — de Lumbres : 11 kil.)

Population : 500 hab. — Electeurs : 166.

Superficie : 851 hect. 92 a. 20 c. — Kermesse le 2⁰ dimanche de juillet.

MAIRE. — M. Bonnaire.

ADJOINT. — M. Casier.

CONSEIL MUNICIPAL. — MM. Sagot, Dourdron, Defiez, Vidor, Cadet, Louvet, Pruvost, Sagot.

HAMEAUX ET LIEUX DITS. — Berneuil, le Neuf Manoir, Rippemont, Rudimont.

Boisdinghem

(Dist. de Saint-Omer : 12 kil. — de Lumbres : 6 kil.)

Population : 236 hab — Electeurs : 69.

Superficie : 300 hect. — Kermesse le 3⁰ dim. d'octob.

MAIRE. — M. Honoré Duhamel.

ADJOINT. — M. Viellard.

CONSEIL MUNICIPAL. — MM. Constantin Duhamel, Alluin, Decroix, Leuillieux, Jonas, Fayolle, Dubois.

ETYMOLOGIE. — Ce nom veut dire *Maison du bois.*

HAMEAUX ET LIEUX DITS. — Bellefontaine, Zutove.

Bouvelinghem

(Dist. de Saint-Omer : 18 kil. — de Lumbres : 9 kil.)

Population : 354 hab. — Electeurs : 77.

Superficie : 285 hect 57 a. 20 c. — Kermesse le dimanche après la St-Jean.

MAIRE. — M. Cucheval.

ADJOINT. — M.

CONSEIL MUNICIPAL. — MM. Evrard, Beausse, Lebas, Vasseur, Hénocq, Gonfrère, Bayard.

HAMEAUX ET LIEUX DITS. — La Coëte, Merzoil, le Moulin, le Petit Quercamps.

Cléty

(Dist de Saint-Omer : 13 kil. — de Lumbres : 8 kil.)

Population : 443 hab. — Electeurs : 135.

Superficie : 613 hect. 34 a. 60 c. — Kermesse le dimanche le plus proche du 24 juin.

MAIRE. — M. Omer Leroy.

ADJOINT. — M. Crendal.

CONSEIL MUNICIPAL. — MM. Baillion, Bonnière, Pochol, Abdon Leroy, Miersman, J.-B. Sauvage, Dominique Sauvage, Jovenin.

Coulomby

(Dist. de Saint-Omer : 20 kil. — de Lumbres : 9 kil.)

Population : 529 hab. — Electeurs : 151.

Superficie : 1.525 hect. 68 a. 20 c. — Kermesse le 2e dimanche de juillet.

MAIRE. — M. Pierre Devigne.

ADJOINT. — M. Florimond.

CONSEIL MUNICIPAL. — MM. F. Cocquerel, S. Colliez, F. Colliez, C. Cocquerel, Desvignes, Gonfrère, Rémy.

ETYMOLOGIE. — L'origine de ce nom se trouve à n'en pas do..ter dans le mot latin *Columba, colombe, pigeon.*

FASTES HISTORIQUES. — En 1595, le Château-fort de Coulomby fut attaqué par les Français qui ne purent s'en rendre maître.

HAMEAUX ET LIEUX DITS. — Les Billecamps, l'Etrile, Harlettes.

Delettes

(Dist. de Saint-Omer : 16 kil. — de Lumbres : 14 kil.)

Population : 980 hab. — Electeurs : 292.

Superficie : 1.438 hect 76 a. 20 c. — Kermesse le 1er dimanche de juin.

MAIRE. — M. Félix de Bayenghem.

ADJOINT. - M.

CONSEIL MUNICIPAL. — MM. Criquet, Alba, Briche, Ducrocq, Ansel, Delohem, Milliot, Denuncq, Bonnière, Ansel-Daniel, Ansel-Azelart.

MONUMENTS. — *Vieux château d'Upen*, avec jardins à étages dominant *la Vallée* de la Lys.

HAMEAUX ET LIEUX DITS. — Radometz, Upen d'Amont, Upen d'Aval, Utéren, Westrehem.

Dohem

(Dist. de Saint-Omer : 15 kil. — de Lumbres : 10 kil.)

Population : 1039 hab. — Electeurs : 188.

Superficie : 330 hect. — Kermesse le 3e dimanche de juillet.

MAIRE. — M. Alexandre Leroux.

ADJOINT. — M. Emmanuel Devin.

CONSEIL MUNICIPAL. — MM. Hoguet, Vittu, Braure, Ansel, Carlier, Bonnière, Canlers, Fasquelle, Pecqueur, Dulot.

ETYMOLOGIE. — Nom d'origine saxonne signifiant *Maison de la vallée.*

MONUMENTS. — *Collège* d'une certaine importance qui fut Ecole normale jusqu'en ces derniers temps.

HAMEAUX ET LIEUX DITS. — Le Maisnil.

Elnes

(Dist. de Saint-Omer : 14 kil. — de Lumbres : 1 kil)

Population : 459 hab. — Electeurs : 124.

Superficie : 445 hect. — Kermesse le dimanche de la Pentecôte et à la Saint-Martin.

MAIRE. — M. Paul Ghys.

ADJOINT. — M. Isidore Cocquempot.

CONSEIL MUNICIPAL. — MM. Deneuville, Delahaut, Briez, Levray, Portenart, Regnier, Clabaut, Dausques.

HAMEAUX ET LIEUX DITS. — Ponchinte, la Roussie.

Escœuilles

(Dist. de Saint-Omer : 26 kil. — de Lumbres : 14 kil.)

Population : 359 hab. — Electeurs : 103.

Superficie : 590 hect. 76 a. 90 c. — Kermesse le 1er dimanche d'octobre.

MAIRE. — M. Bacon.

ADJOINT. — M. Vanniez.

CONSEIL MUNICIPAL. — MM. Bayard, Mauffet, Tellier, Wissocq, Debey, Morel, Bodart.

HAMEAUX ET LIEUX DITS. — Berne, le Bout-de-l'A, la Robinerie.

Esquerdes

(Dist. de Saint-Omer : 7 kil. — de Lumbres : 7 kil.)

Population : 901 hab. — Electeurs : 254.
Superficie : 939 hect. 57 a. 20 c. — Kermesse le 1er dimanche d'août.

MAIRE. — M Lardeur.

ADJOINT. — M. Wintrebert

CONSEIL MUNICIPAL. — MM. Blondel, Leprêtre, Casier, Billardon, Robitaille, Huguet, Martel, Baquet, Ficheux.

ETYMOLOGIE — Ce nom vient des mots flamands : *Eyke-Arde* qui signifient *terre plantée de chênes.*

MONUMENTS. — *Eglise* des XIIe et XVIe s. Clocher roman. A l'intérieur de l'église, *tombeau* mutilé du XVe s. surmonté de la statue de Marguerite de la Trémouille. — *Tour* de l'ancien château — *Poudrerie* nationale importante fondée en 1686.

FASTES HISTORIQUES. — De 1791 à 1801, Esquerdes fut chef-lieu d'un canton composé des communes suivantes : Lumbres, Quelmes, Leulinghem, Setques, Wisques, Hallines, Wizernes, Helfaut, Tilques, Hæringhem, Inghem, Pihem et Remilly-Wirquin.

HAMEAUX ET LIEUX DITS. — Confosse, Fersinghem, Montauban.

ANCIENNE MESURE. — La mesure de 100 verges, de 20 pieds, de 11 pouces, vaut 35 ares 46 cent. 67 mill.

Hallines

(Dist. de Saint-Omer : 7 kil. — de Lumbres : 7 kil.)

Population : 840 hab. — Electeurs : 231.
Superficie : 572 hect. 39 a. 90 c. — Kermesse le 2' dimanche de septembre.

MAIRE. — M. Lemoine.

ADJOINT. — M. Denèkre.

CONSEIL MUNICIPAL. — MM. Bonningue; Dambricourt, Pichon, Rémy, S Beauchant, Clais, Esbraire, L Beauchant, Dufay.

MONUMENTS. — Belle *église* gothique bâtie en 1872.

HAMEAUX ET LIEUX DITS. — Le Noir Cornet.

Haut-Loquin

(Dist. de Saint-Omer : 23 kil. — de Lumbres : 14 kil.)

Population : 259 hab. — Electeurs : 74.

Superficie : 547 hect. 18 a. — Kermesse le 24 juin.

MAIRE. — M. Mauffet.

ADJOINT. — M Delmotte.

CONSEIL MUNICIPAL. — MM. Lorgnier, E. Leuliot, D. Leuliot, Behague, Noël, Guilbert, Diomède.

HAMEAUX ET LIEUX DITS. — Le Bas-Loquin, le Coucou, le Metz, le Pooevre, le Rougemont.

Ledinghem

(Dist. de Saint-Omer : 24 kil. — de Lumbres : 11 kil.)

Population : 320 hab. — Electeurs : 102.

Superficie : 868 hect. 05 a. 15 c. — Kermesse à la Pentecôte.

MAIRE. — M. Monsigny.

ADJOINT. — M. Seghin.

CONSEIL MUNICIPAL. — MM. Mobailly, Boutoille, Retaux, Bohim, Dufour, Clipet, Louguet.

MONUMENTS. — *Tertre* fortifié où se trouvait autrefois une maison de templiers.

HAMEAUX ET LIEUX DITS — Beaumont, Galopin, Maisnil-Boutry, le Neuf Manoir, le Pire, la Roussoye.

Leulinghem-lez-Etrehem

(Dist. de Saint-Omer : 7 kil. — de Lumbres : 6 kil.)

Population : 274 hab. — Electeurs : 82.
Superficie : 462 hect. 82 a. 64 c. — Kermesse le 3ᵉ dimanche de juin.

MAIRE. — M. Lemaire.

ADJOINT. — M. Houdain.

CONSEIL MUNICIPAL — MM. Dégardin, Bocquet, Houdain, Harlay, Podevin, Regnier, Couvelart, Mille, Clabaut.

ETYMOLOGIE. — Nom d'origine celtique composé de *Leu*, lieu, *lin*, eau, *guen*, belle, et *hem*, ville, demeure, demeure de l'endroit de la belle eau.

HAMEAUX ET LIEUX DITS. — Arquingoul, la Cotte, Etrehem, Hongrie ou Houguerie, le Mont Hury, Uzelot, Witrethun.

Nielles-lez-Bléquin

(Dist. de Saint Omer : 20 kil. — de Lumbres : 8 kil.)

Population : 842 hab. — Electeurs : 232.
Superficie : 1271 hect. 99 a. 50 c. — Kermesse le 4ᵉ dim. ap. la Pentecôte

MAIRE. — M. Quenson de la Hennerie.

ADJOINT. — M. Sagot.

CONSEIL MUNICIPAL. — MM. Deneuville Stal, Lecointe, Dubois, Bouvart, Lecomte, Bourbiaux, Vigreux, Delannoy.

ETYMOLOGIE. — Le lecteur est prié de se reporter à celle que nous avons donnée de Nielles-les-Ardres.

FASTES HISTORIQUES. — En 1595, les Français s'emparèrent de cette commune.

BIOGRAPHIE. — Crachet, jurisconsulte et homme politique (1764-1815).

HAMEAUX ET LIEUX DITS. — Le Hamel, le Lart, le Sart.

Ouve-Wirquin

(Dist. de Saint-Omer : 16 kil. — de Lumbres : 8 kil.)

Population : 374 hab. — Electeurs : 99.
Superficie : 450 hect. — Kermesse le 1ᵉʳ dim. de juillet.
MAIRE. — M. Joly.
ADJOINT. — M. N...
CONSEIL MUNICIPAL — MM. A. Mouton, Coulombel, F. Mouton, Cardon, Lefebvre, Barois, Aug. Mouton.
ETYMOLOGIE. — Ouve vient évidemment de *Hoove,* ferme, métairie.
HAMEAUX ET LIEUX DITS. — Cucheval, le Petit Manillet, le Petit Marais, Recquebreucq, Wirquin.

Pihem

(Dist de Saint-Omer : 9 kil — de Lumbres : 9 kil.)

Population : 642 hab. — Electeurs : 189.
Superficie : 692 hect. — Kermesse le 3ᵉ dim d'octob.
MAIRE. — M. J. Caron.
ADJOINT — M. Portenart.
CONSEIL MUNICIPAL. — MM. Barois, Faucon, Delohem, L., Ansel, Delohem J, Vasseur, Caron, Beauchant, Dubois.
HAMEAUX ET LIEUX DITS. — Bientque, l'Espinoy, le Petit Bois.

Quelmes

(Dist. de Saint-Omer : 9 kil. — de Lumbres : 5 kil)

Population : 310 hab. — Electeurs inscrits : 100.
Superficie : 986 hect. 88 a. 30 c. — Kermesse le 1ᵉʳ dimanche de juillet.

MAIRE. — M. Ducamps.

ADJOINT. — M. Danel, J.

CONSEIL MUNICIPAL. — MM. Dusautoir, Domain, Darques, Mille, Hochart, X. Darque, L. Danel, Rémond.

HAMEAUX ET LIEUX DITS. — Vernove, Zutove.

Quercamps

(Dist. de Saint-Omer : 15 kil. — de Lumbres : 8 kil.)

Population : 309 hab. — Electeurs : 92.

Superficie : 450 hect. — Kermesse le 4ᵉ dimanche d e septembre.

MAIRE. — M. Bresselle.

ADJOINT. — M. Tétart.

CONSEIL MUNICIPAL. — MM. Leroy, Lemaire, Lambriquet, Deneuville, Delobel, Lambert, Geulque, Lefebvre.

HAMEAUX ET LIEUX DITS. — La Haute-Pannée, Neuville.

Remilly-Wirquin

(Dist. de Saint-Omer : 13 kil. — de Lumbres : 6 kil.)

Population : 260 hab. — Electeurs inscrits : 84.

Superficie : 523 hect. 22 a. 80 c — Kermesse le 1ᵉʳ dimanche de mai.

MAIRE. — M. Delepouve.

ADJOINT. — M Ducrocq.

CONSEIL MUNICIPAL. — MM. Leroy, F. Delepouve, Delohem, Capelle, Obert, Bourgois, Bellenguez.

HAMEAUX ET LIEUX DITS. — Créhem, Wirquin.

Seninghem

(Dist. de Saint-Omer : 17 kil. — de Lumbres : 6 kil.)

Population : 714 hab. — Electeurs inscrits : 220.

Superficie : 1.515 hect. — Kermesse le dimanche de la Pentecôte.

MAIRE. — M. Dupont-Dolhain.

ADJOINT. — M. Lefebvre-Dufay.

CONSEIL MUNICIPAL — MM. Patté, Bouvard, Bodart, Ducrocq, E., Collier, Le Tuheur de Jacquant, Dupont, Devigne, Neveu, Ducrocq. A.

ETYMOLOGIE. — Nom d'origine saxonne signifiant *Maison du pêcheur.*

FASTES HISTORIQUES. — En 1320, les bourgeois de Saint-Omer marchèrent en armes contre ce village pour le réduire à l'obéissance et y exercèrent le *droit d'arsin* [1]. — En 1595, les Français s'emparèrent du château de Seninghem.

HAMEAUX ET LIEUX DITS. — Le Lusquet, le Marché, Notre-Dame des Ardents, le Plouy, la Raiderie.

Setques
(Dist. de Saint-Omer : 9 kil. — de Lumbres : 3 kil.)

Population : 351 hab. — Electeurs inscrits : 89.

Superficie : 389 hect. — Kermesse le 2ᵉ dimanche de septembre.

MAIRE — M. Paul Bourgois.

ADJOINT. - M. Sergent.

CONSEIL MUNICIPAL — MM. Loger, Géry, Vidor, Théophile Bourgois, Patté, Fasquel, Alfred Bourgois, Edouard Bourgois.

HAMEAUX ET LIEUX DITS. — Leauwette.

ANCIENNE MESURE. — La mesure de 100 verges, de 20 pieds, de 11 pouces, vaut 35 ares 46 cent. 67 mill.

[1] C'était le fait d'incendier le village.

Surques

(Dist. de Saint-Omer : 26 kil. — de Lumbres : 17 kil.)

Population : 429 hab. · Electeurs : 111.
Superficie : 685 hect. 49 a. 30 c. — Kermesse le dimanche le plus proche du 25 octobre.
MAIRE. — M. Jean Lefebvre.
ADJOINT. — M. Lefebvre-Damasse
CONSEIL MUNICIPAL. — MM. Selingue, Queval, Ducloy, Guerlet, Guilbert, Lefebvre Augustin, Fardoux, Terlutte.
MONUMENTS. — *Eglise* fortifiée. — *Ruines* du château de Brugnobois. — *Le Mouflon,* tumulus antérieur au VII' s.
FASTES HISTORIQUES. — En 1615, le duc d'Orléans y établit son quartier général. — De 1650 à 1653, le territoire de Surques fut continuellement occupé par les armées des maréchaux d'Aumont, de Gassion, de Turenne et du comte d'Harcourt.
HAMEAUX ET LIEUX DITS. — Le Breuil, Brugnobois. Larville, Lieussant, le Paillaet, le Ploiy, le Watelan.

Vaudringhem

(Dist. de Saint-Omer : 22 kil. — de Lumbres : 10 kil.)

Population : 459 hab. — Electeurs : 1.8.
Superficie : 739 hect 71 a. — Kermesse le 2ᵉ dimanche d'octobre.
MAIRE : M. Vandome.
ADJOINT. — M. Evrard.
CONSEIL MUNICIPAL. — MM. Libersat, Cadet, Tillier, Lucas, Monsigny, Ghier, Vasseur, Gransire.
ETYMOLOGIE. — Nom d'origine saxonne qu'on peut traduire ainsi : *Maison des enfants de Walder.*
HAMEAUX ET LIEUX DITS. — Drionville, Floyecque, Maisnil-Boutry.

Wavrans

(Dist. de Saint-Omer : 15 kil. — de Lumbres : 3 kil.)

Population : 982 hab. — Electeurs : 298.

Superficie : 1148 hect. 29 a. 65 c. — Kermesses le 1ᵉʳ dimanche après l'Ascension et le 2ᵉ dimanche de septembre.

MAIRE. — M. Decroix.

ADJOINT. — M. Beugnet.

CONSEIL MUNICIPAL — MM. Sagot, Bailly, Findinier, Ducrocq, Grandsire, Tricot, Desgardins, Humetz, Didier, Delannoy.

FASTES HISTORIQUES. — Vers 663, saint Omer mourut à Wavrans dans une maison qu'on montre encore.

HAMEAUX ET LIEUX DITS. — Assinghem, le Boulois, Campagnette, Drucas, Fourdebecques, le Plouy, Vendringhem, Wilbedingue.

Westbécourt

(Dist. de Saint-Omer : 18 kil. — de Lumbres 6 kil)

Population : 115 hab. — Electeurs : 33.

Superficie : 147 hect. — Kermesse le dimanche le plus proche de la St-Jean.

MAIRE. — M. Masset.

ADJOINT. — M. Tétart.

CONSEIL MUNICIPAL. — MM. Caruyer, Caron, Hochart, Prince, Mesmacque.

ETYMOLOGIE. — *West* (ouest) *bécourt* par opposition à *Nortbécourt*.

Wismes

(Dist. de Saint-Omer : 20 kil. — de Lumbres : 6 kil.)

Population : 4 4 hab. — Electeurs : 140.

Superficie : 1167 hect. 42 a. 10 c. — Kermesses le

dimanche après la Fête-Dieu et le dimanche après le 27 novembre.

MAIRE. — M. de Corbie.

ADJOINT. — M. Pétin.

CONSEIL MUNICIPAL. - MM. Cadet, Clabaux, Lucas, Delplace, Ritaine, Dallongeville, Hembert, Dupont.

MONUMENTS. — *Eglise* du XIIIe au XIVe s. : chœur très élégant construit par le chapitre de Thérouanne ; flèche dentelée.

HAMEAUX ET LIEUX DITS. — Cantemelle, Marival, Rietz-Motu, les Roussies, Saint-Pierre, Salvecques.

ANCIENNE MESURE. — La mesure de 100 verges, de 20 pieds, de 11 pouces, vaut 35 ares 46 cent. 67 mill.

Wisques

(Dist. de Saint-Omer : 7 kil. — de Lumbres : 6 kil.)

Population : 146 hab. — Electeurs : 39.

Superficie : 365 hect. 68 a. 95 c. — Kermesse le lundi de la Pentecôte.

MAIRE. — M. Decroix.

ADJOINT. — M. Lejeune

CONSEIL MUNICIPAL. — MM. Dalenne, Verroust, Contart, O. Decroix, L. Lejeune, J. Lejeune, Averland, Dussaussoy.

MONUMENTS. — *Château* à tourelles parfaitement conservé.

HAMEAUX ET LIEUX DITS. — Le Bourg.

Zudausques

(Dist. de Saint-Omer : 8 kil. — de Lumbres : 6 kil)

Population : 512 hab. — Electeurs : 145.

Superficie : 708 hect. — Kermesse le 2e dimanche de juillet.

MAIRE. — M. A. Domain.

ADJOINT. — M. Ferd. Dusautoir.

CONSEIL MUNICIPAL. — MM. Dusautoir, Hochart, Decroix, Bodart, Mesmacque Hochart-Domain, P. Domain, A. Mesmacque, F. Masset, Lebas-Penel, Henquenet, Léger.

ETYMOLOGIE. — *Zud* (sud) *ausque* en opposition avec Nord.. ausques.

HAMEAUX ET LIEUX DITS. — Adsoit, Audincthun, Cormettes, Leuline, Noircarme.

APPENDICE

Les Beaux-Arts

Sculpture. — Voici les sculptures envoyées par les artistes de notre arrondissement au salon de 1886 :

MM. **Engrand** (Aire-sur-la-Lys) *Ménade*.

Lormier (Saint-Omer) *Deux portraits*.

Louis **Noël** (Saint-Omer) *St-Thomas d'Aquin*.

»   »   *Le cardinal Régnier*.

Wallart (Saint-Omer) *La Tricoteuse*.

Dessin et aquarelle. — Un seul audomarois a exposé dans cette section au salon de 1886 :

M. H. **Gérard** (Saint-Omer) *Rocher des princes* (Aquar.)

Architecture. — Parmi les œuvres qui figuraient au salon de 1886, on remarquait dans cette section : *Les Ruines de l'abbaye de Saint-Bertin*, par M. **Bouvrier**, de Templeuve (Nord).

Musique. — Deux de nos boursiers du Conservatoire de Paris ont obtenu des récompenses : M. Georges **Hurel**, une deuxième première médaille de solfège ; M. Jules **Bouche**, une deuxième médaille (Classes préparatoires de violon).

Le Sport

Nous avons dit à la page 84, que la 3ᵉ course avait été déclarée nulle par la Commission : nous ajoutons que c'est par suite de ce que l'itinéraire indiqué n'a pas été suivi par les coureurs. La course a été reprise par trois chevaux, *Royal-Blue* s'étant retiré en décla-

rant protester contre la décision de la Commission.
Le premier prix a été gagné par *Zéro* appartenant à
M. **Foache.**

×

Commission hippique. — La commission hippique
du Stud-Book de l'arrondissement de Saint-Omer est
composée comme suit :

Président : M. Quenson de la Hennerie, conseiller
général ;

Secrétaire : M. Eugène Porion-Delattre.

Membres : MM. Bouret et Brémart, conseillers géné-
raux ; Sterin, vétérinaire ; Déclemy ; Noël ; Dusautoir ; Allan, Auguste ; Mahieu. Pierre ; Desombre,
Léon ; Martel. Eugène ; Platiau, Eugène ; Degrave,
Ferdinand ; Taccoen, vétérinaire ; Dambricourt, Auguste et Platiau, Félix.

×

Notre hippodrome, qui dépend de celui d'Auteuil,
est enfin classé parmi les hippodromes sérieux. A
partir de 1887, la Société des Courses de Saint-Omer
recevra un prix de 4e série d'une valeur de 2600 francs,
exclusivement réservé à une course de steeple-chase.

Les Impôts

Voici le tableau de la répartition de l'impôt direct
pour notre arrondissement :

Propriétés non bâties 428,921
Propriétés bâties 102,552
Personnelle et mobilière 129,695
Portes et fenêtres 125,176

Le nombre de centimes à imposer sur les contributions, est le suivant :

Foncière 62,93
Personnelle mobilière 79,03
Portes et fenêtres 54,73
Patentes 75,53

Les Finances

Voici la récapitulation du budget de Saint-Omer, suivant la décision du Préfet du Pas-de-Calais, pour 1886 :

Recettes ordinaires 385,475,70
Recettes extraordinaires 44,359,73

   Total des recettes 429,835,43

Dépenses ordinaires 369,079,43
Dépenses extraordinaires . . . . . . 60,756, »

   Total des dépenses 429,835,43

Voici maintenant le budget proposé par l'Administration municipale pour 1887 :

Recettes ordinaires 400,701,11
Recettes extraordinaires 44,050,26

   Total des recettes 444,751,37

Dépenses ordinaires 375,928,88
Dépenses extraordinaires . . . . . . 64,501, »

   Total des dépenses 440,429,88

La Justice

Tribunal civil. — Le Tribunal a pendant l'année 1886 rendu 412 jugements se décomposant ainsi :
Jugements contradictoires en 1er ressort. 173
  »   »   en dernier ressort. 24

Jugements par défaut au 1er ressort 45
» » en dernier ressort. 19
Jugements sur requêtes, référés, adjudications, etc. contradictoires en 1er ressort. 75
» » en dernier ressort. 36
» par défaut en 1er ressort . . . 42
» » en dernier ressort. 28
Au total 442

Il restait à juger des années précédentes. 142 affaires
Il a été mis au rôle en 1886 . . . . 288 »
Au total . . . . 430 »

Sur ces 430 affaires, 261 ont été terminées par jugement, 86 par transaction, radiation ou autrement; il reste à juger 83 affaires.

Tribunal correctionnel. — Le Tribunal correctionnel a pendant l'année 1886, rendu 908 jugements dont 566 portant condamnations.

Tribunal de commerce [1]. — 15 faillites ont été prononcées par ce Tribunal pendant l'année 1886.

La Population

Voici le mouvement de la population à Saint-Omer pendant l'année 1886 :

Naissances : 524 (525 en 1885)
Décès : 612 (500 en 1885)
Mariages : 125 (122 en 1885)
Divorces : 1 (6 en 1885)

[1] Il nous a été impossible, malgré nos démarches de connaître le nombre d'affaires inscrites au rôle de cette juridiction et jugées par elle.

BIBLIOGRAPHIE AUDOMAROISE

Liste des ouvrages imprimés à Saint-Omer et dans l'arrondissement en 1886.

IMPRIMERIE H. D'HOMONT

1 Les Chartes de St-Bertin, d'après le grand cartulaire de Don Dewitte, dernier archiviste du monastère, mises en ordre par l'abbé Haignéré, in-4°, 538 pages.

2 Oraison funèbre de M. Charles-Jules Moullart, baron de Vilmarest, in-8° carré, par l'abbé Sagot, grand-doyen, 12 pages.

3 La Bouginotte, par Alexis Bouvier, in-32, 320 pages.

4 Les Souffrances du professeur Delteil, par Champfleury in-32, 320 pages.

5 Bulletin de la Société d'agriculture, 2ᵉ semestre 1885, in-8°, 60 pages.

6 Œuvre du Denier des Ecoles catholiques de Saint-Omer. Assemblée générale du 10 février 1886, in-8°, 32 pages.

7 Société des Antiquaires de la Morinie. — Bulletin historique, 137ᵉ livraison, in-8°, 48 pages.

8 Catalogue de livres anciens et modernes. — Vente du 12 avril par Mᵉ Sainsaulieu, in-8°, 12 pages.

9 Culture du Neufpré, année 1885. — La Betterave, in-8°, 16 pages.

10 Société des Antiquaires de la Morinie. — Bulletin historique, 138ᵉ livraison, in-8°, 40 pages.

11 Bulletin de la Société d'agriculture, 1ᵉʳ semestre 1886, in-8°, 80 pages.

12 Réunion annuelle de N.-D. des Vocations, compte rendu, 1886, in-8° écu, 16 pages.

13 Eloge funèbre de Mme Victoire Macaux, par l'abbé Chariot, curé d'Herbelles, in-8°, 12 pages.

14 Les Cérémonies religieuses dans la collégiale de Saint-Omer, au xiii° siècle, par L. Deschamps de Pas, in-8°, 128 pages.

15 1er Septembre 1870. — Napoléon III à Sedan, in-32, 18 pages.

16 Donation à l'abbaye d'Arrouaise, d'une terre située à Vielle-Eglise, par la reine Mathilde comtesse de Boulogne, in-8°, 8 pages.

17 Les Etudes historiques sur Jacqueline Robins et le ravitaillement de Saint-Omer, in-8°, 4 pages.

18 Hospices de Liettres et de Blessy, dans l'ancien bailliage d'Aire-sur-la-Lys, par M. Pagart d'Hermansart, in-8°, 8 pages.

19 Société des Antiquaires de la Morinie. — Bulletin historique, 139° livraison, in-8°, 32 pages.

20 Le bréviaire de Saint-Omer. — Adoption en 1747 du bréviaire parisien, 8 pages.

21 La maison des Lauréfan issue des Lauredan de Venise, par Pagart d'Hermansart, in-8°, 80 pages.

22 Souvenirs d'une excursion en Corse, par G. de Monnecove, in-8° 24 pages.

23 Le testament de Messire Jehan de Wyssoc, doyen de Thérouanne, publié par l'abbé Haigneré, in-8°, 48 p.

24 Paroles prononcées aux funérailles de Mme la baronne de Vilmarest, in-8°, 12 pages.

25 St-Bertin, annuaire des Elèves, 1886-1887, in-8°, 96 p.

26 Discours prononcé par M. le chanoine Doublet à la distribution des prix de St-Bertin, le 2 août 1886, in-8°, 16 pages.

27 Cantiques à l'usage des retraites et missions, in-12, 8 p.

28 Eloge funèbre de M. l'abbé Lecointe, curé de Licques, par
   M. l'abbé Courtois, in 8°, 12 pages.

29 Catalogue de beaux livres à vendre le mardi 21 décembre 1886, in-8°, 16 pages.

30 Mise en commende de l'abbaye de St-Bertin, par l'abbé
   O. Bled, in-8°, 28 pages.

31 Catalogue de beaux livres, vente du 31 janvier et 1ᵉʳ février 1887, in-8°, 32 pages.

IMPRIMERIE FLEURY-LEMAIRE

32 Almanach-Annuaire de Saint-Omer pour 1886, in-18,
   294 pages.

33 Règlement des Pompiers de la commune d'Arques.

34 Règlement de la Société de tir de Wardrecques.

35 Catalogue de la Bibliothèque populaire.

36 Etudes historiques sur Jacqueline Robins (1658-1732),
   par L. de Lauwereyns de Roosendaele, pet. in-12,
   210 pages.

IMPRIMERIE GUILLEMIN A AIRE

37 Guide pratique de la culture des pommiers et de la fa-
   brication du cidre.

38 Histoire de Notre-Dame-Panetière.

39 Vie de Ste-Isbergue.

40 Recueil de cantiques et refrains pieux pour les missions.

IMPRIMERIE VAN ELSLANDT A SAINT-OMER

41 Annuaire de l'Association des anciens Elèves du Pensionnat Saint-Joseph, in-8°, 82 pages.

LISTE ALPHABÉTIQUE DES COMMUNES

AVEC RENVOI AUX PAGES OÙ ELLES SONT CITÉES

TABLE DES MATIÈRES

ERRATA

Page 135, dern¹ère ligne : Crecques, *lire* Clerques.

ADDITIONS & CORRECTIONS

ARDRES. — *Biographie*. — Le comte Jean-Marie-François-Lepaige **Dorsenne,** célèbre général dont le nom est inscrit sur l'Arc-de-Triomphe de l'Etoile à Paris. Il remporta en Espagne, à la tête de l'armée du Nord les victoires de San Martin de Torres et d'Astorga (1773-1812).

Saint-Omer, Typ. H. D'HOMONT.

www.ingramcontent.com/pod-product-compliance
Lightning Source LLC
Chambersburg PA
CBHW061124220326
41599CB00024B/4163